"十三五"高等职业教育规划教材

基础化学与实验技术

主　编　郭丽敏
副主编　李　蕊　种延竹　朱　晴　赵志英
参　编　石艳玲
主　审　马桂香

应急管理出版社

·北　京·

内 容 提 要

本书将传统的无机化学、有机化学、分析化学及相应的实验技术有机地融合起来，配合课程的教学，注重对学生知识和操作技能的培养。全书共分 3 个部分 12 个项目，主要内容包括化学基础知识、实验操作技能、分离和提纯技术、实验室制备化合物技术、化学反应速率和化学平衡、酸碱滴定法、氧化还原滴定法、配位滴定法、沉淀滴定与重量分析法、紫外-可见分光光度法、原子光谱法、气相色谱法。

本书适用于高职高专煤炭深加工与利用、应用化工技术、工业分析技术、环境等有关专业的学生，也可供相关技术人员参考。

前　　言

基础化学与实验技术是化工类专业的重要专业基础课程。在高职院校"以任务为驱动，以项目为载体，教、学、做一体化"的教学模式实施过程中，根据专业对教学内容的要求，我们对传统的教学内容进行了改革和整合。本教材紧扣高等职业教育培养目标，参考职业岗位的需要和相关职业资格标准，采用项目化模式编写，强调"理实一体化"，突出职业素养的培养。

本书共分为3个部分12个项目，包括化学基础、化学分析技术、仪器分析技术。本教材主要有以下特点：

(1) 突破了以往的理论教学模式，采用项目化教学，突出职业性。在每个项目下设置了相应的任务，使学生在完成工作任务的过程中学习理论，强化实践中规范操作，注重对学生职业素养的培养。

(2) 教学目标明确，选取典型实验，通过完成任务，使学生获得知识和技能，强调"做中学、学中做"。

(3) 结合生产实际及相应的职业资格标准、化工行业标准及全国高职院校技能大赛的相关项目，可在后期化工技能培训、比赛中使用。

本书由鄂尔多斯职业学院郭丽敏任主编，鄂尔多斯职业学院李蕊、种延竹、朱晴、赵志英任副主编，石艳玲参与编写。项目一、四、六、十、十二由郭丽敏、石艳玲编写；项目二、三由李蕊编写；项目八、十一由种延竹编写；项目七、九由朱晴编写；项目五由赵志英编写。全书由郭丽敏统稿，由鄂尔多斯职业学院化学工程系主任马桂香教授主审。

本书的编写得到了鄂尔多斯集团化工事业部、内蒙古润崟环境技术有限公司、内蒙古新奥新能能源有限公司等单位技术人员的帮助和指导，在此致以衷心的感谢。

由于编者水平所限，书中错误和疏漏之处在所难免，敬请广大读者批评指正。

编　者
2020年3月

目　　次

第一部分　化学基础 ·· 1

项目一　化学基础知识 ·· 3
　　任务一　化学元素、化学式 ·· 3
　　任务二　溶液的相关知识 ·· 12
　　任务三　有机化合物 ·· 15

项目二　实验操作技能 ·· 50
　　任务一　实验室基础知识 ·· 50
　　任务二　称量操作 ··· 65
　　任务三　滴定分析基本操作 ··· 69

项目三　分离和提纯技术 ·· 77
　　任务一　粗盐提纯 ··· 78
　　任务二　工业乙醇蒸馏 ··· 85
　　任务三　海带中提取碘 ··· 93

项目四　实验室制备化合物技术 ·· 97
　　任务一　硫酸亚铁铵的制备 ··· 97
　　任务二　乙酸正丁酯的制备 ··· 99

项目五　化学反应速率和化学平衡 ··· 105
　　任务一　化学反应速率的测定 ·· 105
　　任务二　醋酸解离度和解离常数的测定 ·· 109

第二部分　化学分析技术 ·· 117

项目六　酸碱滴定法 ··· 119
　　任务一　盐酸浓度分析 ··· 119
　　任务二　混合碱分析 ·· 127

项目七　氧化还原滴定法 ··· 142
　　任务一　水中溶解氧测定 ·· 142

任务二　工业污水中化学需氧量的测定 …… 147

项目八　配位滴定法 …… 153
　　任务一　EDTA标准滴定溶液的标定及硫酸锌含量的测定 …… 153
　　任务二　EDTA标准滴定溶液返滴定测定铝的含量 …… 162

项目九　沉淀滴定与重量分析法 …… 168
　　任务一　氯化物中氯离子含量的测定 …… 168
　　任务二　硫酸根离子含量的测定 …… 172

第三部分　仪器分析技术 …… 177

项目十　紫外-可见分光光度法 …… 179
　　任务一　紫外-可见分光光度计的操作 …… 179
　　任务二　紫外分光光度法测定饮料中的防腐剂——苯甲酸 …… 184
　　任务三　紫外分光光度法测定水中铁含量 …… 194

项目十一　原子光谱法 …… 202
　　任务一　原子吸收分光光度计的操作 …… 202
　　任务二　电感耦合等离子体发射光谱仪（ICP-OES）的操作 …… 210
　　任务三　原子分光光度法测定水质硬度 …… 220
　　任务四　电感耦合等离子发射光谱法测定水中锌离子含量 …… 225

项目十二　气相色谱法 …… 232
　　任务一　气相色谱仪的操作 …… 232
　　任务二　乙醇含量的测定 …… 245

参考文献 …… 257

第一部分　化　学　基　础

第一部分 小学数学

项目一 化学基础知识

任务一 化学元素、化学式

【任务分析】

化学中的元素符号相当于汉语中的文字,所以熟记常见元素的名称和符号,是学习化学的基本要求。化学中元素的概念和原子的结构比较抽象,但又是学习化学必不可少的基础知识,利用生活中接触到的元素以及之前学习过的化学基础知识,认识常见元素,了解物质的内部结构,为掌握物质的形式奠定基础。

【相关知识】

一、1~20号元素的名称、符号和相对原子质量

化学元素就是具有相同的核电荷数(即核内质子数)的一类原子的总称,在自然界中有100多种基本的金属和非金属物质,它们只由一种原子组成,其原子中的每一个核子具有同样数量的质子,用一般的化学方法不能使之分解,并且能构成一切物质。1~20号元素的名称、符号和相对原子质量见表1-1。

表1-1 1~20号元素的名称、符号和相对原子质量

原子序号	元素名称	元素符号	相对原子质量	原子序号	元素名称	元素符号	相对原子质量
1	氢	H	1.0	11	钠	Na	23.0
2	氦	He	4.0	12	镁	Mg	24.3
3	锂	Li	6.9	13	铝	Al	27.0
4	铍	Be	9.0	14	硅	Si	28.0
5	硼	B	10.8	15	磷	P	31.1
6	碳	C	12.0	16	硫	S	32.0
7	氮	N	14.0	17	氯	Cl	35.5
8	氧	O	16.0	18	氩	Ar	40.0
9	氟	F	19.0	19	钾	K	39.1
10	氖	Ne	20.2	20	钙	Ca	40.1

国际上统一采用元素拉丁文名称的第一个字母来表示元素,如氢元素的拉丁文名称为Hydrogenium,元素符号就是H;氧元素的拉丁文名称为Oxygenium,元素符号就写作O。如果几种元素的拉丁文名称的第一个字母相同时,就附加一个小写字母来区别。例如:用Cu表示铜,Ca表示钙,Cl表示氯等,这些用于表示元素的符号叫作元素符号。元素符号从宏观角度可表示一种元素,从微观角度可表示这种元素的一个原子。

二、原子

"原子"一词最早来源于古希腊语,意思为"不可分割"。当时认为原子是构成物质的基本单元。19世纪人们开始确切地认识到,原子只不过是物质结构的一个层次,导致这一结论的重要发现有:

1807年,英国道尔顿(J. Dalton)发现倍比定律,并第一次明确提出原子论:如果甲、乙两种元素能够相互化合生成几种不同的化合物,则与一定量的甲元素相化合的乙元素的质量互成简单整数比。这是人们承认原子学说的重要依据。

1811年,意大利化学家阿伏伽德罗(A. Avogadro)提出阿伏伽德罗假说:同体积的气体在同温同压下含有相同数目的分子。进而指出阿伏伽德罗数是1 mol物质所含的分子数,其数值是$6.0221367×10^{23}$,是自然科学的重要的基本常数之一。

1869年,俄国门捷列夫提出元素周期律,指明元素的化学性质和物理性质随原子序数周期性变化,原子表现为电中性,最小的原子为氢原子。

(一)原子的组成

1. 原子结构

原子由带负电的电子和带正电的原子核组成(图1-1)。电子的质量很小,可以忽略不计,所以原子的质量主要集中在原子核上。原子核位于原子中心,体积很小,核外电子围绕原子核高速运动且分层排布。

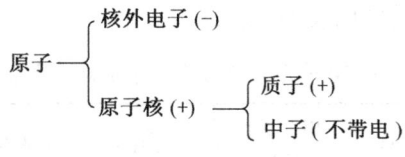

图1-1 原子结构

原子里含有带电微粒,但是不显电性,原因是原子核所带的正电荷与核外电子所带的负电荷的电荷数相等,电性相反,恰好完全中和。

原子核由质子和中子构成。一个质子带一个单位的正电荷,中子呈电中性,因此核电荷数由质子数决定。按核电荷数由小到大给元素编号,所得序号称为该元素的原子序数。在原子中,原子序数=核电荷数=质子数=核外电子数。

2. 原子相对质量与质量数

由于原子的质量非常小,故化学和物理学上都采用它们质量的相对值,即把^{12}C原子的质量(其质量为$1.6606×10^{-27}$)的1/12作为原子量的衡量标准,其他原子的质量同^{12}C原子的质量的1/12的比值称为该原子的相对原子质量。原子的绝对质量可以用质谱仪精确测定。

将原子核内所有的质子和中子的相对质量取近似整数值相加,所得的数值称为原子的质量数,即质量数(A)=质子数(Z)+中子数(N)。如以$_Z^AX$代表一个质量数为A、质子数为Z的原子。$_6^{12}C$表示原子质量数为12,质子数为6,核电荷数为6,质子数为6,中子数为6,核外电子数为6的碳原子。

3. 同位素

原子核中一定有质子，但不是所有的原子核都有中子，如有一种氢原子的原子核中就只有一个质子，没有中子。中子数也不一定等于质子数。质子数相同而中子数不同的原子互称为同位素。如氢元素有 3 种不同的原子，分别为氕（$_1^1H$ 或 H）、氘（$_1^2H$ 或 D）、氚（$_1^3H$ 或 T）。其中氘是紫外光源的重要材料，而重水（D_2O）则是核工业的冷却剂和核反应堆的中子"减速剂"。大多数元素都有同位素，碳元素的同位素有$_6^{12}C$、$_6^{13}C$、$_6^{14}C$。同一元素的各种同位素原子的质子数相同，中子数不同，质量数不同，物理性质存在差异，但化学性质几乎相同。

（二）原子核外电子排布

1. 电子云

电子在原子核外空间一定范围内出现，可以想象为一团带负电的云雾笼罩在原子核周围，所以人们形象地把它叫作电子云，如图 1-2 所示。

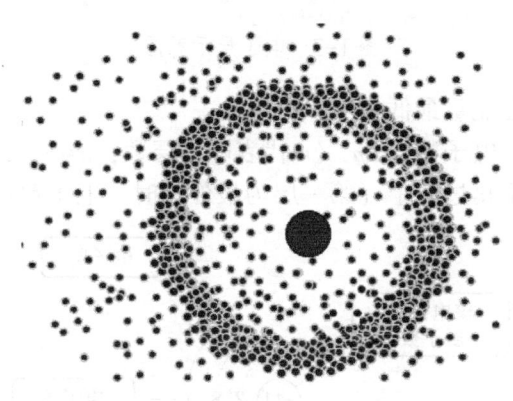

图 1-2　基态原子电子云示意图

2. 原子核外电子的运动状态

电子在原子核外一定区域内做高速运动，具有一定能量。实验证明，电子离核越近，能量越低；离核越远，能量越高。电子离核的远近反映了电子能量的高低。电子处于能量最低，我们称之为基态。如果给原子增加能量，电子就会跃迁到离核较远的区域运动，这时的状态称为激发态。电子层是描述电子在核外空间出现概率最大的区域离核远近的参数。电子层按离核由近到远的顺序依次称为第 1 层或 K 层（$n=1$），第 2 层或 L 层（$n=2$），具体见表 1-2 和图 1-3。

表1-2　电子层数

n 取值	1	2	3	4	5	6	7
电子层	K	L	M	N	O	P	Q

3. 核外电子排布规律

原子核外的电子排布可用原子结构示意图表示。例如，钠原子的结构示意图如图 1-4 所示，1~18 号元素原子结构示意图如图 1-5 所示。

（1）电子按能量高低在核外分层排布，由能量低到能量高。

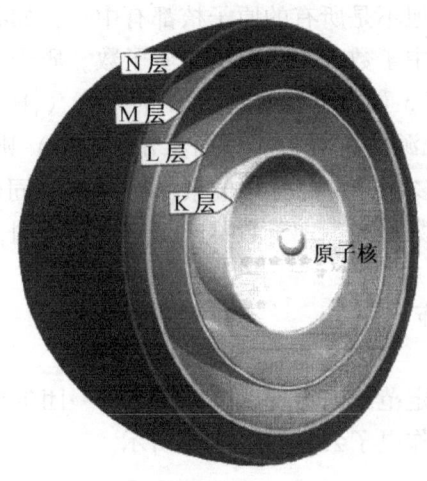

图 1-3 电子层示意图

(2) 电子一般先排在能量最低的电子层里。
(3) 每层最多容纳的电子数为 $2n^2$（n 代表电子层数，$n=1$、2、…）。
(4) 最外层电子数不超过 8 个（第一层为最外层时，电子数不超过 2 个）。

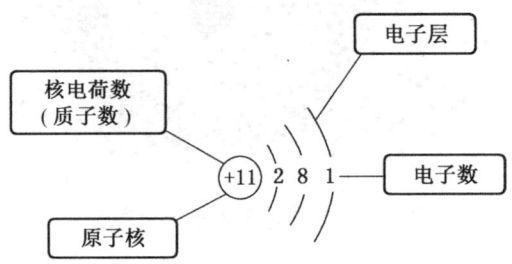

图 1-4 钠原子结构示意图

三、化学键

化学键是分子中原子与原子之间的一种较强的相互作用力，它是决定物质化学性质的主要因素。化学键可分为离子键、共价键和金属键。

1. 离子键

原子失去电子成为正离子，而得到电子则成为负离子，正离子和负离子之间通过静电引力而形成的化学键称为离子键。

离子的电荷分布是球形对称的，在空间任何方向都可以吸引异性离子，并且只要空间允许，就尽可能地会吸引异性离子，所以离子键既无方向性又无饱和性。

由离子键形成的化合物称为离子化合物，如 $NaCl$、$MgCl_2$ 等。离子键大多存在于晶体中，也可以存在于气体分子中，因离子型气体较少，故离子型化合物一般所指的就是离子晶体。离子晶体的性质与离子键有关。离子晶体熔化或汽化时都必须破坏离子键，需要消耗较多的能量，所以离子晶体具有较高的熔点和沸点。

2. 共价键

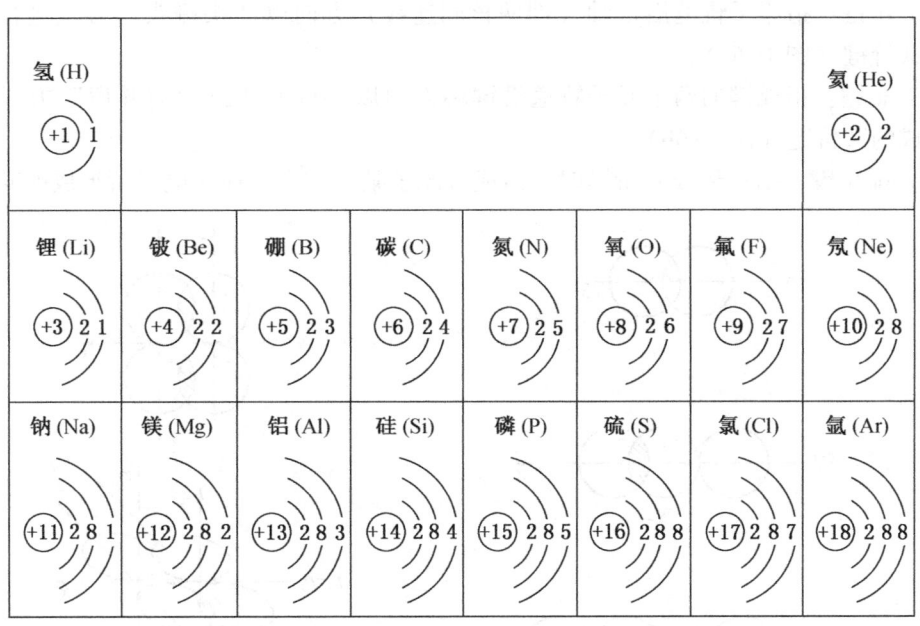

图1-5 1~18号元素原子结构示意图

共价键的结合力是两个原子核对共用电子对形成的负电区的吸引力，所以共价键的本质也是电性的，但又不同于正、负离子之间的静电引力。以共用电子对（或共价键）结合在一起的化合物叫作共价化合物，如水（H_2O）、二氧化碳（CO_2）、氨（NH_3）等都是常见的共价化合物。共价化合物一般硬度小，熔点、沸点低。

1）共价键的特点

（1）饱和性。一个原子含有几个成单的电子，就能与其他原子的几个自旋相反的成单电子形成几个共价键。因此一个原子所形成的共价键的数目通常受单电子数目的限制，这就是共价键的饱和性。例如，Cl原子有1个单电子，H原子有1个单电子，则一个Cl原子可以与一个H原子形成一个共价键，形成HCl分子。

（2）方向性。在形成共价键时，只有当成键的原子轨道沿着合适的方向相互靠近时，才能达到最大程度的重叠，形成稳定的共价键，这就是共价键的方向性。

2）键参数

能表征化学键性质的物理量，称为共价键的键参数。共价键的键参数主要有键长、键能、键角等。

（1）键长（L）。键长是指成键原子核间的平均距离，键长的单位用皮米（pm）表示。两原子形成共价键的键长越短，表示键能越强，两原子结合越牢固。

（2）键能（E）。键能是从能量角度表征化学键强弱的物理量，用来说明拆开或形成一个化学键的难易程度。一般情况下，键能越大，键长越短，键越牢固，由该键构成的分子也就越稳定。

（3）键角（Q）。键角是指共价分子中成键原子核连线之间的夹角，即所形成的键与键之间的夹角。

3）共价键的类型

（1）σ键：指原子轨道沿键轴（即两核间连线）方向以"头碰头"方式进行重叠而形成的共价键（图1-6a）。

（2）π键：指成键的两个原子轨道沿键轴方向以平行方式或"肩并肩"方式进行重叠而形成的共价键（图1-6b）。

（3）配位键：指在形成共价键时，由成键原子某一方提供孤对电子所形成的共价键。

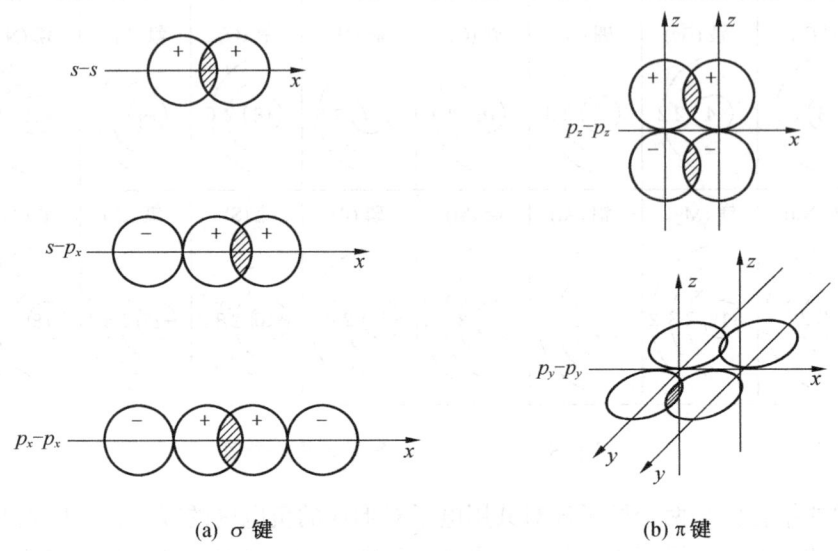

(a) σ键   (b) π键

图1-6　σ键和π键重叠示意图

3. 金属键

金属键主要在金属晶体中存在，是金属原子和金属离子通过自由电子结合在一起的作用力。

金属中每个原子常被8个或12个直接相邻的原子所包围，通常只有1个或2个价电子。由于缺乏足够的价电子与直接相邻的原子共价成键，因而它们的价电子被看作可以自由地在整体金属中流动，而不固定于某些相邻原子之间。也可以将这些价电子看作是金属整体中许多原子或离子所共有。因此金属键没有饱和性和方向性。

金属中每个原子将在空间允许的条件下，与尽可能多的原子形成金属键，所以金属晶体一般是按最紧密的方式堆积起来，具有较大的密度及良好的导电性、导热性和延展性，溶点、沸点高。

4. 电负性

元素的电负性是指元素的原子在分子中吸引成键电子的能力。元素的电负性越大，原子在分子中吸引电子的能力就越强，元素的非金属性也就越强；元素的电负性越小，原子在分子中吸引电子的能力就越弱，元素的金属性也就越强。一般来说，金属元素的电负性一般小于2.0，非金属元素的电负性一般大于2.0。

5. 分子的极性

任何以共价键结合的分子中，都存在带正电的原子核和带负电的电子，正如物体有重心，可以认为分子中存在一个"正电荷中心"和一个"负电荷中心"。正、负电荷中心重合的分子称为非极性分子，如 H_2、N_2、O_2；正、负电荷中心不重合的分子称为极性分子，如 HF、HCl（图 1-7）。

图 1-7 非极性分子和极性分子

四、分子间力和氢键

1. 分子间力的定义

分子间力就是分子与分子之间的相互作用力。它是由荷兰物理学家范德华（Van der Waals）提出的，称之为范德华力。

2. 分子间力的种类

1）取向力

取向力发生在极性分子与极性分子之间。由于极性分子的电性分布不均匀，一端带正电，一端带负电，形成偶极。因此，当两个极性分子相互接近时，由于它们偶极的同极相斥，异极相吸，两个分子必将发生相对转动。这种偶极子的互相转动，使偶极子的相反的极相对，就叫作"取向"。这时由于相反的极相距较近，同极相距较远，结果引力大于斥力，两个分子靠近，当接近到一定距离之后，斥力与引力达到相对平衡。这种由于极性分子的取向而产生的分子间的作用力，叫作取向力。取向力的大小主要取决于分子极性的强弱。分子的极性越强，取向力也就越大。

2）诱导力

在极性分子和非极性分子之间，以及极性分子和极性分子之间都存在诱导力。在极性分子和非极性分子之间，由于极性分子偶极所产生的电场对非极性分子产生影响，使非极性分子电子云发生变形（即电子云被吸向极性分子偶极的正电的一极），结果使非极性分子的电子云与原子核发生相对位移，本来非极性分子中的正、负电荷中心是重合的，相对位移后就不再重合，使非极性分子产生了偶极。这种电荷中心的相对位移叫作"变形"，因变形而产生的偶极叫作诱导偶极，以区别于极性分子中原有的固有偶极。诱导偶极和固有偶极就相互吸引，这种由于诱导偶极而产生的作用力叫作诱导力。同样，在极性分子和极性分子之间，除了取向力外，由于极性分子的相互影响，每个分子也会发生变形，产生诱导偶极。其结果使分子的偶极矩增大，既具有取向力又具有诱导力。在阳离子和阴离子之间也会出现诱导力。

3）色散力

非极性分子之间也存在着分子间的引力。当非极性分子相互接近时，由于每个分子的电子不断运动和原子核的不断振动，经常发生电子云和原子核之间的瞬时相对位移，即正、负电荷中心发生了瞬时的不重合，从而产生瞬时偶极。而这种瞬时偶极又会诱导邻近分子也产生和它相吸引的瞬时偶极。这种瞬时偶极与瞬时偶极间产生的作用力叫作色散力。色散力与相互作用分子的变形性有关，变形性越大，色散力越强。

3. 分子间力的特点

（1）分子间力是普遍存在于任何分子之间的，无论是取向力、诱导力，还是色散力，其本质都是电性引力。大多数分子间力以色散力为主，即色散力>取向力>诱导力。

（2）分子间力仅在很短的范围内起作用（300~500 pm），超出这个范围，分子间力便显著减弱，可以忽略不计。所以物质在固态及液态时，分子间力较显著，而在气态（尤其是低压下）时则很小，可忽略。

（3）分子间力与化学键不同。这表现在分子间力一般没有方向性和饱和性，而且它的作用能在 2~20 kJ/mol 之间，而化学键键能则在 100~600 kJ/mol 之间，可见分子间力要比化学键能小 1~2 个数量级。

4. 氢键

氢键是氢原子与电负性大的 X 原子形成共价键时，由于键的极性很强，共用电子对强烈地偏向 X 原子一边，而使氢原子的核几乎"裸露"出来。这个半径很小的氢核能吸引另一个分子中电负性大的 X（或 Y）原子的孤对电子而形成氢键。H_2O、NH_3、HF 等都含有氢键，如图 1-8 所示。

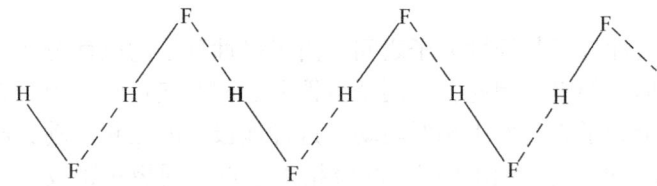

图 1-8　氢键的形成示意图

5. 分子间力和氢键对物质的物理性质的影响

1）物质的熔点和沸点

（1）对于同类型的单质和化合物，其熔点和沸点一般随相对分子质量的增加而升高。

（2）含氢键物质的熔、沸点较其同类型无氢键的物质要高。

2）物质的溶解性

（1）分子极性相似的物质易于互相溶解（相似相溶原理）。

（2）彼此能形成氢键的物质能互相溶解。

五、化合价

1. 化合价的定义

化合价是一种元素在与其他元素形成化合物时表现出来的一种性质。元素在相互化合时，反应物原子的个数比总是一定的。比如，一个 Na 一定是和一个 Cl 结合，而一个 Mg 一定是和 2 个 Cl 结合。规定单质分子里，元素的化合价为零，不论是离子化合物还是共价化合物，其正、负化合价的代数和均为零。

在离子化合物中，元素化合价的数值就是该元素的一个原子得失电子的数目，失电子的原子显正价，得电子的原子显负价。在共价化合物中，元素化合价的数值就是该元素的一个原子与其他元素的原子形成共用电子对的数目，化合价的正负由共用电子对的偏移来决定，共用电子对偏向的原子显负价，对偏离的原子显正价。

化合价可用于书写化学式，判断化学式的正误等。在化学反应中，元素化合价升高的反应叫氧化反应，元素化合价降低的反应叫还原反应，它主要用于确定氧化剂和还原剂，用于物质的制备等。

2. 化合价的表示

正负化合价用 1，2，3，-1，-2，……表示，要标在元素符号的正上方，如 $\overset{2+}{Mg}$。常用元素的化合价见表1-3。

表 1-3 常用元素的化合价

名称	符号	化合价	名称	符号	化合价	名称	符号	化合价
钾	K	+1	氢	H	+1	铁	Fe	+2，+3
钠	Na	+1	氟	F	-1	锰	Mn	+2，+4，+6，+7
银	Ag	+1	氯	Cl	-1，+1，+3，+5，+7	硫酸根	SO_4^{2-}	-2
钙	Ca	+2	氧	O	-2，-1	碳酸根	CO_3^{2-}	-2
镁	Mg	+2	硫	S	-2，+4，+6	硝酸根	NO_3^-	-1
钡	Ba	+2	碳	C	+2，+4	氢氧根	OH^-	-1
硅	Si	+4	磷	P	-3，+3，+5	铵根	NH_4^+	+1
锌	Zn	+2	氮	N	-3，+2，+4，+5	磷酸根	PO_4^{3-}	-3
铝	Al	+3	铜	Cu	+1，+2	氯酸根	ClO_3^-	-1

六、化学式

1. 化学式的含义

化学式是用元素符号和数字的组合表示物质组成的式子。从宏观方面来说，化学式表示一种物质，表示物质的元素组成。从微观方面来说，如果确知某种物质是由分子构成的，则化学式还表示该物质的一个分子及构成该分子中各原子的个数比。

（1）由分子构成的物质的化学式，不仅表示物质的组成，还表示该分子的构成，所以也叫分子式，化学式不仅包括分子式，还包括结构式等。

（2）纯净物的组成是固定不变的，一个化学式只表示一种纯净物（混合物的组成不固定，所以没有化学式）。

（3）物质的组成是通过实验测定的，化学式的书写须依据实验结果或用元素化合价来求得。

2. 符号中数字的含义

（1）写在元素符号或化学式前面的数字，表示原子或分子个数，如 2S 表示 2 个硫原子，$2H_2O$ 表示 2 个水分子，只表示微观意义，不表示宏观意义。

（2）写在化学式中元素符号右下角的数字，表示 1 个分子中所含该元素的原子个数，如 H_2O 中"2"表示 1 个水分子中有 2 个氢原子。

3. 化学式的写法

1）单质的化学式

（1）稀有气体、金属和一些非金属是由原子直接构成的，它们的化学式可直接用元素符号来表示，如氦气（He）、铜（Cu）、硫（S）等。

（2）一些由双原子分子或多原子分子构成的物质，其化学式要在元素符号的右下角标出原子个数，如氢气（H_2）、氯气（Cl_2）、臭氧（O_3）等。

2）化合物的化学式

（1）由两种元素组成的化合物中，如果是氧化物，习惯上把氧元素的符号写在右侧，另一种元素写在左侧，然后在元素符号右下角标出每个分子中含该元素的原子个数，如 CO_2、MgO、P_2O_5 等。

（2）如果是由金属元素和非金属元素组成的化合物，习惯上把金属元素的符号写在左侧，非金属元素的符号写在右侧，然后标出相应的原子个数，如 $NaCl$、Na_2S、$BaCl_2$ 等。

任务二　溶液的相关知识

【任务分析】

溶液与工农业生产、科学实验、生命过程都有着密切联系，许多化学反应只有在溶液中才能进行得比较迅速、完全。溶液由溶质和溶剂两部分组成。要求学生掌握相关的溶液浓度计算，培养将所学知识转化成解决实际问题的能力，为以后学习综合计算打好基础。

【相关知识】

一、溶液浓度

溶液是指一种或多种物质以分子、原子或离子状态分散于另一种液体物质中所构成的均匀而又稳定的混合物。溶液中被溶解的物质称为溶质，溶解溶质的物质称为溶剂。一定量的溶液里所含溶质的量，叫作这种溶液的浓度。

溶液的浓度是表达溶液中溶质跟溶剂相对存在量的数量标记。根据不同的需求规定不同的标准，就有不同的溶液浓度。因此，同一种溶液使用不同的标准，它的浓度就有不同的表示方法。

表示溶液的浓度有多种方法，可归纳成两大类。一类是质量浓度，表示一定质量的溶液里溶质和溶剂的相对量，如百分比浓度、质量摩尔浓度、ppm 浓度等。另一类是体积浓度，表示一定量的体积溶液中所含溶质的量，如物质的量浓度、体积比浓度、克/升浓度等。质量浓度的值不因温度变化而变化，而体积浓度的值随温度的变化而相应变化。常用的有以下几种。

1. 物质的量浓度

1 L 溶液中所含溶质的物质的量称为该溶液的物质的量浓度，用符号 c 表示，其表达式为

$$c = \frac{n}{V} \tag{1-1}$$

式中　n——溶质的物质的量，mol；

　　　V——溶液的体积，L；

　　　c——溶液的物质的量浓度，mol/L。

（1）物质的量：是表示物质所含粒子（分子、原子、离子、电子、质子、中子等）多少的物理量，如同长度、质量等物理量一样，是国际单位制中 7 个基本物理量（表

1-4)之一。摩尔是物质的量的单位，可简称为"摩"，其符号是"mol"。

表1-4 7个基本物理量的单位名称（国家标准SI单位）及单位符号

物理量	单位名称	单位符号
长度	米	m
质量	千克	kg
时间	秒	s
电流	安［培］	A
热力学温度	开［尔文］	K
物质的量	摩［尔］	mol
发光强度	坎［德拉］	cd

（2）阿伏伽德罗常数：按规定，科学上应用0.012 kg（即12 g）^{12}C（指原子核内含6个质子和6个中子的一种碳原子，通常表示为^{12}C或$^{12}_{6}$C）所含碳原子数目就是1 mol。也就是说，摩尔这个单位是以0.012 kg ^{12}C所含的原子个数为标准，用来衡量其他物质中所含微粒数目。

0.012 kg ^{12}C中所含有的碳原子数就是阿伏伽德罗常数，常用N_A表示，现在已经由实验测得相当精确的数值，在使用时常取其近似值为$6.02×10^{23}$，例如2 mol H_2约含$2×6.02×10^{23}$个H_2分子，$12.04×10^{23}$个O_2分子约是2 mol。

（3）摩尔质量：1 mol物质的质量叫该物质的摩尔质量。摩尔质量的单位是克/摩，符号是g/mol或g·mol^{-1}。数值上等于物质的相对原子质量或相对分子质量。

（4）气体摩尔体积：单位物质的量的气体所占的体积叫气体的摩尔体积，其符号是V_m，即$V_m=V/n$，单位是L/mol或L·mol^{-1}。在标准状况下（0 ℃、$1.01×10^5$ Pa），1 mol任何气体所占的体积都约是22.4 L。进行有关计算时常写成22.4 L/mol。

2. 百分比浓度

（1）质量-质量百分比浓度：是指每100 g溶液中所含溶质的克数，单位为%（g/g）。市售的浓硫酸浓度（98%）、盐酸浓度（36%~38%）等都是质量分数。

（2）质量-体积百分比浓度：是指每100 mL溶液中所含溶质的克数，单位为%（g/mL）。

（3）体积-体积百分比浓度（液体）：是指每100 mL溶液中所含溶质的毫升数，单位为%（mL/mL）。例如体积百分比浓度为60%的乙醇溶液，表示100 mL溶液里含有乙醇60 mL，也可以说将60 mL乙醇溶于水配成100 mL乙醇溶液。乙醇的体积百分比浓度是商业上表示酒类浓度的方法。白酒、黄酒、葡萄酒等酒类的"度"［以（°）表示］，就是指酒精的体积百分比浓度，例如60%（V/V）的酒写成60°。

3. 体积比浓度

用两种液体配制溶液时，为了操作方便，有时用两种液体的体积比表示浓度，这叫作体积比浓度。例如配制1∶4的硫酸溶液，就是指1体积的硫酸（一般指98%，密度是1.84 g/cm³的H_2SO_4）与4体积的水配成的溶液。体积比浓度只在对浓度要求不太精确时使用。也会用任何一种液体溶质的体积（前项）与水的体积（后项）相加，或表示两种溶剂以此体积比例相混合而成混合溶剂，例如（1+3）的硝酸溶液，就是指1体积的硝酸和3体积的水配成的溶液。

4. 质量摩尔浓度

溶质B的质量摩尔浓度用溶液中溶质B的物质的量除以溶剂的质量来表示。它在SI单位中表示为摩尔每千克（mol/kg）。质量摩尔浓度常用来研究难挥发的非电解质稀溶液的性质，如蒸气压下降、沸点上升、凝固点下降和渗透压。

5. ppm浓度

用溶质质量占全部溶液质量的百万分比来表示的浓度，叫作ppm浓度（10^{-6}）。如1 ppm即1000000 kg的溶液中含有1 kg溶质。0.0005%改用ppm表示就是5 ppm，换算方法就是0.0005% × 1000000 = 0.000005 × 1000000 = 5 ppm。除了ppm以外还有ppt、ppb（1 ppm = 10^{-6}，1 ppb = 10^{-9}，1 ppt = 10^{-12}）。

二、电解质溶液

电解质溶液是指溶质溶解于溶剂后完全或部分解离为离子的溶液，溶质即为电解质。具有导电性是电解质溶液的特性，酸、碱、盐溶液均为电解质溶液。在水中全部电离为离子的电解质称为强电解质，如强酸（H_2SO_4）、强碱（KOH）、绝大多数可溶性盐（NaCl）；弱电解质则为在溶液中少部分电离的电解质，如H_2O、弱酸（H_2CO_3）、弱碱（$NH_3·H_2O$）和少数盐（$HgCl_2$）。电解质溶液广泛地应用于工农业生产、日常生活和科学研究当中。

1. pH值

由于在生产实践中经常要用到一些H^+浓度很小的溶液，若直接用H^+浓度来表示溶液的酸碱性就很不方便，因此在化学上常用pH值来表示溶液的酸碱性，亦称氢离子浓度指数、酸碱值，是溶液中氢离子活度的一种标度，也就是通常意义上溶液酸碱程度的衡量标准。这个概念是1909年由丹麦生物化学家瑟伦·索伦森提出的，pH的定义式为

$$pH = -\lg c(H^+) \tag{1-2}$$

其中H^+（此为简写，实际上应是H_3O^+，水合氢离子活度）指的是溶液中氢离子的活度（稀溶液下可近似按浓度处理），单位为mol/L。

298 K时，当pH<7时，溶液呈酸性；当pH>7时，溶液呈碱性；当pH=7时，溶液为中性。水溶液的酸碱性亦可用pOH衡量，即氢氧根离子的负对数，由于水的离子积常数，298 K时，$pK_w = -\lg K_w = -\lg(1.0×10^{-14}) = pH+pOH = 14$。所以pH值越小，溶液的酸性越强；pH值越大，溶液的碱性也就越强。

2. pH测量方法

测定溶液pH通常用比色法和电位测定法。

（1）比色法测定溶液的pH值使用的是pH试纸。具体操作为：测定时，将pH试纸放在表面皿上，用干净的玻璃棒蘸取被测溶液并滴在pH试纸上，30 s后把试纸显示的颜色与标准比色卡对照，读出溶液的pH值。

注意：

①不能直接把pH试纸浸入待测的溶液中，以免带入杂质，同时还可能溶解pH试纸上的一部分指示剂，致使比色时产生较大误差。

②不能先用水将 pH 试纸润湿再进行测定，因为将待测溶液滴到用水润湿后的 pH 试纸上，其溶质质量分数将变小。

③用 pH 试纸测得溶液的 pH 值一般为整数。

（2）电位法测定溶液的 pH 值使用的仪器是酸度计。电位法测定 pH 值的基本原理是基于由水溶液和电极组成的原电池的电动势与 pH 值的规律，即在 25 ℃时，每当电池的电动势变化 0.059 V 时，pH 值就变化一个单位。

酸度计也叫 pH 计，主要包括电极和测定计（电位计）两个部分，测定时有两个电极：一个电极作为测定时的比较标准，为参比电极，它应当有稳定的已知电位；另一个电极的电位随溶液中氢离子的浓度改变而变化，称为指示电极。参比电极有甘汞电极、氯化银电极等，指示电极有玻璃电极和锑电极等。

目前酸度计使用的电极为复合电极，外壳为塑料的就称为塑壳 pH 复合电极，外壳为玻璃的就称为玻璃 pH 复合电极。pH 复合电极的结构主要由电极球泡、玻璃支持杆、内参比电极、内参比溶液、外壳、外参比电极、外参比溶液、液接界、电极帽、电极导线、插口等组成。

注意：

①pH 电极使用前必须浸泡，因为 pH 球泡是一种特殊的玻璃膜，在玻璃膜表面有一层很薄的水合凝胶层，它只有在充分湿润的条件下才能与溶液中的 H^+ 离子有良好的响应速度。pH 玻璃电极一般可以用蒸馏水或 pH = 4 的缓冲溶液浸泡。通常使用 pH = 4 的缓冲溶液更好一些，浸泡时间为 8~24 h 或更长，根据球泡玻璃膜厚度、电极老化程度而定。

对 pH 复合电极而言，就必须浸泡在 3 mol/L KCl 的溶液中，这样才能对玻璃球泡和液接界同时起作用。pH 复合电极头部装有一个密封的塑料小瓶，内装电极浸泡液，电极头长期浸泡其中，使用时拔出洗净即可，但是塑料小瓶中的浸泡液不要受污染，要注意更换。

②当酸度计出现长期不使用、清洗电极、电极更换后、测量过酸（pH < 2）或过碱（pH > 12）的溶液后等情况时，需要用标准缓冲溶液校准后才能使用。

③每隔 1 个月左右应对电极进行清洗，要先用柔和的水流喷洗附着物，再将电极浸入清洗液中一段时间，后用清水洗净。每次清洗之后，要用标准缓冲溶液进行标定。

④pH 电极也不能浸泡在中性或碱性的缓冲溶液中，长期浸泡在此类溶液中会使 pH 玻璃膜响应迟钝。

⑤避免接触强酸、强碱或腐蚀性溶液，如果测试此类溶液，应尽量减少浸入时间，用后清洗干净。

⑥避免在无水乙醇、重铬酸钾、浓硫酸等脱水性介质中使用，因为它们会损坏球泡表面的水合凝胶层。

任务三　有机化合物

【任务分析】

有机化合物是生命产生的物质基础，所有的生命体都含有机化合物，如脂肪、氨基酸、蛋白质、糖、血红素、叶绿素、酶、激素等。生物体内的新陈代谢和生物的遗传现象，都涉及有机化合物的转变。此外，许多与人类生活密切相关的物质，如石油、天然气、棉花、染料、化纤、塑料、有机玻璃、天然和合成药物等，均与有机化合物有着密切联系。要求学生掌握常见有机化合物的性质，为以后的学习和工作打好基础。

【相关知识】

一、有机化合物的定义及分类

有机化合物即有机物，是含碳化合物（一氧化碳、二氧化碳、碳酸盐等少数简单含碳化合物除外）或碳氢化合物及其衍生物的总称。多数有机化合物主要含有碳、氢两种元素，此外也常含有氧、氮、硫等元素。

碳元素是有机化合物的最基本元素，以共价键和氢以及其他元素相结合形成共价化合物。共用电子对常常用短线"—"表示，在有机化合物中碳一般为4价。在有机物分子中，碳原子和碳原子之间可以相互结合成碳链，从而构成有机化合物的碳架，如图1-9所示，还可以通过碳碳键或与其他原子相互连接成环状碳架，如图1-10所示。

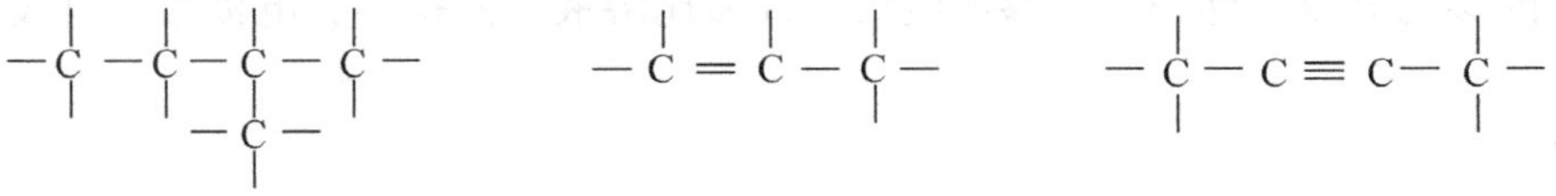

图1-9 链状碳架

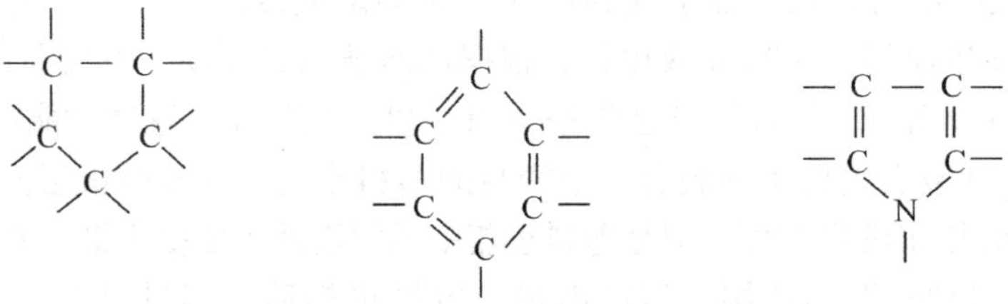

图1-10 环状碳架

如果碳原子之间是以共用电子对相结合，便形成碳碳单键；如果碳原子之间是以两对或三对共用电子对相结合，则形成碳碳双键或碳碳三键。如下：

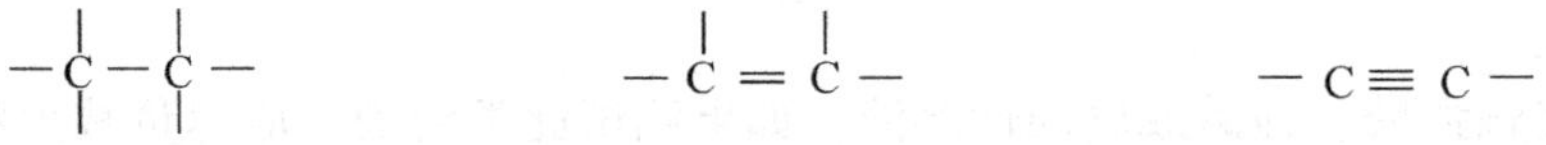

碳碳单键　　　　碳碳双键　　　　碳碳三键

目前有机物分类有以下两种：

1. 根据碳架分类

有机化合物
- 链状化合物：碳架是链状，最初从油脂中发现，又称为脂肪族化合物。包括烷烃、烯烃、炔烃等
- 环状化合物
  - ①脂环族化合物：碳架完全由碳原子构成，可看作链状化合物闭合成环而得
  - ②芳香族化合物：一般指含有苯环结构的化合物
  - ③杂环化合物：这类化合物的碳架是由碳原子和其他杂原子（如氧、氮、硫等非碳原子）组成

2. 根据官能团分类

官能团是决定一类化合物主要化学性质的原子或原子团。常见官能团及其相应的各类化合物见表1-5。

表1-5 常见的官能团及其相应的各类化合物

类别	官能团	代表物名称、结构简式
烷烃	—	甲烷 CH_4
烯烃	$\diagdown C = C \diagup$ （碳碳双键）	乙烯 $H_2C=CH_2$
炔烃	$—C\equiv C—$ （碳碳三键）	乙炔 $HC\equiv CH$
芳香烃	—	苯 
卤代烃	—X （卤素原子）	溴乙烷 C_2H_5Br
醇	—OH （羟基）	乙醇 C_2H_5OH
酚	—OH （羟基）	苯酚 C_6H_5OH
醚	$—C—O—C—$ （醚键）	乙醚 $CH_3CH_2OCH_2CH_3$
醛	$—\overset{O}{\underset{\|\|}{C}}—H$ （醛基）	乙醛 CH_3CHO
酮	$\diagdown C=O \diagup$ （羰基）	丙酮 CH_3COCH_3
羧酸	$—\overset{O}{\underset{\|\|}{C}}—O—H$ （羧基）	乙酸 CH_3COOH
酯	$—\overset{O}{\underset{\|\|}{C}}—O—$ （酯基）	乙酸乙酯 $CH_3COOCH_2CH_3$

有机化合物具有以下特点:
(1) 有机化合物数目繁多,结构复杂,已发现和合成的有机物达3000多万种,无机物只有几十万种。
(2) 一般的有机化合物易燃烧,热不稳定,大多含有碳、氢元素,受热分解会生成碳、氢等单质。
(3) 大多数有机化合物难溶于水,易溶于有机溶剂;熔点低,水溶液不导电。
(4) 有机化合物的反应复杂,常有副反应发生;反应速率较慢;需要加热或应用催化剂。

二、烃

分子中只含有碳和氢两种元素的有机化合物叫作碳氢化合物,简称烃。根据烃分子中碳原子的连接方式进行分类,如下:

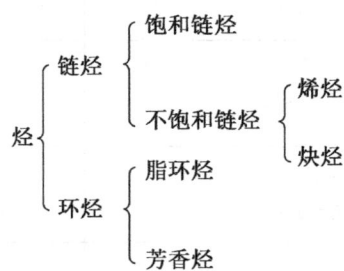

(一) 烷烃

分子中碳原子之间以单键相连接,碳的其余价键全部与氢原子结合的链烃叫作饱和链烃,简称烷烃。

1. 烷烃通式、同系列和同分异构现象

能代表任意一个烷烃组成的式子称为烷烃的通式,用 $C_nH_{2n+2}(n \geqslant 1)$ 表示。像甲烷、乙烷、丙烷这些烷烃分子组成,具有同一通式、结构和性质相似、相互之间相差一个或几个"CH_2"的一系列化合物称为同系列。同系列中的物质称为同系物。同系列中相邻化合物之间的差称为系列差。烷烃的系列差为"CH_2"。如下:

	甲烷	乙烷	丙烷	丁烷
分子式	CH_4	C_2H_6	C_3H_8	C_4H_{10}
结构式	H–C–H (with 4 H)	H–C–C–H (with 6 H)	H–C–C–C–H (with 8 H)	H–C–C–C–C–H (with 10 H)
碳数	1	2	3	4
氢数	2×1+2	2×2+2	2×3+2	2×4+2

分子式相同,分子中原子相互连接的次序和方式不同而形成不同化合物的现象叫作同分异构现象,这些化合物互称为同分异构体。碳链异构是构造异构的一种,如丁烷。

如下：

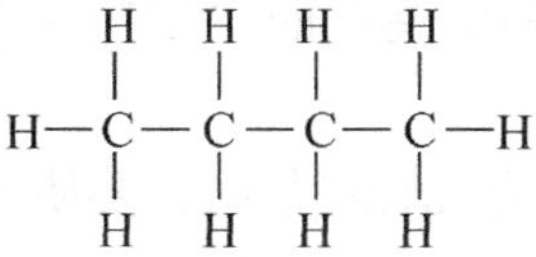

正丁烷 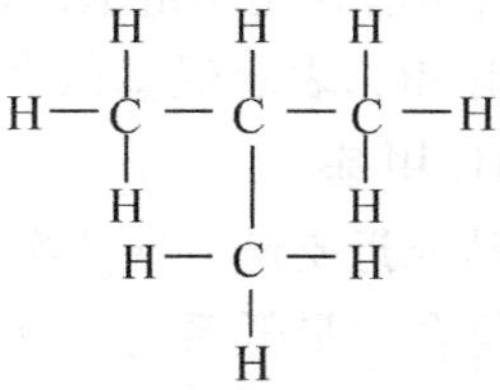   异丁烷

根据碳架中碳原子之间的连接方式不同，可将碳原子分为四种不同类型。如下：

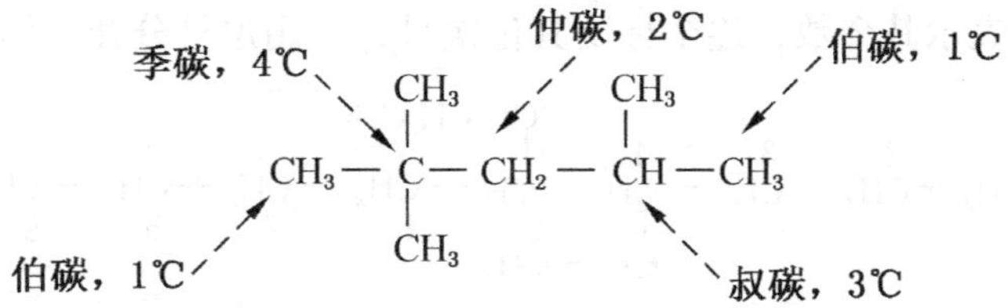

碳架中与3个氢原子相连的碳原子，叫伯碳原子（第一碳原子、一级碳原子），用1°表示；与2个氢原子相连的碳原子，叫仲碳原子（第二碳原子、二级碳原子），用2°表示；与1个氢原子相连的碳原子，叫叔碳原子（第三碳原子、三级碳原子），用3°表示；与4个碳原子相连的碳原子，叫季碳原子（第四碳原子、四级碳原子），用4°表示。

连在伯碳上氢原子叫伯氢原子（一级氢，1°H）；连在仲碳上氢原子叫仲氢原子（二级氢，2°H）；连在叔碳上氢原子叫叔氢原子（三级氢，3°H）。氢原子的反应活性顺序为：3°H＞2°H＞1°H。如下：

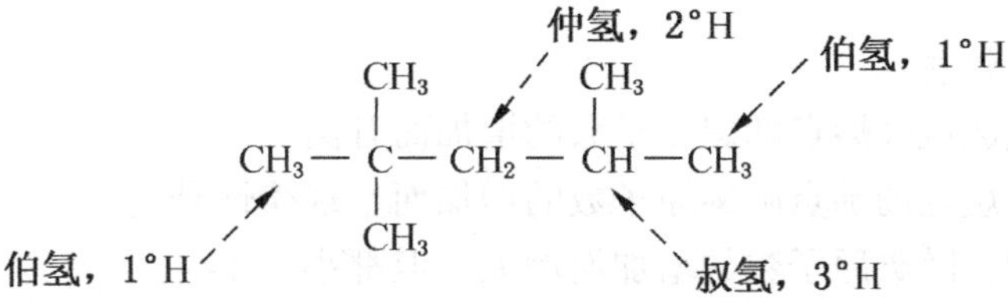

2. 烷烃的命名
1）普通命名法
将烷烃泛称为"某烷"，"某"是指烷烃中碳的数目，由一到十分别用甲、乙、丙、丁、戊、己、庚、辛、壬、癸表示，自十一起用汉文数字表示。用"正""异""新"等字区别异构体。如下：

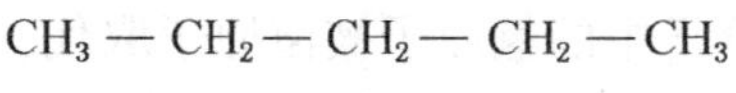

正戊烷 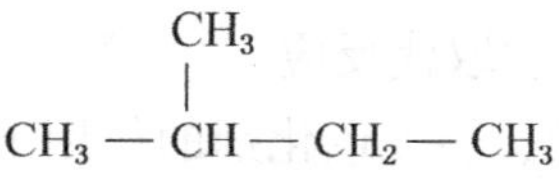   异戊烷 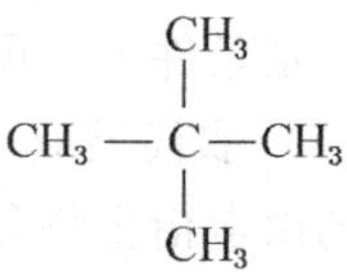   新戊烷

2）系统命名法

(1) 选择一个最长的碳链作为主链，按这个链所含的碳原子数目称为某烷。将主链以外的其他烷基看作是主链上的取代基。烷基是指由烷烃分子中除去一个氢原子后余下的部分，通常用-R，表示烃基的名称由相应的烃名而来，把相应烷烃的"烷"字改为"基"字，如-CH_3甲基。

(2) 从靠近支链一端依次用阿拉伯数字编号。当编号有几种可能时，要使支链的位次号较小（符合"最低系列"规则）。

(3) 将取代基的名称写在烷烃名称的前面，在取代基名称的前面，加上它的位次号，并用半字线"－"将两者连接；当含有几个不同的取代基时，就把简单的写在前面，复杂的写在后面，各取代基之间用半字线"－"连接；当含有几个相同的取代基时，用"一、二、三、四……"表示其个数，逐个标明其位次号，并用逗号分开。如下：

$$\underset{1}{CH_3}-\underset{2}{CH_2}-\underset{3}{CH_2}-\underset{4}{\underset{|}{\underset{CH_3}{\underset{|}{CH}}}{CH}}-\underset{5}{\underset{CH_2CH_3}{\underset{|}{CH}}}-\underset{6}{CH_2}-\underset{7}{CH_2}-\underset{8}{CH_2}-\underset{9}{CH_3}$$

5-丙基-4-异丙基壬烷

$$\underset{7}{\underset{CH_3CH_2}{\underset{|}{\underset{9\ 8}{}}}{CH_3-CH}}-\underset{6}{CH_2}-\underset{5}{CH_2}-\underset{4}{\underset{CH_3}{\underset{|}{CH}}}-\underset{3}{\underset{CH_2CH_2}{\underset{|}{CH}}}-\underset{2}{CH_2}-\underset{1}{CH_3}$$

4，7-二甲基-3-乙基壬烷

3. 烷烃的物理性质

(1) 熔点：直链烷烃熔点随碳原子数的增加而升高。

(2) 沸点：正烷烃的沸点随碳原子数的增加而呈规律性升高。

(3) 相对密度：随碳原子数的增加而增大，但都小于1。

(4) 溶解度：烷烃是非极性或弱极性化合物，几乎不溶于水，易溶于非极性或极性较小的苯、氯仿、乙醚等有机溶剂。

(5) 物质状态：在常温常压下，$C_1 \sim C_4$为气体，$C_5 \sim C_{16}$为液体，C_{17}以上为固体。

4. 烷烃的化学性质

因为烷烃分子中只有C—Cσ键和C—Hσ键，σ键电子云分布均匀，不易极化，不易断裂，所以化学性质稳定。室温下一般不与强氧化剂、强还原剂、强酸、强碱等起反应，但在一定条件下，可氧化、取代反应。

(1) 取代反应。在光、热或催化剂的作用下，烷烃分子中的氢原子被卤原子取代，生成烃的卤素衍生物和卤化氢。如下：

$$CH_3-CH_3 + Cl_2 \xrightarrow[78\%]{420℃} CH_3-CH_2Cl + HCl$$

(2) 氧化反应。烷烃在空气中燃烧，生成二氧化碳和水，同时放出大量的热。
①完全氧化反应：

$$CH_4 + 2O_2 \xrightarrow{\text{燃烧}} CO_2 + 2H_2O + 891 \text{ kJ/mol}$$

$$C_nH_{2n+2} + \frac{3n+1}{2}O_2 \xrightarrow{\text{燃烧}} nCO_2 + (n+1)H_2O + \text{热量}$$

②部分氧化反应：

$$CH_4 + O_2 \xrightarrow[600℃]{NO} \underset{\text{甲醛}}{HCHO} + H_2O$$

5. 来源与用途

自然界中的烷烃主要来源于天然气、石油和油田气中，天然气和油田气中的主要成分都是甲烷，并含有乙烷、丙烷、丁烷等低级烷烃和极少量的其他气体。甲烷可用作燃料及制造氢气、炭黑、一氧化碳、乙炔、氢氰酸及甲醛等物质的原料。

（二）烯烃

分子结构中含有一个碳碳双键（—C＝C—）的不饱和链烃叫作烯烃，烯烃的通式用 C_nH_{2n}（$n \geq 2$）表示。

乙烯分子式是 C_2H_4，它是分子组成中最简单的烯烃，也是烯烃最重要的代表物，其是无色气体，难溶于水，易溶于有机溶剂，密度为 1.25 g/L，比空气略轻。乙烯是世界上产量最高的化学产品之一，乙烯工业是石油化工产业的核心，乙烯产品占石化产品的75%以上，在国民经济中占有重要地位。世界上已将乙烯产量作为衡量一个国家石油化工发展水平的重要标志之一。乙烯是重要的有机化工基本原料，用量最大的是生产聚乙烯，约占乙烯耗量的45%。同时乙烯也是一种植物激素，具有促进果实成熟的作用，并在成熟前大量合成，可用作脐橙、蜜橘、香蕉等水果的环保催熟气体。

1. 烯烃的命名

（1）选择包含碳碳双键的最长碳链作为母体，在母体上的支链作为取代基，以主链碳原子数目命名为"某"烯。

（2）母体确定后，碳原子的位次从最接近碳碳双键的一端开始，先数到的双键碳原子的编号作为双键的位次号，根据此顺序标出取代基的位次。

（3）在书写化合物名称时，取代基写在前，随后写出双键碳原子中位次较小的编号，放在烯烃名称前。"1-烯烃"中的"1"往往省略。

（4）其他原则与烷烃相同。如下：

$$\underset{\text{2-甲基丙烯}}{CH_3-\underset{\underset{CH_3}{|}}{C}=CH_2} \qquad \underset{\text{2,4-二甲基-2-戊烯}}{CH_3-\underset{\underset{CH_3}{|}}{C}=CH-\underset{\underset{CH_3}{|}}{CH}-CH_3}$$

2. 烯烃同分异构体现象

从丁烯开始，就有了同分异构现象。1-丁烯与2-甲基-丙烯属于碳链异构。1-丁烯和

2-丁烯都是直链，但是双键位置不同，这种现象叫作位置异构。

此外，由于碳碳双键不能自由旋转，还可能产生另一类异构体，称为顺反异构。例如 2-丁烯分子中有 2 个甲基，在空间中就有两种不同的排列方式，而构成两种立体异构体。一般把 2 个相同基团在双键同侧的称为"顺式"，两个相同基团在双键异侧的称为"反式"。如下：

$$CH_3-CH_2-CH=CH_2 \qquad CH_3-CH=CH-CH_3 \qquad CH_3-\underset{\underset{CH_3}{|}}{C}=CH_2$$

   1-丁烯   2-丁烯   2-甲基-丙烯

顺-2-丁烯   反-2-丁烯

3. 烯烃的物理性质

在常温下，2~4 个碳原子的烯烃为气体，5~18 个碳原子的烯烃为液体，19 个以上碳原子的烯烃为固体。它们的熔点、沸点和相对密度都随相对分子量的增加而上升，相对密度都小于 1，都是无色物质，不溶于水，易溶于有机溶剂。

4. 烯烃的化学性质

烯烃的官能团是碳碳双键，化学性质比较活泼，可以发生加成、氧化、聚合等反应。

1）加成反应

烯烃与试剂反应时，π 键断裂，双键上的两碳原子和其他原子或原子团结合，形成两条新 σ 键，这种反应称为加成反应。

（1）催化加氢：

$$R-CH=CH_2 + H_2 \xrightarrow{\text{催化剂}} R-CH_2-CH_3$$

在催化剂铂、镍、钯等作用下，烯烃能与氢气加成反应生成烷烃。烯烃加氢可以用于汽油或其他石油产品。石油产品中的烯烃易受空气氧化，生成的有机酸具有腐蚀作用，通过加氢反应，除掉烯烃，可以提高油品的质量。

（2）加卤素：

$$CH_3-CH=CH_2 + Br_2 \xrightarrow{CCl_4} CH_3-\underset{\underset{Br}{|}}{CH}-\underset{\underset{Br}{|}}{CH_2}$$

把烯烃通入溴水中，溴水颜色立即褪去。利用此反应可以检验烯烃的存在。烯烃与卤素反应的活性顺序为：$F_2 > Cl_2 > Br_2 > I_2$。

（3）加卤化氢：

$$CH_2=CH_2 + HX \longrightarrow CH_3CH_2X$$

$$CH_3-CH=CH_2 + HX \longrightarrow \begin{cases} CH_3-\underset{X}{CH}-CH_3 & \text{2-卤代丙烷} \\ CH_3-CH_2-\underset{X}{CH_2} & \text{1-卤代丙烷} \end{cases}$$

乙烯是对称分子，所以与卤化氢发生加成反应时，无论氢原子或卤原子加到双键哪一个碳原子上，所得到的产物都是相同的。但当像丙烯那样双键碳原子上所连的原子或原子团不同时（这种烯烃称为不对称烯烃），就会得到两种产物。实验证明：主要产物为2-卤代丙烷。俄国化学家马尔科夫尼科夫根据大量实验总结出一条规律：不对称烯烃与卤化氢等试剂发生加成反应时，试剂中的氢原子主要加到含氢原子较多的双键碳原子上，其他部分则主要加到含氢原子较少的双键碳原子上，这个规律叫作马尔科夫尼科夫规则，简称马氏规则。

不对称烯烃与溴化氢加成反应中，由于过氧化物的存在而引起烯烃加成取向的改变，称为过氧化物效应。如下：

$$CH_3-CH_2-CH=CH_2 + HBr \xrightarrow{R-O-O-R} \begin{cases} CH_3-CH_2-\underset{Br}{CH}-\underset{H}{CH_2} \\ CH_3-CH_2-\underset{H}{CH}-\underset{Br}{CH_2} \end{cases}$$

2）氧化反应

烯烃容易被氧化，氧化产物与烯烃结构、氧化剂和氧化条件有关。

（1）燃烧。烯烃都能燃烧生成二氧化碳和水，并放出大量的热。

$$CH_2=CH_2 + O_2 \longrightarrow CO_2 + H_2O$$

（2）氧化剂氧化。烯烃容易被高锰酸钾等氧化剂氧化，使高锰酸钾褪色。这是鉴别不饱和键的重要方法之一。

$$R-CH=CH_2 \xrightarrow[\text{稀碱或中性}]{KMnO_4} R-\underset{OH}{CH}-\underset{OH}{CH_2} + MnO_2\downarrow$$

在中性或碱性 $KMnO_4$ 溶液中，烯烃中的 $C=C$ 中 π 键断裂，双键碳原子上各加上一个羟基生成邻二醇。如下：

$$R-CH=CH_2 \xrightarrow{KMnO_4}{H^+} RCOOH + CO_2$$

$$\underset{R}{\overset{R'}{>}}C=CHR'' \xrightarrow{KMnO_4}{H^+} \underset{R}{\overset{R'}{>}}C=O + R''COOH$$

在酸性 $KMnO_4$ 溶液中，烯烃中的 $C=C$ 断裂，生成羧酸或酮。氧化后 $CH_2=$ 基团变

成 CO_2，RCH=基团变成 RCOOH，$\begin{matrix}R'\\R\end{matrix}$C= 基团变成 $\begin{matrix}R'\\R\end{matrix}$C=O。如下：

$$CH_2= \xrightarrow[H^+]{KMnO_4} CO_2 \quad RCH= \xrightarrow[H^+]{KMnO_4} RCOOH \quad \begin{matrix}R'\\R\end{matrix}C= \xrightarrow[H^+]{KMnO_4} \begin{matrix}R'\\R\end{matrix}C=O$$

5. 聚合反应

在一定条件下，由不饱和链烃小分子相互结合成大分子的反应称为聚合反应。聚合反应生成的产物称为聚合物。例如在一定条件下，烯烃分子通过加成方式相互结合，生成高分子化合物。如下：

$$nCH_2=CH_2 \xrightarrow[\triangle]{催化剂} \{CH_2-CH_2\}_n$$
$$聚乙烯$$

聚乙烯质地软而韧、弹性强、绝缘性能好、耐腐蚀、无毒，故可用于农业生产和食品包装中。加入适当的添加剂，可加工成为常用的聚乙烯塑料制品。

（三）炔烃

分子结构中含有一个碳碳三键（—C≡C—）的不饱和链烃叫作炔烃，炔烃的通式为 C_nH_{2n-2}。

乙炔的分子式是 C_2H_2，俗称风煤和电石气，是分子组成中最简单的炔烃，也是炔烃最重要的代表物。主要用于工业，是有机合成的基本原料。乙炔在室温下是一种无色、极易燃的气体，密度是 1.16 g/L，可溶于水。纯乙炔是无臭的，但工业用乙炔由于含有硫化氢、磷化氢等杂质，故有一股大蒜的气味。

1. 炔烃同分异构现象和命名

炔烃的同分异构现象和烯烃相似，包括碳链异构和位置异构，但三键的碳原子不可能再有支链，所以炔烃没有顺反异构。如戊炔有三个同分异构体，如下：

$$CH_3CH_2CH_2C≡CH \qquad CH_3CH_2C≡CCH_3 \qquad \begin{matrix}CH_3\\|\\CH_3CHC≡CH\end{matrix}$$

1-戊炔   2-戊炔   3-甲基-1-丁炔

炔烃的系统命名方法和烯烃相似，只是将"烯"改为"炔"。如下：

$$\begin{matrix}CH_3\\|\\CH_3CHC≡CCH_3\end{matrix} \qquad\qquad CH_3(CH_2)_{10}C≡CH$$

4-甲基-2-戊炔   1-十三碳炔

2. 炔烃的物理性质

炔烃的物理性质同样是随着分子中碳原子数的增加而呈规律变化。它们的熔点、沸点和相当的烷烃、烯烃相比稍高一些，相对密度稍大一点。在常温常压下，从 C_2 到 C_4 的炔烃为气体，C_5 到 C_{15} 的炔烃为液体，C_{16} 以上的炔烃为固体。炔烃是无色物质，不溶于水，易溶于有机溶剂。

3. 炔烃的化学性质

1）加成反应

（1）催化加氢：和烯烃相似，在催化剂（铂、镍、钯等）作用下，炔烃可与氢气发生加成反应，生产烯烃或烷烃。如下：

$$R-C\equiv C-R' \xrightarrow[Pd]{H_2} R-CH=CH-R' \xrightarrow[Pd]{H_2} R-CH_2-CH_2-R'$$

（2）与卤素加成：炔烃与溴水反应，使得溴水褪色。利用这个性质可以检验炔烃的存在。如下：

$$CH_3-C\equiv CH \xrightarrow{Br_2/CCl_4} CH_3-\underset{Br}{\underset{|}{C}}=\underset{Br}{\underset{|}{CH}} \xrightarrow{Br_2/CCl_4} CH_3-\underset{Br}{\overset{Br}{\underset{|}{\overset{|}{C}}}}-\underset{Br}{\overset{Br}{\underset{|}{\overset{|}{CH}}}}$$

1,2-二溴丙烯　　　　1,1,2,2-四溴丙烷

（3）与卤化氢加成：不对称炔烃与卤化氢加成也遵循马氏规则。如下：

$$CH_3CH_2C\equiv CH \xrightarrow{HBr} CH_3CH_2C=CH_2 \xrightarrow{HBr} CH_3CH_2\underset{Br}{\overset{Br}{\underset{|}{\overset{|}{C}}}}CH_3$$
　　　　　　　　　　　Br　　　　　　　　

2-溴-1-丁烯　　　　2,2-二溴丁烷

（4）与水加成：不对称炔烃与水的加成反应也遵循马氏规则。如下：

$$CH\equiv CH + H_2O \xrightarrow[H_2SO_4]{HgSO_4} [CH_2=CH-OH] \xrightarrow{重排} CH_3-CHO$$

乙烯醇　　　　　　乙醛

$$RC\equiv CH + H_2O \xrightarrow[H_2SO_4]{HgSO_4} \left[\underset{OH}{\underset{|}{RC}}=CH_2\right] \xrightarrow{重排} R-\overset{O}{\overset{\|}{C}}-CH_3$$

2）聚合反应

炔烃在不同条件下可以发生不同的聚合反应，生产不同的聚合产物。如下：

$$3CH\equiv CH \xrightarrow{500℃} \bigcirc$$

$$2HC\equiv CH \xrightarrow[HCl]{CuCl,\ NH_4Cl} CH_2=CH-C\equiv CH$$
乙烯基乙炔

3）氧化反应

炔烃都能燃烧生成二氧化碳和水，并释放大量的热。其中乙炔的燃烧火焰明亮并带有

浓厚的黑烟。乙炔燃烧时能产生高温，氧炔焰的温度达 3200 ℃ 左右，可用于切割和焊接金属。如下：

$$2C_2H_2 + O_2 \xrightarrow{燃烧} 4CO_2 + H_2O + 2599.1 \text{ kJ/mol}$$

炔烃被高锰酸钾溶液氧化，高锰酸钾溶液紫红色褪去，反应现象明显，可用作三键的检验。炔烃结构不同，其氧化产物也不同。如果是非末端炔烃，氧化的最终产物则是羧酸。如下：

$$RC\equiv CH \xrightarrow[H^+]{KMnO_4} R-\underset{O}{\overset{O}{C}}-OH + CO_2$$

$$RC\equiv CR' \xrightarrow[H^+]{KMnO_4} R-\underset{O}{\overset{O}{C}}-OH + R'-\underset{O}{\overset{O}{C}}-OH$$

4）金属炔化物的生成

乙炔和 1-炔烃（$RC\equiv CH$）分子中，连接在三键碳原子上的氢原子受三键的影响，性质较活泼，具有弱酸性。可以被 Ag^+ 或 Cu^+ 取代，生成白色的炔化银或砖红色的炔化亚铜沉淀。这是具有 $C\equiv C-H$ 结构的 1-炔烃的一个特征反应，而 $R-C\equiv C-R'$ 末端炔烃不能进行这两个反应。如下：

$$CH\equiv CH + 2Ag(NH_3)_2NO_3 \longrightarrow AgC\equiv CAg\downarrow + 2NH_4NO_3 + 2NH_3$$

$$CH\equiv CH + 2Cu(NH_3)_2Cl \longrightarrow CuC\equiv CCu\downarrow + 2NH_4Cl + 2NH_3$$

（四）芳香烃

芳香烃通常是指分子中含有苯环结构的碳氢化合物。本质是分子中具有苯环基本结构，如苯、二甲苯、萘等芳香烃。这类化合物最初是从植物体中获得，一般具有芳香气味，所以称这些烃类物质为芳香烃，后来发现的不具有芳香味道的烃类也都统一沿用这种叫法。

苯的分子式为 C_6H_6，是最简单的芳烃，在常温下是具有甜味、可燃、有致癌毒性的无色透明液体，并带有强烈的芳香气味。它难溶于水，易溶于有机溶剂，本身也可作为有机溶剂。苯具有的环系叫苯环，苯环去掉一个氢原子以后的结构叫苯基，用 $Ph-$ 表示，因此苯的化学式也可写作 PhH。苯是一种石油化工基本原料，其产量和生产的技术水平是衡量一个国家石油化工发展水平的标志之一。

1. 芳香烃的分类

芳香烃按分子结构，可以分为单环芳香烃、多环芳香烃和稠环芳香烃。

（1）单环芳香烃：

苯　　甲苯　　间二甲苯　　苯乙烯

（2）多环芳香烃：

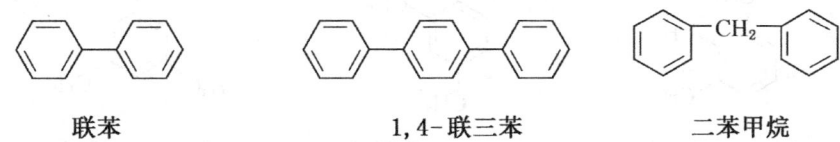

联苯　　　　　　　1,4-联三苯　　　　　　二苯甲烷

（3）稠环芳香烃：

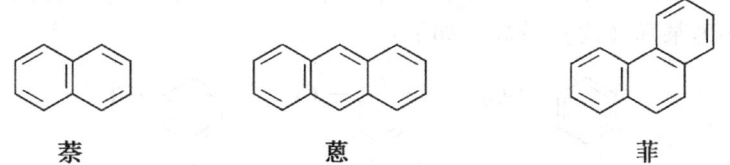

萘　　　　　　　蒽　　　　　　　菲

2. 芳香烃及衍生物的命名

（1）芳香烃分子中去掉一个或几个氢原子后剩下的原子团叫芳基，常用 Ar- 表示。常见一价芳基如下：

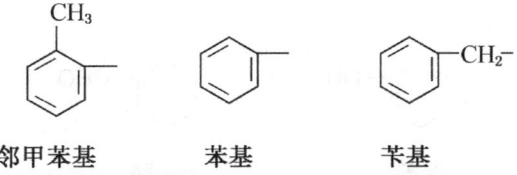

邻甲苯基　　　　苯基　　　　苄基

（2）单环芳香烃的命名是以苯环为母体，烷基作为取代基，称为某烷基苯（"基"字常省略）。如下：

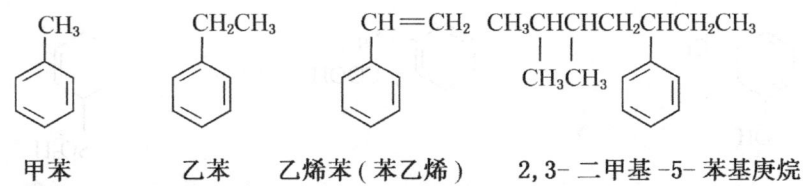

甲苯　　　乙苯　　　乙烯苯（苯乙烯）　　　2,3-二甲基-5-苯基庚烷

（3）当苯环上连有两个或两个以上的取代基时，可用阿拉伯数字表明它们的相对位次；若苯环上只有两个取代基时，也常用"邻""间""对"表明它们的相对位次；若苯环上连有 3 个相同的取代基时，也常用"连""偏""均"等字头表示。如下：

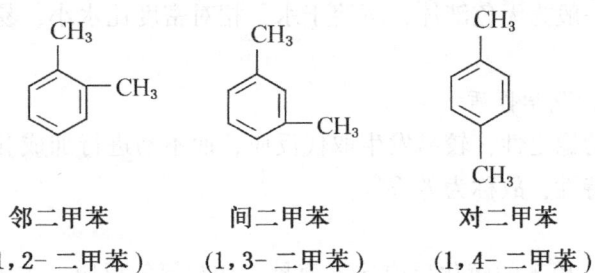

邻二甲苯　　　　　间二甲苯　　　　　对二甲苯
（1,2-二甲苯）　　（1,3-二甲苯）　　（1,4-二甲苯）

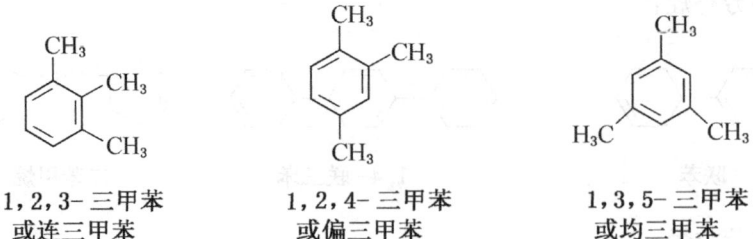

1,2,3-三甲苯	1,2,4-三甲苯	1,3,5-三甲苯
或连三甲苯	或偏三甲苯	或均三甲苯

（4）某些取代基如硝基（-NO₂）、亚硝基（-NO）、卤素（-X）等连苯环时，通常只作为取代基，称为某基（代）芳烃。如下：

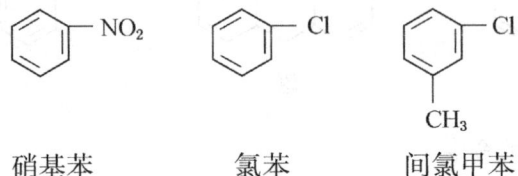

硝基苯　　　　氯苯　　　　间氯甲苯

（5）当取代基为氨基（-NH₂）、羟基（-OH）、醛基（-CHO）、羧基（-COOH）等时，则把它们与苯环一起看作一类化合物，分别叫作苯胺、苯酚、苯甲醛、苯甲酸。如下：

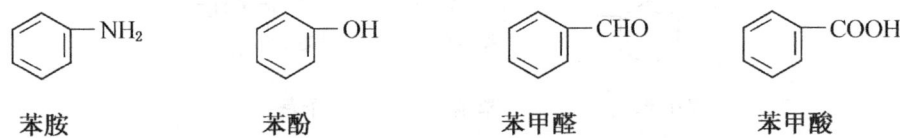

苯胺　　　　苯酚　　　　苯甲醛　　　　苯甲酸

（6）当环上有多种取代基时，首先选择好主体，依次编号。如下：

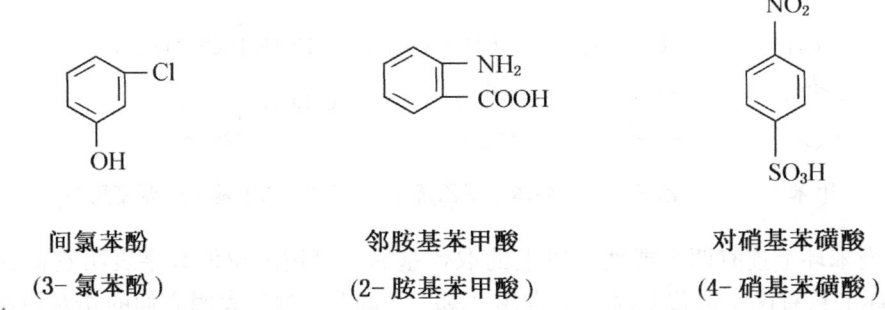

间氯苯酚　　　　邻胺基苯甲酸　　　　对硝基苯磺酸

（3-氯苯酚）　　（2-胺基苯甲酸）　　（4-硝基苯磺酸）

3. 芳香烃的物理性质

苯及其同系物一般为无色液体，不溶于水，相对密度比水小，易溶于有机溶剂。芳烃具有一定的毒性。

4. 单环芳香烃的化学性质

苯环具有特殊的稳定性，较易发生取代反应，而不易进行加成和氧化反应，这种性质是芳香族化合物的特性，故称为芳香性。

1) 取代反应

（1）卤化反应：甲苯的卤化反应比苯容易，如与氯气反应，主要产物是邻氯甲苯和对氯甲苯。如下：

$$\text{C}_6\text{H}_6 + \text{Br}_2 \xrightarrow[\triangle]{\text{Fe}} \text{C}_6\text{H}_5\text{Br} + \text{HBr}$$

$$\text{C}_6\text{H}_5\text{CH}_3 + \text{Cl}_2 \xrightarrow{\text{Fe}} \text{邻-ClC}_6\text{H}_4\text{CH}_3 + \text{对-ClC}_6\text{H}_4\text{CH}_3 + \text{HCl}$$

（2）硝化反应：烷基苯用混酸硝化比苯容易，主要产物是邻位和对位硝基苯。如继续反应则生产 2，4，6-三硝基甲苯，俗称 TNT，是一种威力很强而又相当安全的炸药。如下：

$$\text{C}_6\text{H}_6 + \text{HNO}_3 \xrightarrow[56\sim60\text{℃}]{\text{H}_2\text{SO}_4} \text{C}_6\text{H}_5\text{NO}_2 + \text{H}_2\text{O}$$

$$\text{C}_6\text{H}_5\text{NO}_2 + \text{发烟 HNO}_3 \xrightarrow[100\text{℃}]{\text{H}_2\text{SO}_4} \text{间-二硝基苯} + \text{H}_2\text{O}$$

$$\text{C}_6\text{H}_5\text{CH}_3 \xrightarrow[30\text{℃}]{\text{浓 HNO}_3, \text{浓 H}_2\text{SO}_4} \text{邻-硝基甲苯 (59\%)} + \text{对-硝基甲苯 (37\%)}$$

$$\text{邻-硝基甲苯} + \text{对-硝基甲苯} \xrightarrow[100\text{℃}]{\text{浓 H}_2\text{SO}_4, \text{浓 HNO}_3} \text{TNT (2,4,6-三硝基甲苯)}$$

（3）磺化反应：是指在苯与浓硫酸或发烟硫酸的作用下，环上的一个氢原子被磺（酸）基（—SO_3H）取代，生成苯磺酸的反应。甲苯比苯容易磺化，主要得到邻位和对位产物。如下：

$$\text{C}_6\text{H}_6 \xrightarrow[\text{或 20\% 发烟 H}_2\text{SO}_4, 25\text{℃}]{\text{浓 H}_2\text{SO}_4, 70\sim80\text{℃}} \text{苯磺酸} \xrightarrow[90\text{℃}]{66\% \text{发烟 H}_2\text{SO}_4} \text{间苯二磺酸}$$

$$\underset{}{\text{甲苯}} \xrightarrow[\text{回流}]{H_2SO_4} \underset{\text{邻甲苯磺酸}}{\text{o-CH}_3C_6H_4SO_3H} + \underset{\text{对甲苯磺酸}}{\text{p-CH}_3C_6H_4SO_3H}$$

(4) 烷基化反应：是指在无水三氯化铝等催化剂的作用下，芳烃与卤代烷作用，环上氢原子被烷基取代的反应。常用的催化剂有 $AlCl_3$、$FeCl_3$、$ZnCl_2$、BF_3、H_2SO_4。常用的烷基化剂有 RX、$RCH=CH_2$、ROH。如下：

$$C_6H_6 + CH_3CH_2Cl \xrightarrow[85℃]{AlCl_3} C_6H_5CH_2CH_3 \quad 74\%$$

$$C_6H_6 + CH_2=CH_2 \xrightarrow[90\sim 100℃]{AlCl_3} C_6H_5CH_2CH_3$$

(5) 酰基化反应：是指在无水氯化铝等催化剂的作用下，芳烃与酰卤或酸酐等反应，芳环上的氢原子被酰基取代的反应。常用的酰基化试剂有 RCOX、$(RCO)_2O$、RCOOH。如下：

$$C_6H_6 + CH_3COCl \xrightarrow{AlCl_3} \underset{\text{苯乙酮}}{C_6H_5COCH_3} + HCl$$

$$C_6H_6 + (CH_3CO)_2O \xrightarrow[70\sim 80℃]{AlCl_3} C_6H_5COCH_3 + CH_3COOH$$

2) 氧化反应

烷基苯通常侧链被氧化，因 α 氢活泼，不论烷基碳链的长短，一般只生成苯甲酸。无 α 氢的侧链不被氧化。如下：

$$2\,C_6H_6 + 9O_2\,(\text{空气}) \xrightarrow[400\sim 500℃]{V_2O_5} 2\,\underset{\text{顺丁烯二酸酐}}{\text{(maleic anhydride)}} + 4CO_2 + 4H_2O$$

3) 加成反应

(1) 加氢反应：

$$C_6H_6 + 3H_2 \xrightarrow[180\sim 210℃]{Ni,\ 2.81MPa} C_6H_{12}$$

(2) 加氯反应：

$$\text{C}_6\text{H}_6 + 3\text{Cl}_2 \xrightarrow[40℃]{\text{紫外光}} \text{C}_6\text{H}_6\text{Cl}_6 \text{（六氯化苯）}$$

5. 苯环取代定位规律

将苯引入一个取代基时，产物只有一种。将甲苯硝化，比苯硝化更容易进行，硝基主要进入邻、对位。将硝基苯硝化，比苯硝化难进行，第 2 个硝基主要进入间位。将氯苯氯代，比苯氯代难进行，第 2 个氯主要进入邻、对位。这些实验证明，当苯环已经有一个取代基存在，再引入第二取代基时，则第二个取代基进入的位置和难易程度主要取决于原有取代基（叫作定位取代基）的性质，而与进入的取代基关系较小。这就是苯环取代的定位规律。

根据实验现象，可以把定位取代基分为以下两类：

(1) 邻对位定位基：使取代基进入其邻对位且使苯环活化（卤素除外），如 —NH_2、—OH、—OR、—NHCOR、—OCOR、—CH_3（R）、—F、—Cl、—Br、—I、—C_6H_5、—CH_2COOH 等（定位能力依次减弱）。

(2) 间位定位基：使亲电试剂进入其间位且使苯环钝化，如 —$N^+(CH_3)_3$、—N^+H_3、—NO_2、—CN、—SO_3H、—CHO、—COR、—COOH 等（定位能力依次减弱）。

当苯环上已有两个取代基时，第三个取代基进入苯环的位置由原有的两个取代基决定：

(1) 当原有的两个取代基定位作用一致时，仍由原定位规律决定。

(2) 当原有的两个取代基对第三个取代基的定位作用不一致时，有以下两种情况：

①两个原有取代基属于同一类：由强者定位，若强弱相差不大，则得混合物；

②两个原有取代基不属于同一类：由第一类定位基定位。如下：

$$\text{苯} \xrightarrow{\underset{H_2SO_4}{HNO_3}} \text{硝基苯} \xrightarrow{\underset{Fe}{Cl_2}} \text{间-氯硝基苯}$$

$$\text{苯} \xrightarrow{\underset{Fe}{Cl_2}} \text{氯苯} \xrightarrow{\underset{H_2SO_4}{HNO_3}} \text{邻-氯硝基苯} + \text{对-氯硝基苯}$$

6. 稠环芳香烃

分子中含有两个或两个以上的苯环，苯环之间通过共用两个相邻碳原子彼此稠合而成的芳烃为稠环芳香烃。重要的稠环芳香烃有萘、蒽、菲。

1) 萘

萘的分子式为 $C_{10}H_8$。它是光亮的片状结晶，熔点为 80.2 ℃，沸点为 218 ℃，易升华，不溶于水，易溶于有机溶剂（如酒精）。萘环编号如下：

$$\begin{array}{c} \alpha \quad \alpha \\ 8 \quad 1 \\ \beta\; 7 \qquad 2\; \beta \\ \beta\; 6 \qquad 3\; \beta \\ 5 \quad 4 \\ \alpha \quad \alpha \end{array}$$

与苯相似，萘分子也具有平面结构，形成闭合的共轭 π 键，但在共轭体系中电子云密度分布不完全均匀，因此碳碳键不完全相等。在萘的分子中，各个碳原子并不完全相同，其中 1、4、5、8 四个碳原子是等同的，称为 α 位；2、3、6、7 四个碳原子也是等同的，称为 β 位。

萘亦具有芳香性，但比苯弱，因此萘的一元取代物有两种，即 α-取代物（1-取代物）和 β-取代物（2-取代物），但 α 位比 β 位活泼，萘的反应一般发生在 α 位。如下：

$$\text{萘} + Cl_2 \xrightarrow{FeCl_3} \text{1-氯萘}$$

$$\text{萘} + HNO_3 \xrightarrow{H_2SO_4} \text{1-硝基萘}$$

2) 蒽和菲

蒽和菲的分子式相同，都是 $C_{14}H_{10}$，互为同分异构体。

蒽是片状结晶，具有蓝色荧光，熔点为 216 ℃，沸点为 354 ℃，不溶于水，难溶于乙醇、乙醚等，但溶于苯。蒽环编号如下：

$$\begin{array}{c} \alpha \quad \gamma \quad \alpha \\ 8 \quad 9 \quad 1 \\ \beta\; 7 \qquad\qquad 2\; \beta \\ \beta\; 6 \qquad\qquad 3\; \beta \\ 5 \quad 10 \quad 4 \\ \alpha \quad \gamma \quad \alpha \end{array}$$

蒽亦具有芳香性，但比苯和萘弱得多。在蒽的分子中，各个碳原子也不完全相同，其中 1、4、5、8 四个碳原子是等同的，称为 α 位；2、3、6、7 四个碳原子也是等同的，称为 β 位。9、10 两个碳原子是等同的，称为 γ 位，γ 位最活泼。

菲是白色片状结晶，熔点为 100 ℃，沸点为 340 ℃。菲的氢化产物对生物科学很重要，它是甾醇、胆汁酸、性激素等母体碳架的一部分。菲环编号如下：

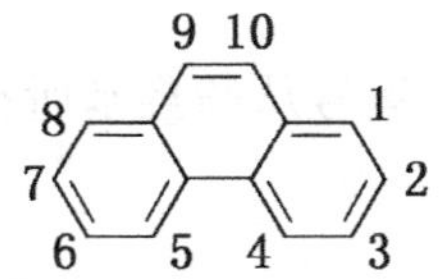

三、烃的衍生物

（一）定义和分类

烃分子中的氢原子被其他原子或原子团所取代而生成的一系列化合物称为烃的衍生物，其中取代氢原子的其他原子或原子团使烃的衍生物具有不同于相应烃的特殊性质，被称为官能团。在不改变烃本身的分子结构的基础上，将烃上的一部分氢原子替换成其他的原子或官能团的一类有机物的统称。

（二）烃的衍生物命名

1. 卤代烃

从离卤原子近的一端开始编号，选最长的碳链为主链，然后把卤素的位置、名称写在某烃名称的前面，用1、2等数字表示卤原子的位置，如果是多卤代烃，用二、三、四等表示卤原子的个数。如下：

Cl—CH$_2$—CH$_2$—CH$_2$—CH$_3$　　　CH$_3$—CH(Cl)—CH$_2$—CH$_3$　　　CH$_2$Cl—CHCl—CH$_3$

　　1-氯丁烷　　　　　　　　　　　2-氯丁烷　　　　　　　　　　1，2-二氯丙烷

2. 醇

（1）根据与羟基相连的烃基命名，"基"字一般可省略。如下：

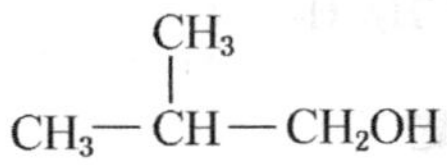

异丁醇 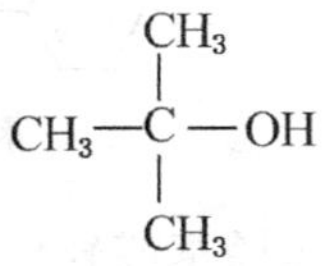　　　叔丁醇 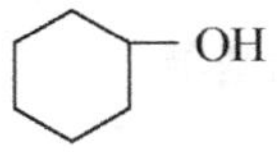　　　环己醇 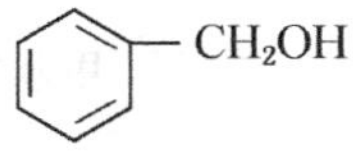　　　苄醇

（2）选择含有羟基碳的最长碳链为主链，以羟基的位置最小编号，按照主链所含的碳原子数目称为某醇。羟基的位次用阿拉伯数字注明在醇名称的前面，并在醇名称与数字之间划一短线，支链取代基的位次和名称加在醇名称的前面。如下：

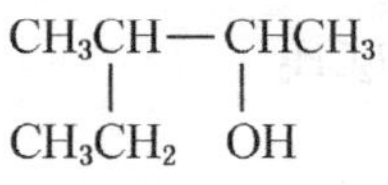

3-甲基-2-戊醇 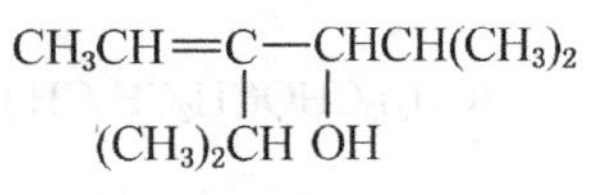　　　　　　　　　　2-甲基-4-异丙基-4-己烯-3-醇

（3）多元醇的命名要选择含-OH尽可能多的碳链为主链，羟基的数目写在"醇"字的前面，用二、三、四等数字表明。如下：

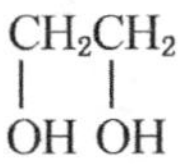

乙二醇 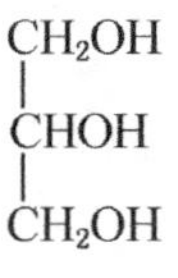　　　丙三醇 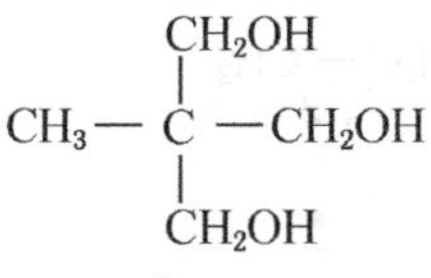　　　2-甲基-2-羟甲基-1，3-丙二醇

3. 酚

在"酚"字前面加上芳烃名称。编号从酚羟基所在碳开始,其取代基的位次、名称写在酚名称前。如下:

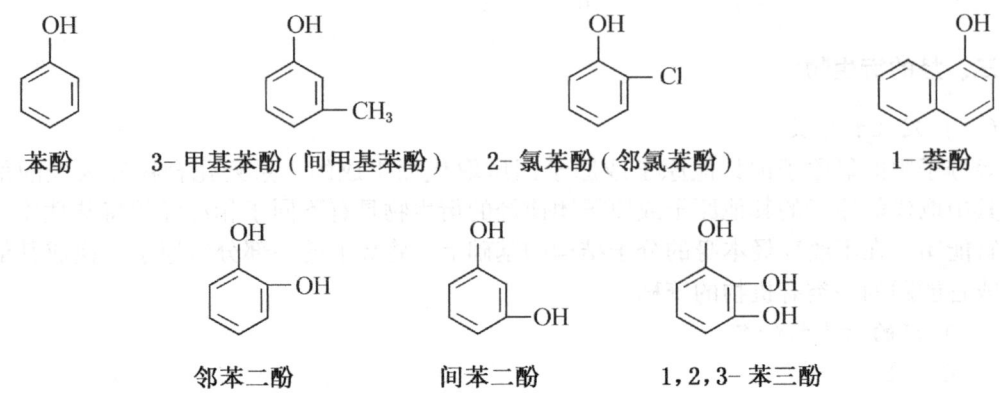

4. 醚

(1) 当与氧相连的两个烃基相同时,称为简单醚;不同时称为混合醚。先写出与氧相连的两个烃基的名称("基"字可省略),再加上醚字。命名时,较小的烃基放在前面,芳基放在烷基前面。如下:

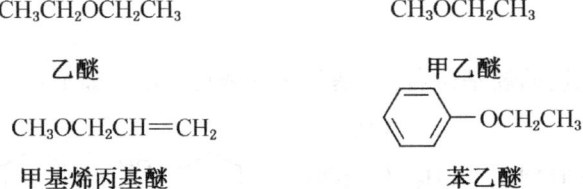

(2) 选择与氧原子相连的碳原子数较多的烃基或较优先的基链为主链,把另一侧的烃基连同氧原子一起视为取代基,称之为烷氧基。如下:

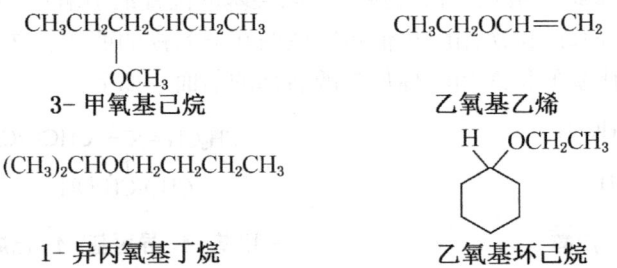

(3) 烃基的两端通过氧原子连接起来形成一个环的,属于环醚,一般命名为环氧某烷。如下:

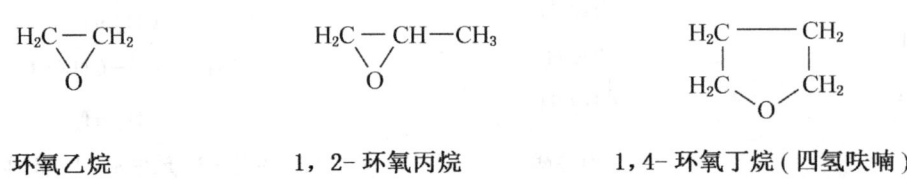

5. 醛酮

选择含有羰基的最长碳链为主链，从靠近羰基的一端开始编号，酮羰基（除丙酮、丁酮）要标明羰基碳的位置。若是环酮结构从羰基碳开始编号。如下：

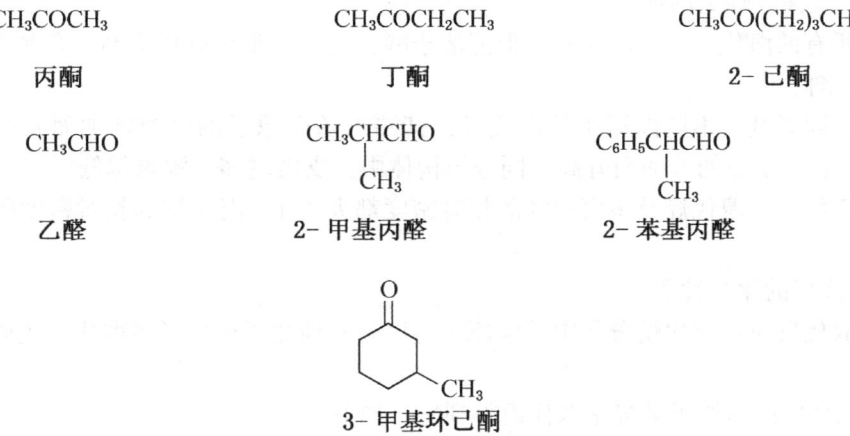

6. 羧酸

（1）选择含羧基的最长碳链作为主链，根据主链上碳原子数目称为某酸。从羧基碳原子开始编号，表示侧链与重键的方法与烃基相同（用阿拉伯数字或希腊字母）。如下：

$$CH_3CHCH_2COOH \qquad CH_3CH_2CH_2COOH$$
$$|$$
$$H_3C\ CH_3$$

3,4-二甲基戊酸　　　　　　丁酸

（2）如有不饱和键角，要标明烯（或炔）键的位次，并且主链包括双键和三键。如下：

$$CH_3(CH_2)_7CH=CH(CH_2)_7COOH$$

9-十八碳烯-酸（俗称油酸）

（3）多元羧酸的命名选择含有两个羧基的碳链为主链，按碳原子数目称为某二酸。如 $HOOCCH_2CH_2COOH$（丁二酸）。

（4）酸酐的命名是在相应羧酸的名称之后加一"酐"字。酯的命名是根据形成它的酸和醇称为某酸某酯。

乙酸酐　　　　乙酸丙酸酐　　　1,2-环己烯二甲酸酐

乙酸烯丙酯　　　甲酸甲酯　　　丙烯酸甲酯

（三）烃的重要衍生物

1. 卤代烃

1) 卤代烃的物理性质

（1）在常温常压下，氯甲烷、氯乙烷、溴甲烷等低级卤代烃是气体，一般卤代烃大多为液体，高级卤代烃为固体。

（2）所有的卤代烃均不溶于水，但能溶于醇、醚、烃类等有机溶剂。有些卤代烃本身就是有机溶剂。

（3）相同烃基、不同卤原子的卤代烃，其沸点随卤原子的序数增加而升高。同系列中，沸点随着分子量的增加而升高。同分异构体中，支链越多，沸点越低。

（4）碘代烃、溴代烃及多卤代烃的相对密度都大于1，卤代烷的相对密度随碳原子的增加而降低。

2) 卤代烃的化学性质

（1）取代反应：卤代烷分子中的卤原子可以被其他原子或原子团取代，生成多种重要的化合物。

卤代烷烃中的卤原子被羟基取代而得到醇。如下：

$$R-X + NaOH \xrightarrow[\triangle]{H_2O} R-OH + NaX$$

在相应的醇中，伯卤代烷中的卤原子被醇钠中的烷氧基（RO—）取代生成醚。如下：

$$R-X + NaOR' \xrightarrow{ROH} ROR' + NaX$$

伯卤代烷和过量氨气作用时发生氨解，被氨基（—NH_2）取代而生成伯胺。如下：

$$R-X + NH_3 \xrightarrow{ROH} R-NH_2 + HX$$

卤代烷与硝酸银-乙醇溶液反应生成硝酸烷基酯，同时析出卤化银沉淀，反应现象明显。如下：

$$RX + AgNO_3 \xrightarrow{ROH} RONO_2 + AgX \downarrow$$

卤原子相同时，叔卤代烷生成卤化银沉淀最快，一般是立即反应；仲卤代烷反应稍慢；伯卤代烷反应最慢，常需要加热。常用这个反应在有机分析中检验卤代烷。

（2）消除反应：卤代烷与氢氧化钠或氢氧化钾的乙醇溶液共热时，卤代氢发生消除反应，脱去卤化氢而生成烯烃。如下：

$$R-\underset{H}{\overset{\beta}{C}H}-\underset{X}{\overset{\alpha}{C}H_2} \xrightarrow{KOH}_{C_2H_5OH} R-CH=CH_2 + HX$$

卤代烷在消除反应中，遵循查依采夫（A. M. Saytzeff）规则。规则具体内容为不对称卤代烃发生消除反应的主要产物是卤素结合含氢较少的 β-C 原子上的氢，生成双键碳原子上连有最多烃基的烯烃。如下：

$$CH_3-\underset{H}{\overset{\beta}{C}H}-\underset{X}{\overset{\alpha}{C}H}-\underset{H}{\overset{\beta}{C}H_2} \xrightarrow{KOH}_{C_2H_5OH} \underset{81\%}{CH_3CH=CHCH_3} + \underset{19\%}{CH_3CH_2CH=CH_2}$$

(3) 与金属反应：卤代烷可以与某些金属（如锂、镁等）在无水乙醚中反应，生成金属原子与碳原子直接相连的一类化合物，这类化合物称为金属化合物。例如：卤代烷与镁在无水乙醚中生成格氏（Grignard）试剂，其中氟代烷不形成格氏试剂。如下：

$$RX + Mg \xrightarrow{无水乙醚} RMgX$$

格氏试剂是一种重要的有机合成试剂，其性质活泼，能与水、醇、酸、氨以及炔烃等作用分解为烃，并能与许多物质发生反应生成其他重要的有机物。如下：

$$RMgX + HY \longrightarrow RH + MgXY$$

$$(Y=—OH、—OR、—NH_2、卤素等)$$

$$RMgX + CO_2 \xrightarrow{无水乙醚} R-\overset{O}{\underset{\|}{C}}-OMgX \xrightarrow{H_2O} R-\overset{O}{\underset{\|}{C}}-OH + MgX(OH)$$

3）重要的卤代烃

(1) 氯乙烷（CH_3CH_2Cl）是带有甜味的气体，沸点是 12.2 ℃，低温时可液化为液体。工业上用作冷却剂，在有机合成上用于进行乙基化反应。做小型外科手术时，可将氯乙烷喷洒在要手术的部位，因氯乙烷沸点低，蒸发快，吸收热量，温度急剧下降，局部暂时失去知觉。

(2) 三氯甲烷（$CHCl_3$）俗名氯仿，为无色、具有甜味的液体，沸点为 61 ℃，不能燃烧，也不溶于水。工业上用作溶剂，在医药上曾用作全身麻醉剂。因毒性较大，现已禁止在食品、药物中使用。

氯仿中的 3 个氯原子的强吸电子作用，使其 C—H 键变得活泼，因此氯仿的保存要放在棕色瓶中，装满到瓶口加以密封。通常加 1% 的乙醇以破坏可能生成的光气（形成碳酸二乙酯）。

(3) 四氯化碳（CCl_4）是一种无色有毒液体，能溶解脂肪、油漆等多种物质，不能燃烧，遇热易挥发，其蒸气比空气重，可把燃烧物覆盖，主要用作灭火剂、合成原料和溶剂，能溶解脂肪、油漆、树脂、橡胶等，又常用作干洗剂。沸点为 76.8 ℃，相对密度为 1.594 g/cm^3，有特殊气味。工业上用甲烷与氯混合（1∶4），在 440 ℃反应制备。如下：

$$CH_4 + Cl_2 \longrightarrow CCl_4 + HCl$$

在高温下，能发生水解生成光气，如下：

$$CCl_4 + H_2O \longrightarrow COCl_2 + 2HCl$$

(4) 二氟二氯甲烷（CF_2Cl_2）俗名氟利昂，为无色气体，沸点为-29.8 ℃，易压缩成不燃液体，解压后又立即气化，同时吸收大量的热，因此广泛用作制冷剂、喷雾剂和灭火剂等，无腐蚀和刺激作用，氟利昂的性质极为稳定，在大气中长期不发生化学反应，但在大气高空积聚后，可通过一系列光化学降解反应，产生氯自由基而破坏高空臭氧层。

(5) 四氟乙烯（$CF_2=CF_2$）为无色气体，沸点为-76 ℃，四氟乙烯聚合得到聚四氟乙烯。聚四氟乙烯具有优越的耐热性和耐寒性，可在-100～+300 ℃下使用，化学性质超过一切塑料，与浓硫酸、浓碱、元素氟和"王水"等均不发生反应，机械强度高。商品名为"特氟隆",有"塑料王"之称。

2. 醇

1) 醇的物理性质

(1) 低级饱和一元醇是无色液体,具有特殊气味,高级醇是蜡状固体。

(2) 醇分子中的羟基能与水形成氢键,因此,分子中引入羟基能增大化合物的水溶性。

(3) 醇的沸点比多数分子量相近的其他有机物高,原因是醇是极性分子,而且分子的羟基之间还可以通过氢键缔合起来。

2) 醇的化学性质

醇的化学性质主要是由醇羟基决定。醇的化学反应主要发生在羟基以及受羟基影响而比较活泼的 α-氢原子和 β-氢原子上。醇分子易发生化学反应的部位如下:

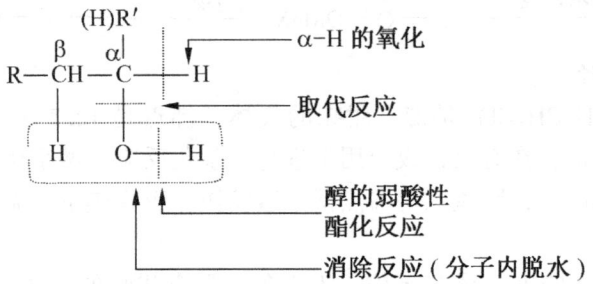

(1) 与活泼金属反应:低级醇与水相似,能与钠、镁、铝、钾等活泼金属作用放出氢气,生成相应的醇钠。醇羟基的氢显示一定酸性,但酸性比水弱,反应比水缓和。如下:

$$2CH_3CH_2OH + 2Na \longrightarrow 2CH_3CH_2ONa + H_2 \uparrow$$

$$2CH_3CH_2OH + Mg \longrightarrow (CH_3CH_2O)_2Mg + H_2 \uparrow$$

(2) 酯化反应:醇与酸作用脱水而生成酯的反应,叫作酯化反应。醇与有机酸反应生成羧酸酯;醇与硫酸、硝酸、磷酸等反应生成无机酸酯。如下:

$$CH_3COOH + CH_3CH_2OH \longrightarrow CH_3COOCH_2CH_3 + H_2O$$

乙酸正乙酯

$$CH_3OSO_2OH + CH_3OH \longrightarrow CH_3OSO_2OCH_3 + H_2O$$

硫酸二甲酯

$$ROH + HNO_3 \longrightarrow RONO_2 + H_2O$$

硝酸酯

(3) 脱水反应:醇可直接加热(400~800 ℃)脱水生成烯,反生分子内脱水。若有浓 H_2SO_4 催化剂存在时,脱水反应可在较低温度下进行。如下:

$$CH_3CH_2OH \xrightarrow[170℃]{\text{浓}H_2SO_4} CH_2=CH_2 + H_2O$$

醇在较低温度下发生分子间脱水，主要产物是醚。如下：

$$2CH_3CH_2OH \xrightarrow[140℃]{\text{浓}H_2SO_4} CH_3CH_2OCH_2CH_3 + H_2O$$

（4）氧化反应：有机物分子中加氧或脱氢都属于氧化反应。伯醇、仲醇中的α-氢原子受官能团影响比较活泼，容易被氧化。常用氧化剂有高锰酸钾、重铬酸钾。伯醇先被氧化成醛，继续氧化成羧酸；仲醇氧化生成酮。如下：

$$RCH_2OH \xrightarrow{[O]} RCHO \xrightarrow{[O]} RCOOH$$

$$R-\underset{\underset{OH}{|}}{C}H-R' \xrightarrow{[O]} R-\underset{\underset{O}{\|}}{C}-R'$$

伯醇、仲醇的蒸气，高温下通过活性铜或银等催化剂时，发生脱氢反应，分别生成醛和酮。如下：

$$RCH_2OH \xrightarrow[\text{高温}]{Cu} RCHO + H_2O$$

$$R-\underset{\underset{OH}{|}}{C}H-R' \xrightarrow[\text{高温}]{Cu} R-\underset{\underset{O}{\|}}{C}-R' + H_2O$$

3）重要的醇

（1）甲醇（CH_3OH）俗称木醇，为可燃性无色液体，有类似酒精的气味，沸点为65℃，跟水按任意比例混合，均具有毒性，饮用10 mL可失明，过量可致死。在近代工业中，以固体（如煤、焦炭）、液体（如原油、重油、轻油）或气体（如天然气及其他可燃性气体）为原料，经造气净化（脱硫）变换，除去二氧化碳，配制成一定的合成气（一氧化碳和氢）来合成甲醇。

$$2H_2 + CO \xrightarrow{\text{高温高压、催化剂}} CH_3OH$$

甲醇用途广泛，是基础的有机化工原料和优质燃料，主要应用于精细化工、塑料等领域，用来制造甲醛、醋酸、氯甲烷、甲胺、硫酸二甲酯等多种有机产品，也是农药、医药的重要原料之一。甲醇在深加工后可作为一种新型清洁燃料，也加入汽油掺烧。

（2）乙醇（CH_3CH_2OH）俗称酒精，在常温常压下是一种易燃、易挥发的无色透明液体，低毒性，纯液体不可直接饮用；具有特殊香味，并略带刺激性；微甘。其蒸气能与空气形成爆炸性混合物；能与水以任意比互溶；能与氯仿、乙醚、甲醇、丙酮和其他多数有机溶剂混溶。

乙醇的用途很广，可用于制造醋酸、饮料、香精、染料、燃料等。医疗上也常用体积分数为70%~75%的乙醇作消毒剂等，在国防化工、医疗卫生、食品工业、工农业生产中都有广泛的用途。

乙醇与强氧化剂反应。乙醇能使酸性$KMnO_4$溶液褪色：

$$5CH_3CH_2OH+4KMnO_4+6H_2SO_4 = 2K_2SO_4+4MnSO_4+5CH_3COOH+11H_2O$$

交通警察检查司机是否为酒后驾车就用含有橙色的酸性重铬酸钾（$K_2Cr_2O_7$）仪器，当其遇到乙醇时橙色变为绿色，由此可以判定司机是酒后驾车。其中发生的化学反应方程式为：

$$2K_2Cr_2O_7+3CH_3CH_2OH+8H_2SO_4 =\!=\!= 2Cr_2(SO_4)_3+3CH_3COOH+2K_2SO_4+11H_2O$$

    橙色   绿色

（3）乙二醇俗称甘醇，简称 EG，是最简单的二元醇。乙二醇是无色无臭、有甜味的液体，对动物有毒性，人的致死剂量约为 1.6 g/kg。乙二醇能与水、丙酮互溶，但在醚类中溶解度较小。主要用于制作聚酯涤纶、聚酯树脂、吸湿剂、增塑剂、表面活性剂、合成纤维、化妆品和炸药，以及染料/油墨等的溶剂、配制发动机的抗冻剂、气体脱水剂。乙二醇的高聚物聚乙二醇（PEG）是一种相转移催化剂，也用于细胞融合；其硝酸酯是一种炸药。

（4）丙三醇俗称甘油，可混溶于乙醇，与水混溶，不溶于氯仿、醚、二硫化碳、苯、油类，可溶解某些无机物。遇明火、高热可燃，具有刺激性。主要用于气相色谱固定液及有机合成，也可用作溶剂、气量计及水压机减震剂、软化剂、防冻剂、抗生素发酵用营养剂、干燥剂等；也用于制造硝化甘油、醋酸树脂、聚氨酯树脂、环氧树脂。大量用于化妆品工业、食品工业、水性印刷油墨、涂料工业。

3．酚

1）酚的物理性质

（1）常温下，除少数烷基酚是液体外，多数酚都是固体。

（2）纯净的酚无色，但由于其容易被空气中的氧气氧化而产生有色杂质，所以酚常常带有不同程度的黄色或红色。

（3）由于分子间能形成氢键，所以酚的熔点和沸点比分子量相近的芳烃或芳基卤化物要高。

（4）酚在常温下微溶于水，加热时溶解度增加，能溶于乙醇、乙醚、苯等有机溶剂。

2）酚的化学性质

酚是由羟基和苯环组成，所以与醇和芳香烃具有一些共同的特性。但是由于酚羟基和芳香环之间的相互影响，又使酚具有与芳香烃和醇不同的化学性质。

（1）酸性：酚羟基受苯环影响比较活泼，使苯酚具有弱酸性，其酸性比醇、水强，但是比碳酸弱。因此苯酚能与氢氧化钠水溶液作用生成苯酚钠，但是不能与碳酸钠反应；苯酚也不能使紫色的石蕊试液变色。在苯酚钠水溶液中通入 CO_2 或加入其他无机酸，可游离出苯酚。如下：

$$C_6H_5OH + NaOH \longrightarrow C_6H_5ONa + H_2O$$

$$C_6H_5ONa + CO_2 + H_2O \longrightarrow C_6H_5OH + NaHCO_3$$

（2）与三氯化铁的显色反应：大多数酚与三氯化铁作用生成具有颜色的配合物。不同的酚与三氯化铁作用呈现不同的颜色。利用这种特殊颜色反应，可用来检验酚羟基的存在。如下：

$$6C_6H_5OH + FeCl_3 \longrightarrow [Fe(C_6H_5O)_6]^{3-} + 6H^+ + 3Cl^-$$

（3）取代反应：由于酚羟基的存在，使苯酚邻、对位的取代反应更易进行。酚的卤代、硝化容易进行且还可生成多元取代物。如下：

$$\underset{}{C_6H_5OH} + Br_2 \longrightarrow \text{2,4,6-三溴苯酚} + HBr$$

$$C_6H_5OH + HNO_3(\text{稀}) \longrightarrow \text{邻硝基苯酚} + \text{对硝基苯酚} + H_2O$$

$$C_6H_5OH + H_2SO_4(\text{浓}) \longrightarrow \text{邻羟基苯磺酸} + \text{对羟基苯磺酸} + H_2O$$

（4）氧化反应：酚容易被氧化，苯酚能逐渐被空气中的氧气氧化，颜色逐渐加深，氧化产物很复杂，如下：

$$C_6H_5OH \xrightarrow{[O]} \text{对苯醌} + H_2O$$

3）重要的酚

（1）苯酚（C_6H_5OH，PhOH）俗称石炭酸，是最简单的酚类有机物。苯酚具有特殊刺激性气味，有剧毒性和腐蚀性。对皮肤、黏膜有强烈的腐蚀性，能抑制中枢神经系统或损害肝、肾功能。高浓度苯酚蒸气可引起头痛、头昏、乏力、视力模糊、肺水肿等。低浓度酚能使蛋白变性，高浓度酚能使蛋白沉淀。常温下苯酚为一种无色晶体，吸湿后，由结晶变成液体。常温下微溶于水，易溶于有机溶液。当温度高于65℃时，能跟水以任意比例互溶。暴露在空气中时呈粉红色。

苯酚主要用于生产卤代酚类。从一氯苯酚到五氯苯酚，都可用于生产2,4-二氯苯氧乙酸和2,4,5-三氯苯氧乙酸等除草剂；五氯苯酚是木材防腐剂；其他卤代酚衍生物可作为杀螨剂、皮革防腐剂和杀菌剂。由苯酚所制得的烷基苯酚是制备烷基酚-甲醛类聚合物的单体，并可作为抗氧剂、非离子表面活性剂、增塑剂、石油产品添加剂。苯酚也是很多医药（如水杨酸、阿司匹林及磺胺药等）、合成香料、染料的原料。此外，苯酚的稀水溶液可直接用作防腐剂和消毒剂。

（2）苯二酚有邻苯二酚、间苯二酚和对苯二酚三种异构体。如下：

邻苯二酚　　　　　　间苯二酚　　　　　　对苯二酚

邻苯二酚俗名儿茶酚，是无色结晶体，见光或露置空气中会变色，能升华。熔点为 105 ℃，沸点为 246 ℃，溶于水，易溶于乙醇、乙醚。它是重要的化工中间体，可用于制造橡胶硬化剂、电镀添加剂、皮肤防腐杀菌剂、染发剂、照相显影剂等。邻苯二酚也是重要的医药中间体，用来制造黄连素和异丙肾上腺素等。

间苯二酚是无色针状结晶体，在日光下或空气中即缓慢变成粉红色。熔点为 110.7 ℃，沸点为 276.5 ℃，溶于氯仿、四氯化碳，易溶于水、乙醇、乙醚，不溶于苯。它是重要的有机合成中间体，可用于制造有机药品、染料、感光材料、塑料的稳定剂和增塑剂、雷管引爆剂。

对苯二酚是白色针状结晶体，熔点为 172 ℃，沸点为 286 ℃，易溶于水、乙醇及乙醚，微溶于苯；毒性比酚大，可通过皮肤渗透引起中毒，眼部接触本品粉尘或蒸气，可引起结膜和角膜炎。对苯二酚是橡胶、医药、染料、农药和精细化工的重要原料、助剂和中间体，主要用于制造摄影胶片的黑白显影剂、生产蒽醌染料和偶氮染料、合成气脱硫工艺的催化剂、制造橡胶和塑料的防老剂、单体阻聚剂、食品及涂料清漆的稳定剂和抗氧化剂、石油抗凝剂等。

4. 醚

1）醚的物理性质

（1）醚在室温下大多数为液体。

（2）醚分子中因无羟基而不能在分子间形成氢键，因此醚的沸点比相应的醇低，而与分子量相当的烷烃相近。

（3）由于醚中的氧可与水或醇中羟基上的氢形成氢键，因此醚在水中的溶解度比较大，并能溶于许多极性溶性中。

2）醚的化学性质

醚是一类比较稳定的化合物，一般不与氧化剂、还原剂、大多数酸作用，在碱中稳定。由于醚键的存在，也可进行一些特殊反应。

（1）醚与浓的强无机酸作用：醚中氧原子具有孤对电子，接受浓强酸（如浓硫酸和浓盐酸）中的质子，可生成盐。该盐不稳定，遇水又分解为原来的醚。

$$R-O-R + HCl \rightleftharpoons [R-\underset{\underset{H}{|}}{O}-R]^+Cl^-$$

$$CH_3-O-CH_3 + H_2SO_4(浓) \rightleftharpoons [CH_3-\underset{\underset{H}{|}}{O}-CH_3]^+HSO_4^-$$

（2）醚键的断裂：醚与浓氢卤酸（主要为 HI、HBr）一起加热，可使醚键发生断裂，产生醇和卤代烃。当在高温下和过量氢卤酸存在下，生成的醇可进一步反应生成卤代烃。如下：

$$R-O-R + HI \xrightarrow{\Delta} RI + ROH \xrightarrow{HI} RI + H_2O$$

不同 HX 反应活性（需高温下反应）顺序为：HI > HBr > HCl。

醚键断裂顺序为：叔烷基>甲基>伯烷基、仲烷基>芳基。

（3）过氧化物的生成：醚对氧化剂是惰性，如 $KMnO_4$、K_2CrO_7 都不能将醚氧化，但含有 α-氢原子的醚若在空气中久置或经光照，则可缓慢发生自动氧化反应，形成不易挥发的过氧化物。例如乙醚在放置过程中，因与空气长时间接触，会慢慢氧化成过氧化乙醚。如下：

$$CH_3CH_2-O-CH_2CH_3 + O_2 \longrightarrow \underset{\underset{O-OH}{|}}{CH_3CH}-O-CH_2CH_3$$

过氧化乙醚

过氧化乙醚沸点较高，不易挥发。受热或受震动会引起爆炸。因此在实验室蒸馏乙醚时，若乙醚已被空气氧化成过氧化物而残留在瓶底，继续加热会发生爆炸，所以醚类化合物应存放在棕色瓶中，蒸馏前必须要检查是否有过氧化物，并且蒸馏乙醚时不要蒸干。检验方法是将少量乙醚、碘化钾和几滴淀粉混合振荡，若呈现蓝色，说明有过氧化物存在，可用硫酸亚铁或亚硫酸钠等还原剂除去。储存醚类化合物时，加入 Fe 可防止形成过氧化物。

3）醚的重要性

（1）乙醚是无色透明液体，有特殊刺激性气味，带甜味，不易溶于水，易燃烧，极易挥发，沸点为 34.5 ℃。其蒸气与空气可形成爆炸性混合物，爆炸极限为 1.85%～36.5%（体积分数）。使用乙醚时要注意远离明火，谨防事故发生。

乙醚主要用作油类、染料、生物碱、脂肪、天然树脂、合成树脂、硝化纤维、碳氢化合物、亚麻油、石油树脂、松香脂、香料、非硫化橡胶等的优良溶剂；医药工业用作药物生产的萃取剂和医疗上的麻醉剂；毛纺、棉纺工业用作油污洁净剂；火药工业用于制造无烟火药。大量吸入乙醚蒸气可使人失去知觉，甚至死亡。

（2）二甲醚为无色晶体，熔点为 26.8 ℃，沸点为 258 ℃，不溶于水、酸及碱，能溶于醚、苯和冰醋酸，具有特殊气味。是工业上常用的载热体，也可用作香皂的香料和消泡剂。

5. 醛、酮

碳原子以双键和氧原子相连而形成的原子团叫作羰基。结构为 $-\overset{\overset{\displaystyle O}{\|}}{C}-$。醛和酮分子中都含有羰基，称为羰基化合物。

1）醛、酮的物理性质

（1）室温下，甲醛是气体，12 个碳原子以下的脂肪醛、酮为液体，高级脂肪醛、酮和芳香酮多为固体。

(2) 酮和芳香醛具有令人愉快的气味，低级醛具有强烈的刺激性气味，中级醛具有果香味，含有 $C_9 \sim C_{10}$ 个碳原子的醛可用于制作香料。

(3) 醛、酮的分子间不能形成氢键，所以脂肪醛、酮的沸点较分子量相近的醇低得多。

(4) 醛、酮的沸点比分子量相近的烷烃和醚高得多。

2) 醛、酮的化学性质

醛、酮中氧双键与碳碳双键相似，也能发生加成反应。受官能团影响而比较活泼的 α-氢原子易发生取代反应。此外醛其中的氢和酮也能发生氧化反应。醛和酮分子易发生化学反应的部位如下：

- 醛的氧化反应
- 羰基的还原反应
- 羰基的加成反应
- α-H 的反应

(1) 羰基的加成反应：

① 与氢氰酸加成反应：

$$\begin{array}{c} R_1 \\ \diagdown \\ C=O \\ \diagup \\ R_2(H) \end{array} + HCN \rightleftharpoons \begin{array}{c} R_1\ \ OH \\ \diagdown\ \diagup \\ C \\ \diagup\ \diagdown \\ (H)R_2\ \ CN \end{array} \xrightarrow[H^+]{H_2O} \begin{array}{c} R_1\ \ OH \\ \diagdown\ \diagup \\ C \\ \diagup\ \diagdown \\ (H)R_2\ \ COOH \end{array}$$

② 与亚硫酸氢钠加成反应：

$$\begin{array}{c} R_1 \\ \diagdown \\ C=O \\ \diagup \\ (H)R_2 \end{array} + HO-\overset{\overset{O}{\|}}{\underset{}{S}}-O^-Na^+ \rightleftharpoons \begin{array}{c} R_1\ \ OH \\ \diagdown\ \diagup \\ C \\ \diagup\ \diagdown \\ (H)R_2\ \ SO_3Na \end{array}$$

$$R-\underset{\underset{OH}{|}}{\overset{}{C}}HSO_3Na \xrightarrow[\substack{HCl\\H_2O\\Na_2CO_3\\H_2O}]{} \begin{array}{c} RCHO + NaCl + SO_2 + H_2O \\ RCHO + Na_2SO_3 + NaHCO_3 \end{array}$$

③ 与醇发生加成反应：

$$\begin{array}{c} R \\ \diagdown \\ C=O \\ \diagup \\ (H)R_2 \end{array} + R_1\ddot{O}H \xrightarrow{\text{干 HCl}} \left[\begin{array}{c} R\ \ OH \\ \diagdown\ \diagup \\ C \\ \diagup\ \diagdown \\ H\ \ OR_1 \end{array}\right] \underset{\text{干 HCl}}{\overset{R_1OH}{\rightleftharpoons}} \begin{array}{c} R\ \ OR_1 \\ \diagdown\ \diagup \\ C \\ \diagup\ \diagdown \\ H\ \ OR_1 \end{array}$$

　　　　　　　　　　　　　　　　　半缩醛　　　　　　　缩醛

(2) α-H 的反应：

① 卤代及碘仿反应：

$$\text{C}_6\text{H}_5\text{COCH}_3 + \text{Br}_2 \xrightarrow[\text{微量 AlCl}_3]{\text{乙醚}} \text{C}_6\text{H}_5\text{COCH}_2\text{Br} + \text{HBr}$$

$$\text{H}_3\text{C—CO—CH}_3 + \text{X}_2 \xrightarrow{\text{NaOH}} \text{H}_3\text{C—CO—CX}_3$$

$$\text{H}_3\text{C—CO—CX}_3 \xrightarrow[\text{H}_2\text{O}]{\text{NaOH}} \text{H}_3\text{C—COO}^- + \text{CHX}_3$$

$$\text{H}_3\text{C—CH(OH)—R(H)} \xrightarrow{\text{NaOI}} \text{H}_3\text{C—CO—R(H)}$$

② 羟醛缩合反应：

$$\text{H}_3\text{C—CHO} + \text{HCH}_2\text{—CHO} \xrightleftharpoons{\text{稀 OH}^-} \text{H}_3\text{CHC(OH)—CH}_2\text{CHO}$$

$$\text{H}_3\text{C—CH(OH)—CHCHO} \xrightarrow{\Delta} \text{H}_3\text{CCH}=\text{CHCHO} + \text{H}_2\text{O}$$

a) 不含 α-H 的醛，如甲醛、苯甲醛等不发生羟醛缩合反应。

b) 如果使用两种不同的含有 α-H 的醛，则可得到四种羟醛缩合产物的混合物，不易分离，无制备意义。

c) 如果一个含 α-H 的醛和另一个不含 α-H 的醛反应，则可得到产率好的单一产物。例如：

$$\text{C}_6\text{H}_5\text{CHO} + \text{CH}_3\text{CH}_2\text{CHO} \xrightleftharpoons{\text{稀 NaOH}} \text{C}_6\text{H}_5\text{CH(OH)CH(CH}_3\text{)CHO} \xrightarrow[-\text{H}_2\text{O}]{\Delta} \text{C}_6\text{H}_5\text{C(H)=C(CH}_3\text{)CHO}$$

（3）氧化反应：醛、酮最主要的区别是对氧化剂的敏感性，因为醛中羰基碳上的氢很容易被氧化为羧酸，甚至可被空气氧化；而酮则要难得多，往往需要更强的氧化剂。醛常用的弱氧化性试剂有托伦（Tollens）试剂和斐林（Fehling）试剂。

① 托伦试剂：即硝酸银的氨溶液（银氨溶液）。它与醛共热时，醛氧化成羧酸（铵盐形式），而银离子还原成金属银，并附着在管壁上形成银镜，这个反应叫作银镜反应。如下：

$$\text{RCHO} + 2\text{Ag(NH}_3)_2^+ + 2\text{OH}^- \longrightarrow \text{RCOO}^-\text{NH}_4^+ + 2\text{Ag}\downarrow + \text{H}_2\text{O} + 3\text{NH}_3$$

② 斐林试剂：即硫酸铜溶液（A 液）+氢氧化钠和酒石酸钠的混合液（B 液）。使用时

将 A 液和 B 液等体积混合,颜色为深蓝色。当醛与斐林试剂共热时,醛被氧化成羧酸,同时有砖红色的氧化亚铜沉淀生成,这个反应叫作斐林反应。如下:

$$2Cu^{2+} + 5OH^- + RCHO \rightleftharpoons RCOO^- + Cu_2O\downarrow + 3H_2O$$

托伦试剂和斐林试剂不能氧化酮,所以银镜反应和斐林反应常用来检验醛基的存在,可区别醛和酮。

酮遇一般氧化剂时不会被氧化,遇强氧化剂时会发生碳链断裂,氧化成酸。如下:

$$\text{环己酮} \xrightarrow[\Delta]{HNO_3} HO_2C(CH_2)_4CO_2H$$

3)重要的醛、酮

(1)甲醛又叫作蚁醛,是一种无色、有刺激性气味的气体,易溶于水和乙醇。甲醛的 37%~40% 的水溶液称作甲醛水,俗称福尔马林(formalin),是常用的重要消毒剂和防腐剂。甲醛可由甲醇在银、铜等金属催化下脱氢或氧化制得,也可从烃类的氧化产物中分出。可作为酚醛树脂、脲醛树脂、维纶、乌洛托品、季戊四醇、染料、农药和消毒剂等的原料。

(2)乙醛又名醋醛,是一种无色易流动液体,有刺激性气味,熔点为-121℃,沸点为 20.8℃,相对密度小于1。可与水和乙醇等一些有机物质互溶。易燃、易挥发,蒸气与空气能形成爆炸性混合物,爆炸极限为 4.0%~57.0%(体积)。乙醛可用来制造乙酸、乙醇、乙酸乙酯、三氯乙醛等,是有机合成的重要原料。

(3)丙酮是最简单的饱和酮,是一种无色透明液体,有特殊的辛辣气味。易溶于水和甲醇、乙醇、乙醚、氯仿、吡啶等有机溶剂。易燃、易挥发,化学性质较活泼。丙酮在工业上主要作为溶剂用于炸药、塑料、橡胶、纤维、制革、油脂、喷漆等行业中,也可作为合成烯酮、醋酐、碘仿、聚异戊二烯橡胶、甲基丙烯酸甲酯、氯仿、环氧树脂等物质的重要原料。

6. 羧酸

1)羧酸的物理性质

(1)低级饱和脂肪酸是具有较强刺激性气味的液体,其水溶液有酸味。

(2)低级的一元脂肪酸易溶于水,但随着羧酸相对分子质量的增大,在水中的溶解度逐渐降低。高级脂肪酸不溶于水,而易溶于乙醇、乙醚、苯、氯仿等有机溶剂。

(3)羧酸的沸点随分子质量的增大而逐渐升高,并且比相对分子质量相近的烷烃、卤代烃、醇、醛、酮的沸点高。

(4)直链饱和一元羧酸和二元羧酸的熔点不是随着相对分子质量的增加而递增的,而是表现出一种特殊的规律:即随着分子中碳原子数目的增加呈锯齿状变化,含偶数碳原子的羧酸的熔点,比和它相邻的两个含奇数碳原子的羧酸的熔点高。

2)羧酸的化学性质

羧酸由烃基和羧基组成,其化学反应主要发生在羧基上。羧酸分子中易发生化学反应的主要部位如下:

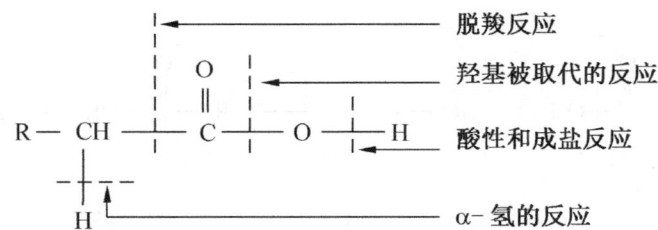

（1）酸性：羧酸在水溶液中能部分解离出 H^+，显弱酸性，但比碳酸和苯酚的酸性要强。如下：

$$R-\overset{O}{\underset{\|}{C}}-OH \rightleftharpoons R-\overset{O}{\underset{\|}{C}}-O^- + H^+$$

羧酸具有酸的通性，能使石蕊试液变红，能与活泼金属、碱、碱性氧化物和盐发生反应。如下：

$$RCOOH + NaOH \longrightarrow RCOONa + H_2O$$

$$RCOOH + NaHCO_3 \longrightarrow RCOONa + H_2O + CO_2\uparrow$$

（2）α-H 的卤代反应：羰基能使 α-H 的活性增加，但羧基的致活作用比羰基小得多，所以与卤素发生取代反应需在碘、硫或红磷催化下才能进行。例如：

$$CH_3COOH \xrightarrow[P]{Cl_2} ClCH_2COOH \xrightarrow[P]{Cl_2} Cl_2CHCOOH \xrightarrow[P]{Cl_2} Cl_3CCOOH$$

　　　　　　　　　　一氯乙酸　　　　　　二氯乙酸　　　　　　三氯乙酸

（3）脱羧反应：从羧酸分子的羧基中脱去一分子二氧化碳而生成少一个碳原子的化合物的反应叫脱羧反应。一般，羧酸中羧基比较稳定，但在强热条件下可发生脱羧反应。如下：

$$R-\overset{O}{\underset{\|}{C}}-ONa + NaOH \xrightarrow[\triangle]{CaO} CH_4\uparrow + Na_2CO_3$$

低级二元羧酸受热后容易脱羧。如下：

$$HOOC-COOH \xrightarrow{\triangle} HCOOH + CO_2\uparrow$$

$$HOOC-CH_2-COOH \xrightarrow{\triangle} CH_3COOH + CO_2\uparrow$$

（4）羧基中羟基被取代的反应：
①酰卤的生成：

$$R-\overset{O}{\underset{\|}{C}}-OH + PCl_3 \xrightarrow{\triangle} R-\overset{O}{\underset{\|}{C}}-Cl + H_3PO_3$$

$$R-\overset{O}{\underset{\|}{C}}-OH + PCl_5 \xrightarrow{\triangle} R-\overset{O}{\underset{\|}{C}}-Cl + POCl_3 + HCl\uparrow$$

②酯的生成：

$$R-\underset{\underset{O}{\|}}{C}-OH + HO-R' \underset{}{\overset{H^+}{\rightleftharpoons}} R-\underset{\underset{O}{\|}}{C}-OR' + H_2O$$

③酰胺的生成：

$$R-\underset{\underset{O}{\|}}{C}-OH + NH_3 \longrightarrow R-\underset{\underset{O}{\|}}{C}-ONH_4$$

$$R-\underset{\underset{O}{\|}}{C}-OH + (NH_4)_2CO_3 \longrightarrow R-\underset{\underset{O}{\|}}{C}-ONH_4 + CO_2 + H_2O$$

$$R-\underset{\underset{O}{\|}}{C}-ONH_4 \xrightarrow[\triangle]{P_2O_5} R-\underset{\underset{O}{\|}}{C}-NH_2 + H_2O$$

④酸酐的生成：

$$\begin{matrix}R-\underset{\underset{O}{\|}}{C}-OH \\ R-\underset{\underset{O}{\|}}{C}-OH\end{matrix} \xrightarrow[\triangle]{P_2O_5} \begin{matrix}R-\underset{\underset{O}{\|}}{C} \\ R-\underset{\underset{O}{\|}}{C}\end{matrix}O + H_2O$$

（邻苯二甲酸脱水生成邻苯二甲酸酐）$+ H_2O$

3）羧酸的重要性

（1）甲酸（化学式为 HCOOH，分子式为 CH_2O_2）俗名蚁酸，是最简单的羧酸，为一种无色而有刺激性气味的液体，弱电解质，熔点为 8.6 ℃，沸点为 100.8 ℃，酸性很强，有腐蚀性，能刺激皮肤起泡。甲酸是有机化工原料，也用作消毒剂和防腐剂。

（2）乙酸（化学式为 CH_3COOH）也叫醋酸（36%～38%）、冰醋酸（98%），是一种有机一元酸，为食醋主要成分。纯的无水乙酸（冰醋酸）是无色的吸湿性固体，凝固点为 16.6 ℃，凝固后为无色晶体，既能与水混溶，也能溶于乙醇和乙醚，其水溶液中呈弱酸性且腐蚀性强。沸点为 117.9 ℃，蒸气对眼和鼻有刺激性。乙酸在自然界分布很广，许多微生物都可以通过发酵将不同的有机物转化为乙酸。乙酸可用作酸度调节剂、酸化剂、腌渍剂、增味剂、香料等。乙酸是我国应用最早、使用最广的酸味剂，主要用于复合调味料、配制蜡、罐头、干酪、果冻等。用于调味料时，可将乙酸加水稀释至 4%～5% 溶液后，添加到各种调味料中。

（3）乙二酸（分子式为 $H_2C_2O_4$）俗名草酸，广泛存在于植物源性食品中。草酸是无色柱状晶体，易溶于水、乙醇而不溶于乙醚、苯、氯仿等有机溶剂。草酸的酸性比乙酸强，可与碱反应，可以发生酯化、酰卤化、酰胺化反应，也可以发生还原反应，受热发生脱羧反应。无水草酸有吸湿性。草酸能与许多金属形成溶于水的络合物。草酸容易精制，在空气中稳定，所以在化学分析中常用于标定高锰酸钾。工业上则用作媒染剂和漂白剂。

（4）苯甲酸（分子式为 C_6H_5COOH）又称安息香酸，是苯环上的一个氢被羧基（-COOH）取代形成的化合物。常温下为具有苯或甲醛气味的鳞片状或针状结晶。它的蒸气有很强的刺激性，吸入后易引起咳嗽。微溶于水，易溶于乙醇、乙醚等有机溶剂。苯甲酸是弱酸，比脂肪酸强。它们的化学性质相似，都能形成盐、酯、酰卤、酰胺、酸酐等，都不易被氧化。苯甲酸的苯环上可发生亲电取代反应，主要得到间位取代产物。苯甲酸以游离酸、酯或其衍生物的形式广泛存在于自然界中。苯甲酸一般作为药物或防腐剂使用，有抑制真菌、细菌、霉菌生长的作用，也用于合成纤维、树脂、涂料、橡胶、烟草工业。

项目二 实验操作技能

任务一 实验室基础知识

【任务分析】

化学实验室是我们学习、研究化学的重要场所。在实验室中，我们经常会接触到各种化学药品和仪器，也常常会潜藏着发生着火、爆炸、中毒、烧伤、割伤、触电等事故的隐患。所以实验者必须掌握化学实验室的规则和安全常识。

【相关知识】

一、实验室规则和安全常识

(一) 化学实验室规则

（1）进入实验室的学生必须更换实验服。进入实验室后，学生应按照指定位置就位，保持安静，遵守纪律，熟悉环境，未经教师许可，不得动用仪器、药品。

（2）实验开始前要认真听取教师讲解，看清教师的示范。根据实验要求及规范，认真观察实验现象，仔细分析思考，及时、详细、实事求是地记录实验现象及原始数据。

（3）爱护公共财物，实验前后应对本组仪器进行检查，在实验中仪器如有破损，要及时向教师报告，登记补领；实验中要注意节约水、电和药品。

（4）严禁在实验室内饮食、吸烟或把食具带进实验室，实验室中的药品严禁入口，实验完毕后，应把手洗净后方可离开实验室。

（5）实验中要注意保持实验台的整洁，纸屑、棉花、火柴梗、碎玻璃等固体废物以及具有强腐蚀性、强毒性的废液，应及时弃置于相应的废物桶和废液缸（桶）内。

（6）严禁做未经教师允许的实验和任意混合各种药品，以免发生意外事故；不得动用与本实验无关的药品及仪器；实验室中的所有仪器和药品不得带出室外。

（7）涉及易燃、易爆物质（乙醇、乙醚、丙酮、苯等）的操作都要在离火源较远的地方进行。一切有毒或有刺激性气体产生的实验都应在通风橱内进行。

（8）使用强酸、强碱、溴等具有强腐蚀性的试剂时，要格外当心，切勿溅到皮肤或衣服上，要特别注意保护眼睛。

（9）切勿直接俯视容器中的化学反应或正在加热的液体；当需要借助嗅觉判别少量气体时，决不能用鼻子直接对着瓶口或试管口嗅闻，而应当用手轻轻扇动少量气体进行嗅闻；不允许用手直接拿取固体药品。

（10）精密仪器使用后应在登记本上记录使用情况，发生故障或损坏后应及时报告实验室管理人员。

（11）发生意外事故时应保持镇静，及时向教师报告，不能盲目处理。

（12）实验完毕后，要认真清点、整理好仪器、药品及其他设备，玻璃仪器要刷洗干净，摆放整齐，清洁桌面，对电、水、气进行安全检查，做到断电、断水、断气，最后由值日生清理废液缸（桶），拖洗地面，关好门窗。

（13）整理完毕后向教师询问，经教师或实验教师验收并得到允许后，再放好凳子，洗净双手后方可离开实验室（废液要倒入废液缸，其他废物扔入垃圾箱或倒入指定容器中，严禁将废液倒入水槽中）。

（二）意外事故的一般处理

在实验过程中，如发生意外事故，应立即向实验指导教师汇报，并根据伤情，先做以下应急处理，必要时立即送往医院治疗。

1. 割伤

若伤口内有异物，首先用消过毒的镊子将其挑出，然后在伤口处用红药水、紫药水或消炎粉处理，再用纱布包扎。若伤口较大、流血较多时，可用纱布压在伤口上止血，并立即送往医务室或医院治疗。

2. 烫伤

轻度烫伤，先用大量的水冲洗，然后在烫伤处涂抹烫伤膏或红花油，注意不要把烫伤引起的水泡弄破。

3. 酸灼伤

先用大量的水冲洗，然后用饱和碳酸氢钠溶液冲洗，最后再用水冲洗，如果是浓硫酸溅到皮肤上，应先用药棉等洁净物擦净后，再按上述方法处理。

4. 碱灼伤

先用大量的水冲洗，然后用3%~5%的醋酸溶液或3%的硼酸溶液冲洗，最后用水冲洗。如果溅入眼中，先用硼酸溶液冲洗，再用水冲洗。

5. 触电

迅速切断电源，必要时对触电者进行人工呼吸。

6. 起火

若不慎起火，切勿惊慌，要根据起火的原因和燃烧物的不同，采取不同的灭火的方法。首先应停止加热，停止通风，断电、断气，移走一切可燃物品；一般的小面积着火，可用湿布或沙子覆盖在燃烧物上；衣服着火，应立即用湿布压灭，面积较大的，可躺在地上，就地打滚；化学药品试剂失火时应注意：与水发生剧烈作用的化学药品着火或比水轻的有机溶剂着火，不能用水扑救，火势较大时，应用灭火器灭火。

7. 中毒

化学药品大多数具有不同程度的毒性，主要通过皮肤接触或呼吸道吸入引起中毒。一旦发生中毒，可采用以下急救措施：

（1）溅入口中而未咽下的毒物应立即吐出来，用大量的水冲洗口腔；如果已吞下时，应根据毒物的性质采取不同的解毒方法。

（2）腐蚀性中毒、强酸或强碱中毒都要先饮用大量的水，对于强酸中毒还可服用氢氧化铝。

（3）吸入刺激性或有毒气体，如吸入氯气、硫化氢、一氧化碳等有毒气体感到不适时，应立即到室外呼吸新鲜空气。

二、实验室常用的玻璃仪器

（一）玻璃仪器的分类

化学实验常用的仪器中，大部分为玻璃制品和一些瓷质类仪器。瓷质类仪器包括蒸发皿、布氏漏斗、瓷坩埚、瓷研钵等。玻璃仪器种类很多，按用途大体可分为容器类、量器类和其他器皿类。

1. 容器类

容器是实验中用于储存和运送物料，以及容纳物质在其中进行化学反应的各种玻璃仪器。根据它们能否受热又可分为可加热的仪器和不宜加热的仪器。可加热的包括烧杯、锥形瓶、试管、圆底烧瓶等。不宜加热的器皿包括试剂瓶、滴瓶等。

2. 量器类

量器是刻有较精密刻度，用于计量液体体积的一类器皿，量器类有量筒、移液管、滴定管、容量瓶等。量器类一律不能受热。

3. 其他器皿类

其他器皿包括具有特殊用途的玻璃仪器，如冷凝管、分液漏斗、干燥器、分馏柱、砂芯漏斗、标准磨口玻璃仪器等。

标准磨口玻璃仪器是具有标准内磨口和外磨口的玻璃仪器。标准磨口是根据国际通用技术标准制造的，国内已经普遍生产和使用。使用时应根据实验的需要选择合适的容量和口径。相同编号的磨口仪器，它们的口径是统一的，连接是紧密的，使用时可以互换，用少量的仪器可以组装不同的实验装置，通常应用在有机化学实验中。目前常用的是锥形标准磨口，其锥度为 1∶10（即锥体大端直径与锥体小端直径之差：磨面锥体的轴向长度为 1∶10）。根据需要，标准磨口制作成不同大小。通常以整数表示标准磨口的系列编号，这个数字是锥体大端直径（以 mm 为单位）最接近的整数。常用标准磨口系列见表 2-1。

表 2-1 常用标准磨口系列

编　号	10	12	14	16	19	24	29	34	40
大端直径/mm	10.0	12.5	14.5	16	18.8	24.0	29.2	34.5	40

注：有时也用 D/H 两个数字表示标准磨口的规格，如 14/23，即大端直径为 14.5mm，锥体长度为 23mm。

（二）常用的玻璃仪器

化学实验室常用的玻璃及其他简单仪器如图 2-1 所示。

（三）玻璃仪器的洗涤

在化学实验中，盛放反应物质的玻璃仪器经过化学反应后，往往有残留物附着在仪器的内壁，一些经过高温加热或放置反应物质时间较长的玻璃仪器，还不易洗净，使用不干净的仪器，会影响实验效果，甚至让实验者观察到错误现象，归纳、推理出错误结论。因此，化学实验使用的玻璃仪器必须洗涤干净。

不同的实验对玻璃仪器有不同的洗涤要求，我们以一般定量化学分析为基础介绍玻璃仪器的洗涤方法。

1. 新玻璃器皿的洗涤步骤

新购买的玻璃器皿表面常附着有游离的碱性物质，先用肥皂水（或去污粉）洗刷，再

53

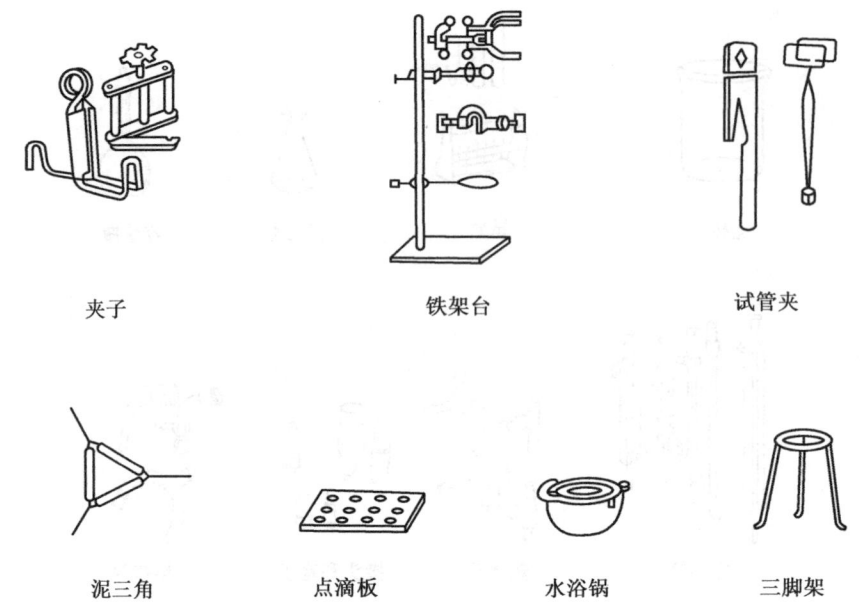

| 夹子 | 铁架台 | 试管夹 |
| 泥三角 | 点滴板 | 水浴锅 | 三脚架 |

图 2-1 化学实验室常见的玻璃及其他简单仪器

用自来水洗净，然后浸泡在 1%～2% 的盐酸溶液中过夜（不少于 4 h），再用自来水冲洗，最后用蒸馏水冲洗 2~3 次，在 100~130 ℃ 烘箱中烘干备用。

2. 洗涤方法

1）振荡洗涤

振荡洗涤又叫冲洗法，是利用水把可溶性污物溶解而去除。步骤是：往仪器中注入少量的水，用力振荡后倒掉，依次连洗数次。

2）刷洗法

仪器内壁有不易冲洗掉的污物，可用毛刷刷洗。步骤是：先用水湿润仪器内壁，再用毛刷蘸取少量肥皂液等洗涤液进行刷洗。刷洗时要选用大小合适的毛刷，不能用力过猛，以免损坏仪器。

3）浸泡洗涤

对不溶于水、刷洗也不能除掉的污物，可利用洗涤液与污物反应转化成可溶性物质而去除。步骤是：先把仪器中的水倒尽，再倒入少量洗液，转几圈使仪器内壁全部润湿，再将洗液倒入洗液回收瓶中。用洗液浸泡一段时间效果更好。

3. 使用过的玻璃器皿的洗涤步骤

1）用水刷洗

用毛刷蘸水刷洗仪器，可以除去仪器上的水溶性物质、尘土和部分易被刷落的不溶性物质。

2）用肥皂、合成洗涤剂、去污粉刷洗

对于有油污，但可以用刷子直接刷洗的仪器，如烧杯、锥形瓶、试管等，可先用水冲洗可溶性物质，再用毛刷蘸取少许洗涤剂进行擦洗，可将油污洗净。

3）用洗液洗涤

对于某些油污严重，一般方法难以洗涤的仪器，或是口小、管细等不便于用毛刷直接刷洗的仪器如滴定管、移液管、容量瓶、蒸馏瓶等特殊形状的仪器，可选用洗液浸泡。

洗液具有很强的腐蚀性，使用时要特别注意安全，千万不能用毛刷直接蘸取洗液刷洗仪器。如果不慎将洗液洒在衣服、皮肤、桌面上时，应立即用水冲洗。废弃的洗液或洗液的首次冲洗液应倒入废液缸，不能倒入水槽，即使是稀释的冲洗液倒入水槽后也要用大量水冲洗水槽，以免腐蚀下水道。常用的洗液见表2-2。

表2-2 常用的洗液

洗液名称	配制方法	使用方法
铬酸洗液	称取研细的重铬酸钾20 g，加热溶解于40 mL水中，冷却后，沿玻璃棒慢慢加入360 mL浓硫酸中，放凉后装入试剂瓶中盖紧瓶盖备用	除去器壁残留油污，用少量洗液刷洗或浸泡，洗液可以重复利用
碱性洗液	10%氢氧化钠水溶液或乙醇溶液	水溶液加热（可煮沸）使用，其去油效果较好（注意：煮的时间太长会腐蚀玻璃，碱—乙醇洗液不要加热）
碱性高锰酸钾洗液	4 g高锰酸钾溶于水中，加入10 g氢氧化钠，用水稀释至100 mL	洗涤油污或其他有机物，洗后容器沾污处有褐色二氧化锰析出，再用浓盐酸或草酸洗液、硫酸亚铁、亚硫酸钠等还原剂去除
碱性乙醇洗液	25 g氢氧化钾溶于少量水中，再用工业乙醇稀释至1 L	用于洗涤玻璃器皿的油污
草酸洗液	5~10草酸溶于100 mL水中，加入少量浓盐酸	用于洗涤高锰酸钾洗液后产生的二氧化锰，必要时加热使用
I_2—KI洗液	1 g碘和2 g碘化钾混合研磨，溶于少量水中，用水稀释至100 mL	洗涤用过硝酸银滴定液后留下的黑褐色沾污物，也可用于擦洗沾过硝酸银的白瓷水槽
纯酸洗液	（1:1）HCl、（1:1）H_2SO_4、（1:1）HNO_3、H_2SO_4+HNO_3等体积混合液	浸泡或浸煮器皿，洗去碱性物质及大多数无机物残渣
有机溶剂	汽油、甲苯、二甲苯、丙酮、酒精、氯仿等有机溶剂	可洗去油污或可溶于该溶剂的有机物质，使用时要注意其毒性及可燃性

4）纯水冲洗

洗涤的仪器倒置时，水流出后，仪器内壁不挂小水珠，这是玻璃仪器洗净的标志，最后用少许纯水冲仪器3次，洗去自来水带来的杂质，即可使用。

4. 砂芯玻璃滤器的洗涤

（1）新的滤器使用前应以热的盐酸或铬酸洗液边抽滤边清洗，再用蒸馏水洗净。

（2）针对不同的沉淀物采用适当的洗涤剂先溶解沉淀，或反复用水抽洗沉淀物，再用蒸馏水冲洗干净，在110 ℃烘箱中烘干，然后保存在无尘的柜内或有盖的容器内。防止灰尘积存和沉淀堵塞滤孔。表2-3中列出了一些洗涤砂芯滤板的洗涤液。

表 2-3　洗涤砂芯玻璃滤器常用的洗涤液

沉淀物	洗　涤　液
AgCl	1∶1 氨水或 10% $Na_2S_2O_3$ 水溶液
$BaSO_4$	100 ℃浓硫酸或用 EDTA-NH_3 水溶液（3% EDTA 二钠盐 500 mL 与浓氨水 100 mL 混合）加热近沸
汞渣	热浓硝酸
有机物质	铬酸洗液浸泡或温热洗液抽洗
脂肪	四氯化碳或其他适当的有机溶剂
细菌	化学纯浓硫酸 5.7 mL、化学纯亚硝酸钠 2 g、纯水 94 mL 充分混匀，抽气并浸泡 48 h 后，以热蒸馏水洗净

（四）玻璃仪器的干燥

实验经常要用到的玻璃仪器应在每次实验完毕后洗净、干燥备用。将玻璃仪器洗涤干净后，要采取合适的方法对玻璃仪器进行干燥，玻璃仪器的干燥一般采取下列几种方法。

1. 晾干法

不急于用的玻璃仪器，用蒸馏水冲洗干净后再倒置在无尘的栅格板上或实验室的干燥架处，自然干燥。

2. 烘干法

洗净的玻璃仪器尽量倒净其中的纯水，然后放在带鼓风机的电烘箱中烘干。烘箱温度在 105~120 ℃保温约 1 h。称量瓶等烘干后要放在干燥器中冷却保存。组合玻璃仪器需要分开后烘干，以免因膨胀系数不同而烘裂。砂芯玻璃滤器及厚壁玻璃仪器烘干时须缓慢升温且温度不可过高，以免烘裂。玻璃量器的烘干温度也不宜过高，以免引起体积变化。量器不可放于烘箱中烘干。

3. 热（冷）风吹干法

对于体积小又急于干燥的玻璃仪器或不适合放入烘箱的较大的玻璃仪器可用吹干法。步骤是：先将少量（3~5 mL）乙醇、丙酮（或最后再用乙醚）倒入仪器中，转动仪器将其润湿，倒出混合液，并擦干仪器外壁，再用电吹风机吹，开始用冷风，然后用热风把玻璃仪器吹干。

需要注意的是，在化学实验中，许多情况下并不需要将仪器干燥，带有刻度的计量仪器不能用加热的方式进行干燥，否则会影响仪器的精度。

三、实验室用水规格

化学实验应使用纯水，一般是蒸馏水或去离子水。有的实验要求用二次蒸馏水或更高规格的纯水（如电分析化学、液相色谱等的实验）。纯水并非绝对不含杂质，只是杂质含量极微而已。

1. 外观

实验室用水目视应为无色透明液体。

2. 级别

实验室用水共分三个级别，即一级水、二级水和三级水。一级水用于有严格要求的分析实验，如高效液相色谱分析。二级水用于无机痕量分析等实验，如原子吸收光谱分析。

三级水用于一般化学分析实验。

3. 技术指标

化学实验用水的级别及主要技术指标见表2-4。

表2-4 化学实验室用水的级别及主要技术指标

指 标 名 称	一级	二级	三级
pH 值范围（25 ℃）	—	—	5.0~7.5
电导率（25 ℃）/(mS·m^{-1})	≤0.01	≤0.10	≤0.50
可氧化物质 [以 (O) 计]/(mg·L^{-1})	—	<0.08	<0.4
蒸发残渣（105 ℃±2 ℃）/(mg·L^{-1})	—	≤1.0	≤2.0
吸光度（254 nm，1 cm 光程）	≤0.001	≤0.01	—
可溶性硅 [以 (SiO$_2$) 计]/(mg·L^{-1})	≤0.01	≤0.02	—

注：在一级、二级纯度的水中，难以测定真实的 pH 值，因此对其 pH 值的范围不作规定；在一级水中，难以测定其可氧化物质和蒸发残渣，故不作规定。

四、试剂的分级和保存

1. 试剂的分级

化学试剂种类很多，规格不一，用途各异。作为化验工作人员，对化学试剂的规格和常用试剂的性质应有所了解，以便合理选购，正确使用，妥善管理。

我国化学试剂的等级是按纯度和杂质含量的多少来划分的，见表2-5。选用试剂的主要依据是该试剂所含杂质对实验结果有无影响。因此，应本着节约的原则，按照实验要求，选用不同规格的试剂，不是试剂越纯越好。

表2-5 化学试剂的等级及标志

等级	名称	符号	标签颜色	纯度	适用范围
一级试剂	优级纯（保证试剂）	GR	绿色	99.8%，纯度最高，杂质含量最低	适用于重要精密分析工作和科学研究工作，有的可作为基准物质
二级试剂	分析纯（分析试剂）	AR	红色	99.7%，纯度很高，干扰杂质很低，略次于优级纯	适用于重要分析及一般研究工作
三级试剂	化学纯	CP	蓝色	≥99.5%，纯度与分析纯相差较大	适用于一般化学实验，如要求较高的无机和有机化学实验，或要求不高的分析检验
四级试剂	实验试剂	LR	棕色或其他颜色	纯度较低，杂质含量不做选择，在实验中没有定量关系，也不会引起干扰试剂	用于一般的实验和要求不高的科学实验及合成制备

2. 试剂的保存

试剂放置不当可能会引起质量和组分的变化，因此正确保存试剂非常重要。一般化学试剂应保存在通风良好、干净的房子里，避免水分、灰分及其他物质的沾污，并根据试剂的性质采取相应的保存方法和措施。

（1）容易腐蚀玻璃，影响试剂纯度的试剂应保存在塑料或涂油石蜡的玻璃瓶中，如氢氟酸、氟化物（氟化钠、氟化钾、氟化铵）、苛性碱（氢氧化钾、氢氧化钠）等。

（2）见光易分解，遇空气易被氧化和易挥发的试剂应保存在棕色瓶里，放置在冷暗处，如过氧化氢（双氧水）、硝酸银、高锰酸钾、草酸等属于见光易分解的物质；氯化亚锡、硫酸亚铁、亚硫酸钠等属于易被空气逐渐氧化的物质；溴、氨水及大多数有机溶剂属于易挥发的物质。

（3）吸水性强的试剂应严格密封保存，如无水碳酸钠、苛性钠、过氧化物等。

（4）易相互作用、易燃、易爆炸的试剂应分开储存在阴凉通风的地方，如酸与氨水、氧化剂与还原剂易相互作用的物质；有机溶剂属易燃试剂；氯酸、过氧化氢、硝基化合物属易爆炸试剂等。

（5）剧毒试剂应专门保管，严格取用手续，以免发生中毒事故，如氰化物（氰化钾、氰化钠）、氢氟酸、氯化汞、三氧化二砷等剧毒试剂。

3. 药品的取用原则

（1）"三不"原则。不能用手拿药品；不能把鼻孔凑近容器口去闻药品的气味；不得品尝任何药品的味道。

（2）节约原则。严格按实验规定用量取用药品。如果没有说明用量，一般取最少量，液体 1~2 mL，固体只要盖满试管的底部。

（3）"三不一要"原则。实验时剩余的药品不能放回原瓶，不能随意丢弃，更不能拿出实验室，要放到指定的容器中。

4. 试剂的取用

1）固体试剂的取用

粉末状试剂或粒状试剂一般用药匙取用。药匙通常由金属、牛角或塑料制成，且有大小之分。实验者可以根据试剂用量及容器口径大小选择合适的药匙，并尽量将试剂送入容器底部。特别是粉状试剂，容易散落或沾在容器口和壁上，取用时先将容器倾斜，用盛试剂的药匙（或纸槽）小心送入容器底部，竖起容器并轻抖纸槽，试剂便落入容器底部。

块状固体用镊子，送入容器时，务必先使容器倾斜，使之沿器壁慢慢滑入器底，以免击碎容器。若实验中无规定剂量时，所取剂量以刚能盖满试管底部为宜。

多取的试剂不能放回原瓶，也不能丢弃，应放在指定容器中供他人或下次使用。取用试剂的镊子或药匙用后务必擦拭干净无残留物，更不能一匙多用。

2）液体试剂的取用

液体试剂一般用滴管吸取或用量筒、移液管（吸量管）量取。它们的操作方法如下：

（1）滴管。从滴瓶中取液体试剂时，要用滴瓶中的滴管。取液时，先用手指捏紧滴管上部的橡皮乳头，赶走其中的空气，然后将滴管插入试液中，放松手指即可吸入试液。取出后，不要使滴管与接收容器的器壁接触，更不应使滴管伸入到其他液体中，以免沾污滴管。与滴瓶配合使用的滴管管口不能向上倾斜，以免液体回流到胶帽中，腐蚀胶帽，污染试剂。一般量取小于 1 mL 体积（图 2-2）。

（2）量筒。度量一定体积的液体，可根据需要选用不同容量的量筒。取液时，先取下试剂瓶塞并把它倒置在桌上，一手拿量筒，一手拿试剂瓶（注意标签对着手心），然后倒出所需量的试剂，最后将瓶口在量筒上靠一下，再使试剂瓶竖直，以免留在瓶口的液滴流到瓶的外壁（注意：倒出的试液绝对不允许再倒回试剂瓶）。观看量筒内液体的容积时，要使视线与量筒内液体的凹液面的最低处保持水平,偏高或偏低都会读不准而造成较大的误差(图2-3)。

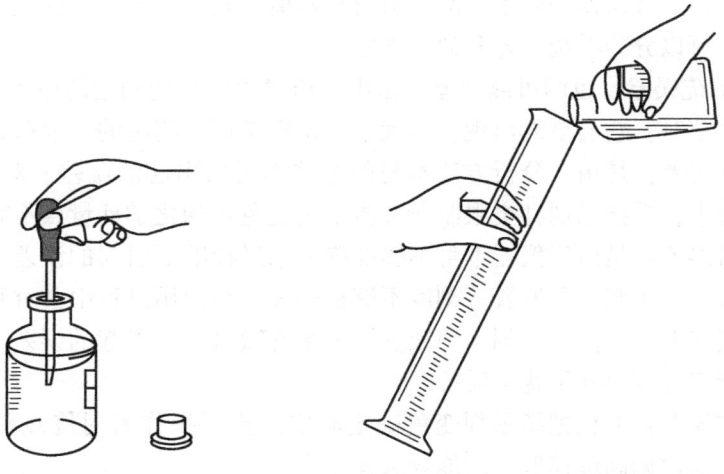

图2-2 从滴瓶中吸取液体试剂　　　　图2-3 用量筒量取试剂

(3) 移液管和吸量管。要求准确地移取一定体积的液体时,可用不同容量的移液管或吸量管。量取之前,要用该溶液润洗管子,洗液不能倒回试剂瓶。仪器使用时,必须借助洗耳球,完成操作。

3) 特种试剂的取用

剧毒、强腐蚀性、易爆、易燃试剂的取用需要特别小心,必须采用其他适当的方法来处理,请参考有关书籍。

五、实验数据的记录和处理

(一) 实验数据的记录

实验过程中的各种数据应及时、准确而清楚地记录下来。记录实验数据时,要有严谨的科学态度,实事求是,切忌夹杂主观因素,决不能随意拼凑和伪造数据。实验过程中涉及的各种特殊仪器的型号和标准溶液浓度等,也应及时准确地记录下来。

实验中的每一个数据都是测量结果,所以重复测量时,即使数据完全相同,也应记录下来。在实验过程中,如果发现数据算错、测错或读错而需要改动时,可将数据用一横线划去,并在其上方写上正确的数字。

(二) 实验数据的处理

1. 误差

定量分析的目的是通过实验测定试样中被测组分的准确含量,因此必须使分析结果具有一定的准确度。不准确的分析结果可能导致生产上的损失、资源上的浪费以及科学上的错误结论。

在定量分析中,由于实际测量过程分析方法、测量仪器、所用试剂和分析工作者主观条件等主、客观因素的限制,使测得的结果不可能和真实含量完全一致;即使是技术很熟练的分析工作者用最完善的分析方法和最精密的仪器,对同一样品进行多次测定,其结果也不会完全一样,这说明客观上存在着难以避免的误差。

1) 误差的类型

我们把在正常操作条件下,测量值与真实值之间的差异称为误差。根据误差的来源和性质不同,可以分为系统误差和偶然误差。

(1) 系统误差:也叫可测误差,是由分析过程中某些确定的原因造成的,在同样条件下,重复测定时,它会重复出现,其大小、正负是可以测定的。根据其来源可分为:

①方法误差:是由于分析方法本身的某些不足所引起的误差。对测定结果影响较大。如滴定分析中,受指示剂种类限制所选指示剂变色点和化学计量点不完全一致。

②仪器误差:是由于仪器本身不够准确或未经校准所引起的误差。如天平的两臂不等长,滴定管、容量瓶、移液管等刻度不够精确等,在使用过程中会对测定结果产生误差。

③试剂误差:是由于试剂不纯或蒸馏水中含微量杂质引起的误差。如使用的试剂中含有微量待测组分或存在干扰杂质等。

④操作误差:如根据指示剂变色确定滴定终点,操作者对终点颜色的确定偏深或偏浅;滴定管读数偏高或偏低,均能导致操作误差。

在一个测定过程中,这几种误差可能都存在,其共性是:重复测定误差会重复出现,数值有恒定单向性(固定的大小和方向),可以用对照试验、空白试验、校准仪器等方法加以校正。

(2) 偶然误差:也称随机误差,是由某些难以控制或无法避免的偶然因素引起的。如测量时温度、湿度、气压的微小变化;分析仪器的轻微波动;操作人员操作的细小变化等,都会使测量数据发生变化而带来误差。

测量数据的大小和方向都不固定,正负也不固定,看似毫无规律。经过测定数据进行统计处理后,便会发现偶然误差也具有规律性,一般服从正态分布规律;大小相近的正负误差出现的概率相等;小误差出现的概率大,大误差出现的概率小。适当增加平行测定次数,可减小偶然误差,但不能完全消除。

由于分析人员粗心大意或工作失误造成的"过失误差",如溶液溅湿、加错试剂、读错刻度、记录和计算错误等不属于误差范畴,对应的数据应该舍弃。

两种误差从定义上很好区别,但实际中两种误差可能同时存在,并无绝对的界限。如观察滴定终点的颜色变化,有些人总是偏深,产生属于操作误差的系统误差;但在多次测定观察滴定终点的深浅程度时,又不可能完全一致,因而产生偶然误差。

2) 准确度与误差

准确度是指测量值与真实值的接近程度,通常用误差表示,误差越小,表示分析结果与真实值越接近,准确度越高,反之准确度越低。误差表示方法有以下两种:

(1) 绝对误差(E):指测定值x_i与真实值μ之差。

$$E = x_i - \mu \tag{2-1}$$

(2) 相对误差(E_r):指绝对误差在真实值中所占的百分率。

$$E_r = \frac{E}{\mu} \times 100\% \tag{2-2}$$

【例2-1】 分析天平称量两种物体的质量分别为1.6380 g和0.1637 g,假设两者的真实的质量为1.6381 g和0.1638 g,求其绝对误差和相对误差。

解 两者的绝对误差分别为

$$E = 1.6380 - 1.6381 = -0.0001 \text{ (g)} \quad E = 0.1637 - 0.1638 = -0.0001 \text{ (g)}$$

两者的相对误差分别为

$$E_r = \frac{-0.0001}{1.6381} \times 100\% = -0.006\% \quad E_r = \frac{-0.0001}{0.1638} \times 100\% = -0.06\%$$

绝对误差和相对误差均有大小、正负之分，正误差表示分析结果偏高，负误差表示分析结果偏低。绝对误差相等，相对误差并不一定相同。同样的绝对误差，当被测量的量较大时，相对误差就比较小，测定的准确度就比较高。所以用相对误差表示测定结果的准确度更科学。

2. 精密度和偏差

在实际分析工作中，真实值并不知道，一般是取多次平行测定值的算术平均值 $\bar{x}$ 代替真实值，来表示分析结果：

$$\bar{x} = \frac{x_1 + x_2 + \cdots + x_n}{n} \tag{2-3}$$

每次测定值与平均值之差称为偏差。偏差的大小可表示分析结果的精密度。精密度表示在相同条件下，同一试样的重复测定值之间的符合程度。偏差越小，说明测定值的精密度越高，偏差也分为绝对偏差和相对偏差。

(1) 绝对偏差（d_i）：指单个测量值 x_i 与平均值 $\bar{x}$ 之差。

$$d_i = x_i - \bar{x} \tag{2-4}$$

(2) 相对偏差（d_r）：指绝对偏差 d_i 与平均值 $\bar{x}$ 的百分数。

$$d_r = \frac{d_i}{\bar{x}} \times 100\% = \frac{x_i - \bar{x}}{\bar{x}} \times 100\% \tag{2-5}$$

(3) 平均偏差（$\bar{d}$）：指各次测定值的偏差的绝对值的平均值。

$$\bar{d} = \frac{|d_1| + |d_2| + |d_3| + \cdots + |d_n|}{n} = \frac{\sum_{i=1}^{n} |d_i|}{n} \tag{2-6}$$

平均偏差没有正负号，平均偏差小，表明这一组分析结果的精密度好，平均偏差是平均值，它可以代表一组测得值中任何一个数据的偏差。

(4) 相对平均偏差（$R_{\bar{d}}$）：指平均偏差 $\bar{d}$ 与平均值 $\bar{x}$ 之比，常用百分率表示。

$$R_{\bar{d}} = \frac{\bar{d}}{\bar{x}} \times 100\% = \frac{\sum_{i=1}^{n} |x_i - \bar{x}|}{n\bar{x}} \times 100\% \tag{2-7}$$

(5) 标准偏差（S）：又称均方根偏差。各次测量偏差的平方和平均值再开方，比平均偏差更灵敏地反映了较大偏差的存在，在统计学上更有意义。是衡量测量值分散程度的一个参数。

$$S = \sqrt{\frac{d_1^2 + d_2^2 + d_3^2 + \cdots + d_n^2}{n-1}} = \sqrt{\frac{\sum_{i=1}^{n} (x_i - \bar{x})^2}{n-1}} \tag{2-8}$$

测定次数在 3~20 次时，可用 S 来表示一组数据的精密度，始终 ($n-1$) 称为自由度，常用 f 表示，表示独立偏差的个数。即 n 次测量中只有 ($n-1$) 个独立变化的偏差。因为 n 个偏差之和等于零，所以只有知道 ($n-1$) 个偏差就可以确定第 n 个偏差了。

（6）相对标准偏差（RSD）：指标准偏差 S 与平均值 $\bar{x}$ 之比，用百分率表示。

$$RSD = \frac{S}{\bar{x}} \times 100\% \tag{2-9}$$

【例 2-2】 用丁二酮肟重量法测定钢铁中 Ni 的百分含量，结果为 10.48%、10.37%、10.47%、10.43%、10.40%，计算单次分析结果的平均偏差、相对平均偏差、标准偏差和相对标准偏差。

解 （1）平均偏差：

①平均值：$\bar{x} = \dfrac{x_1 + x_2 + x_3 + \cdots + x_n}{n}$

$= \dfrac{10.48\% + 10.37\% + 10.47\% + 10.43\% + 10.40\%}{5} = 10.43\%$

②绝对偏差：$d_i = x_i - \bar{x}$

$d_1 = 0.05\%$；$d_2 = -0.06\%$；$d_3 = 0.04\%$；$d_4 = 0$；$d_5 = -0.03\%$

③平均偏差：$\bar{d} = \dfrac{|d_1| + |d_2| + |d_3| + \cdots + |d_n|}{n} = \dfrac{\sum\limits_{i=1}^{n}|d_i|}{n} = 0.036\%$

（2）相对平均偏差：$R_{\bar{d}} = \dfrac{\bar{d}}{\bar{x}} \times 100\% = \dfrac{0.036\%}{10.43\%} \times 100\% = 0.345\%$

（3）标准偏差：$S = \sqrt{\dfrac{d_1^2 + d_2^2 + d_3^2 + \cdots + d_n^2}{n-1}} = 0.046\%$

（4）相对标准偏差：$RSD = \dfrac{s}{\bar{x}} \times 100\% = \dfrac{0.046\%}{10.43\%} \times 100\% = 0.44\%$

准确度与精密度的关系为：准确度反映了测量结果的正确性；精密度反映了测量结果的重现性。准确度高，要求精密度一定高；但精密度高，准确度不一定高。精密度是保证准确度的先决条件，但高的精密度不一定能保证高的准确度。

3. 提高结果准确度的方法

1）选择合适的分析方法

不同的分析方法具有不同的灵敏度和准确度。例如滴定分析法和重量分析法的灵敏度虽不高，但对常量组分测定能得到比较准确的分析结果（相对误差≤0.2%），对微量或痕量组分则无法准确测定。仪器分析法灵敏度高、绝对误差较小、相对误差较大，对微量或痕量组分的测定符合准确度要求，但不适合常量组分测定。

2）减小测量误差

为保证分析结果的准确性，必须尽量减小测量各步骤产生的误差。例如在称量时应设法减少称量误差，一般分析天平读数一次的测量误差为±0.0001 g，称取一定质量试样须读数两次，引起的最大误差是±0.0002 g，为使称量的相对误差不大于0.1%，所称试样量必须不小于0.2 g。

3）消除测量中的系统误差

（1）校准仪器：校准仪器消除因仪器不准确引起的系统误差。

（2）空白试验：指采用与分析试样相同的方法、条件、步骤，对只有试剂、不加待测物的空白试样进行分析测定，所得结果为空白值。对由试剂、蒸馏水、试验器皿及环境带入杂质或微量被测组分等所引起的系统误差，可通过空白试验加以消除。即从试样的分析结果中扣除空白值，进而消除试剂盒部分仪器引起的系统误差。

（3）对照试验：是综合检查系统误差的有效办法，如检查试剂是否失败、反应条件是否正常、测定方法是否可靠，以避免方法、试剂和仪器误差。常用的有标准品对照法和标准方法对照法。

①标准品对照法：用已知准确含量的试样代替待测试样，在完全相同的条件下进行分析测定，用测量结果与已知含量作对照，以检验分析结果的准确度，也可对测定结果进行校正。

②标准方法对照法：对由于分析方法不完善等原因引起的系统误差，可用所建方法与公认经典方法对同一试样进行测量并比较，以判断所建方法的可靠性，进而消除方法误差。

（4）回收实验：指先测出试样中待测组分含量，然后在几份相同试样（≥5）中加入适量待测组分的纯品，以相同条件进行测定，然后按公式计算回收率。

4）减小偶然误差

根据偶然误差的统计规律，在消除系统误差的前提下，增加平行测定次数取平均值，可减小偶然误差对分析结果的影响。在实际工作中，一般对统一试样平行测定3~5次，其精密度符合要求即可。

4. 分析数据的处理

1）有效数字的定义

有效数字就是实际能测到的数字，它的末位为不准确数字，其余数字均为准确数字。它不仅反映了数量的大小，同时也反映了测量的精密程度。

如用50 mL的滴定管量取23.45 mL的水，这四位数字中前三位是准确值，第四位数字因没有刻度是估计值，不太准，称为可疑数字，其可疑程度为0.01 mL，不应记录成23.4 mL或23.450 mL。有效数字的位数表示测量的精密程度，因此一定要重视有效数字的读取。

2）有效数字的位数

除"0"以外的数字均为有效数字，而"0"有时作有效数字，有时则不算，应根据其在数据中的位置确定。

（1）"0"在数字前，仅起定位作用，本身不算有效数字。如0.0813，数字"8"前的两个"0"都不算有效数字，该数据有三位有效数字。

（2）"0"在数字中间和后面，算作有效数字。如5.108中的"0"是有效数字，该数据有四位有效数字；如1.510，"1"后面的"0"是有效数字，该数据有四位有效数字。

（3）以"0"结尾的正整数，有效数字位数不定。如2500，有效数字位数可能是两位、三位或四位。这种情况应根据试剂改写成$2.5×10^3$（两位）或$2.50×10^3$（三位）等。

（4）pH、pK或lgC等对数值，其有效数字的位数取决于小数部分（尾数）数字的位数,整数部分只表示该数的方次。如 pH=11.20→[H^+]=6.3×10^{-12} mol/L,有效数字的位数为两位。

(5)在化学计算中,经常会遇到一些分数、整数、倍数等,这些数可视为足够有效。

(6)有效数字单位变化时,不能改变有效数字的位数。如 20.00 mL→0.020000 L。

(7)有效数字的首位数字为8或9时,其有效位数可以多计一位。例如85%与115%,都可以看成是三个有效位数;99.0%与101.0%都可以看成是四位有效数字。

【例2-3】 看看下面各个数的有效数字的位数。

  1.0008 g,43181 g   五位有效数字

  0.1000 g,10.96%,4.837×10^2 四位有效数字

  0.0376 g,1.65×10^{-4} 三位有效数字

  0.0023 g,0.30%   二位有效数字

  0.05 g,0.0004%   一位有效数字

3)有效数字的修约

计算结果中,用"四舍六入五成双"规则舍去过多的数字。即当被修约的数字小于或等于4时,则该数字舍弃;大于或等于6时,则进位;等于5时(5后面无数据或是0时),如进位后末位数为偶数则进位,舍去后末位数为偶数则舍去;5后面有数时,进位。

【例2-4】 将下列数据修约为二位有效数字。

8.369→8.4 7.549→7.5 7.3500→7.4 7.4500→7.4 7.4501→7.5

【例2-5】 将下列数据修约为三位有效数字。

4.135→4.14 4.125→4.12 4.105→4.10 4.1251→4.13 4.1349→4.13

注意: 进行数字修约时应一次修约到指定的位数,不得连续多次修约。

4)有效数字的运算规则

(1)加减法:几个数据相加或相减时,它们的和或差的有效数字的保留,应以小数点后位数最少的数据为依据,即取决于绝对误差最大的那个数据。

【例2-6】 0.0141+12.13+7.843=?

解 0.0141 的绝对误差为±0.0001;12.13 的绝对误差为±0.01;7.843 的绝对误差为±0.001。

则加和的结果中的绝对误差值取决于12.13,所以:

0.0141+12.13+7.843=0.01+12.13+7.84=19.98

(2)乘除法:几个数据的乘除运算中,所得结果的有效数字的位数取决于有效数字位数最少的那个数,即相对误差最大的那个数。

【例2-7】 $\dfrac{0.0325 \times 6.103}{190.3}$ =?

解 0.0325 的相对误差为 $\dfrac{\pm 0.0001}{0.0325} \times 100\%$ =±0.31%

6.103 的相对误差为 $\dfrac{\pm 0.001}{6.103} \times 100\%$ =±0.02%

190.3 的相对误差为 $\frac{\pm 0.1}{190.3} \times 100\% = \pm 0.05\%$

则乘除的结果中的相对误差值取决于 0.0325，所以：

$$\frac{0.0325 \times 6.103}{190.3} = \frac{0.0325 \times 6.10}{190} = 0.00104$$

5）记录及计算分析结果的基本原则

(1) 记录数据时，只应保留一位估计数字。运算过程中遵循有效数字修约规则和运算规则。

(2) 对高组分含量（>10%）分析结果要求有四位有效数字；1%~10%，保留三位；<1%，保留两位。

(3) 对误差、偏差的计算结果通常保留 1~2 位有效数字。

(4) 对标准溶液浓度保留四位有效数字。

(5) 计算过程中，不应出现有效数字不清的结果。

任务二 称 量 操 作

【任务分析】

用电子分析天平称量 3 份 0.3000 g 的 Na_2CO_3 试样，要求称量结果控制在规定量的 ±5%~±10% 以内，要求学生可以根据不同药品的性质选择不同的称量法，熟练掌握减量法和直接称量法的操作。技能操作成绩以直接法和减量法称量操作的考核细则为标准进行评分，塑造学生的工匠精神。

【实验步骤】

根据 Na_2CO_3 易吸水的性质，以减量法为例进行称取。

一、开机前准备

(1) 将天平防尘罩取下，折叠整齐放在电子天平后方的台面上。

(2) 检查天平是否水平，观察天平柱上方的水平泡，如不水平可通过转动天平盒下方、左右两个支脚调平。

(3) 检查秤盘是否清洁，可用专配的毛刷轻扫天平。

二、开机实验

(1) 天平使用前要预热 30 min，若长期不使用需要砝码校准，砝码必须用镊子夹取，严禁用手触摸。

(2) 打开电子分析天平侧门，先用毛刷扫一遍，然后关上侧门，开机检查示数是否为"0.0000"，如果不是，按"去皮（TAPE/TARE）"键。

(3) 取盛有 Na_2CO_3 的称量瓶，放在天平托盘中心位置，关侧门，记录数据 m_1。

(4) 取出称量瓶，小心倾倒适量 Na_2CO_3 于小烧杯中，然后把称量瓶放回托盘中心位置，关侧门，记录数据 m_2；m_2-m_1 即为倒出的 Na_2CO_3 质量。

(5) 称量完成后整理实验台，完成表格。

三、实验结束

(1) 关闭天平电源。
(2) 清扫电子天平。
(3) 填写使用记录单。
(4) 将天平罩好,将凳子摆放整齐。

【考核标准】

电子分析天平(直接称量法、减量法)操作具体考核细则详见表 2-6、表 2-7。

表 2-6 考核细则 [电子分析天平(直接称量法)考核评分表]

考核项目及标准			分值	考核评价	
				扣分	得分
实验操作过程评价(共 100 分)	实验操作	1 取下天平罩,清扫、分析天平,正确调水平	5		
		2. 接通电源,预热 30 min	5		
		3. 称量时无药品撒落在天平内或工作台上	10		
		4. 天平门开关动作正确	5		
		5. 读数时视窗、门关闭	5		
		6. 规定时间内完成称量	10		
		7. 称量值在规定量±0.0010 g 以内	10		
	原始记录	1. 有效数字正确	5		
		2. 数据真实、无涂改	5		
		3. 数据记录及时、正确	5		
	数据处理	1. 计算公式正确	5		
		2. 计算结果正确	5		
		3. 结果保留有效数字正确	5		
	实验结束	1. 安全操作情况	10		
		3. 填写天平使用登记表	5		
		3. 实验结束后台面清洁情况	5		
成绩:					

表 2-7 考核细则 [电子分析天平(减量法)考核评分表]

考核项目及标准			分值	考核评价	
				扣分	得分
实验操作过程评价(共 100 分)	实验操作	1. 取下天平罩,清扫、分析天平,正确调水平	5		
		2. 接通电源,预热 30 min	5		
		3. 用纸条或戴手套拿取称量瓶	5		
		4. 天平门开关动作正确	5		
		5. 规定时间内完成称量	10		

表 2-7（续）

考核项目及标准			分值	考核评价	
				扣分	得分
实验操作过程评价（共 100 分）	原始记录	1. 规范填写数据记录表	5		
		2. 数据真实、无涂改	5		
		3. 数据记录及时、正确	5		
	数据处理	1. 计算公式正确	5		
		2. 计算结果正确	5		
		3. 有效数字正确	5		
		4. 在规定量±5%～±10%内	10		
		5. 称量范围最多不超过±10%	10		
	实验结束	1. 安全操作情况	10		
		2. 填写天平使用登记表	5		
		3. 实验结束后台面清洁情况	5		
成绩：					

【相关知识】

电子分析天平的称量方法一般有减量法、直接称量法和固定重量称量法（增量法）。

一、减量法（差减法）

1. 适用范围

该方法多用于称取易吸水、易氧化或易与 CO_2 反应的物质。要求称取物的质量不是一个固定质量，而只要符合一定的质量范围即可。减量法是以天平上的容器内试样减少量为称量结果的。

2. 操作方法

（1）称量时，先将装有试样的称量瓶放在电子分析天平上，显示稳定后，按"去皮"键使显示为 0.0000，然后取出称量瓶，向容器中敲出一定量的样品，再将称量瓶放在天平上称量，如果所示质量达到要求范围，即可记录称量结果。

（2）将装有试样的称量瓶放在电子分析天平上，称出称量瓶和试样的总质量，记为 m_1。取出称量瓶，移至待盛放试样的容器上方，打开称量瓶盖，将称量瓶倾斜，用瓶盖轻敲瓶口上部，使试样慢慢落入容器中（图 2-4）。当倾出的试样已接近所需重量时，边用称量瓶盖轻敲瓶口上部，边慢慢地将瓶竖起，使粘在瓶口的试样落在称量瓶中。盖好瓶盖，将称量瓶再放到天平上，准确称量，如果这时倾出的试样质量不足，则继续按上法倾出，直至合适为止，记录称量瓶和试样的质量为 m_2。两次质量之差即为倾出的试样质量。

注意：称量瓶不可直接用手拿，可用干净纸条或塑料薄膜等套住拿取（图 2-5），取放称量瓶瓶盖也要用小纸片垫着拿取。

图2-4 样品的倾入

图2-5 拿取称量瓶

3. 数据记录

减量法称量具体数据可记入表2-8。

表2-8 减量法称量记录表

样 品	第一份	第二份	第三份
烧杯编号			
倾出试样前称量瓶的质量 m_1/g			
倾出试样后称量瓶的质量 m_2/g			
倾出试样质量 (m_1-m_2)/g			

二、直接称量法

1. 适用范围

此方法适用于称量洁净干燥的不易潮解或升华的固体试样。

2. 操作方法

当天平出现 0.0000 g 时,将所称物体放在称量盘上,屏幕将会显示该物体的重量,当数据出现符号"g"时才读取数据,如 12.9807 g。

注意:不得用手直接取放被称物,可戴汗布手套、垫纸条、用镊子等。

三、固定重量称量法(增量法)

1. 适用范围

此方法适用于称量某一固定质量的试样,要求被称物为粉末状或细丝状,这种称量操作速度很慢。

2. 操作方法

先准确称出称量器皿的重量,然后扣除皮重,当显示 0.0000 时,按要求添加样品。加样时,应用手指轻轻振落样品。加样品时,应少量加入,眼睛观察屏幕数据的跳动,不可一次加样太多,容易造成过量。

注意:食指在振落样品时,最好上下轻敲,左右敲容易让样品撒落。

增量法与减量法的比较见表2-9。

表2-9 增量法与减量法的比较

样品特性/要求	增量法	减量法
性质稳定的颗粒、粉末状样品	√	√
略易吸潮、吸收 CO_2 的颗粒或粉末状样品	×	√
指定确切质量的称量	√	×
指定质量范围的称量	√	√
称量结果是否准确	√	√

注意：

（1）不可在开机状态下清扫天平；天平框内应放硅胶干燥剂，干燥剂蓝色消失后应及时烘干。

（2）不要把过冷和过热的物品放到天平上称量，应待物体和天平室温度一致后再进行称重。

（3）使用天平时应小心操作，天平台面不可振动。

（4）若较长时间不使用天平，应拔去电源线。

（5）称量完毕后，及时取出被称物品，并保持天平清洁。

（6）天平载重不得超过最大载荷，被称物应放在干燥清洁的器皿中称量。

任务三 滴定分析基本操作

【任务分析】

能正确描述容量瓶、滴定管、移液管规格、用途及操作要点；会正确操作容量瓶、滴定管和移液管；会定容、滴定、移液等操作。技能操作成绩以溶液配制、移液和滴定操作的考核细则为标准进行评分，从而塑造学生的工匠精神。

【相关知识】

一、容量瓶的洗涤和操作

容量瓶是为配制准确的一定物质的量浓度的溶液而用的一种精密仪器。它是一种细长颈、梨形的无色或棕色平底玻璃瓶，配有磨口塞，颈上有刻度。当瓶内液体在所指定温度下达到标线处时，其体积即为所标明的容积数。常和移液管配合使用。

容量瓶有多种规格，小的有 5 mL、25 mL、50 mL、100 mL，大的有 250 mL、500 mL、1000 mL、2000 mL 等。主要用于直接法配制标准溶液、准确稀释溶液以及制备样品溶液。

1. 容量瓶使用前的准备

（1）容量瓶容积与所要求的是否一致。

（2）检查瓶塞是否严密，不漏水。

检查方法为：在容量瓶内装入半瓶水，塞紧瓶塞，用右手食指顶住瓶塞，另一只手五指托住容量瓶底，使其倒立 2 min，用干滤纸片沿瓶口缝处检查，观察有无水珠渗出。若不漏水，将瓶正立后将塞子旋转 180°后，塞紧，再次倒立，检查是否漏水。若两次操作，容量瓶瓶塞周围皆无水漏出，则表明容量瓶不漏水，方可使用。

2. 容量瓶的洗涤

（1）自来水洗涤若干次，较脏（内壁挂水珠）时，可用铬酸洗液洗涤，洗涤时将瓶内水尽量倒空，然后倒入铬酸洗液 10~20 mL，盖上塞，边转动边向瓶口倾斜，至洗液布满内壁。放置数分钟后，倒出洗液。

（2）用自来水将容量瓶冲洗干净，使用毛刷蘸洗衣粉或洗洁精刷洗外壁，最后用蒸馏水润洗容量瓶 3 次。

3. 容量瓶的操作（图 2-6）

（1）转移。用固体物质（基准物质或被测样品）配制溶液时，应先在烧杯或者能够将固体物质完全溶解后再转移至容量瓶中，转移时要使溶液沿玻璃棒流入瓶中。转移时，一手拿玻璃棒，一手拿烧杯，玻璃棒插入容量瓶内，烧杯嘴紧靠玻璃棒，使溶液沿玻璃棒慢慢流下。

（2）稀释、平摇。烧杯中的溶液倒尽后，烧杯不要直接离开玻璃棒，而应在烧杯扶正的同时使杯嘴沿玻璃棒上提 1~2 cm，随后烧杯再离开玻璃棒，这样可避免杯嘴与玻璃棒之间的溶液滴流到烧杯外面。

然后再用少量的蒸馏水，自上而下地冲洗烧杯内壁、玻璃棒 3~4 次，再转移到容量瓶中。用蒸馏水冲洗容量瓶刻度以上的瓶壁，再用蒸馏水稀释到容积的 2/3 处，应将容量瓶沿水平方向轻轻摆动几周，以使溶液初步混匀。

（3）定容。继续加水稀释到刻度下 1~2 cm 处，等待 1~2 min，待沾在瓶颈内壁的溶液流下后，用滴管从刻度线以上 1 cm 以内的一点沿颈壁缓缓加水至弯液面的最低点，与标线上边缘水平相切。

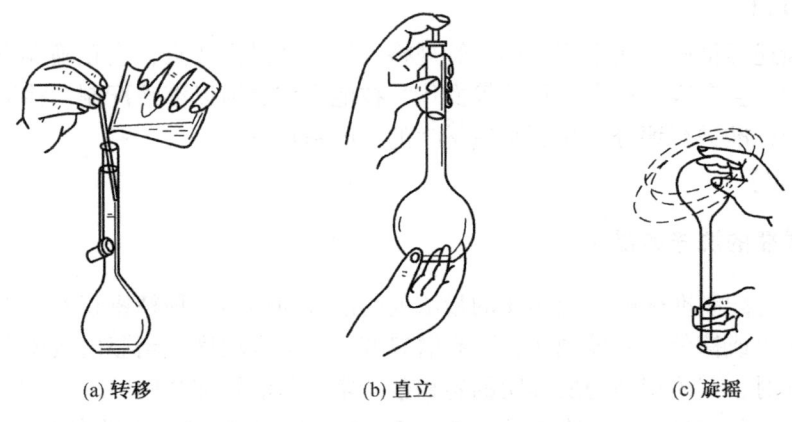

图 2-6 容量瓶的操作

（4）摇匀。盖好瓶塞，左手捏住瓶颈上端，食指压住瓶塞，右手 3 指托住瓶底，将容量瓶倒颠倒 15 次以上，每次颠倒时都应使瓶内气泡升到顶部。倒置时应水平摇动几周，如此重复操作，可使瓶内溶液充分混匀。

二、移液管的洗涤和操作

移液管，正规名称是"单标线吸量管"，它是用于准确移取一定体积溶液的量出式玻璃量器，只用来测量它所放出溶液的体积（图2-7a）。移液管是一根中间有膨大部分的细长玻璃管，其下端为尖嘴状，上端管颈处刻有一条标线，是所移取的准确体积的标志。常用的移液管有5 mL、10 mL、25 mL、50 mL和100 mL等规格。

吸量管，全称是"分度吸量管"，又称为刻度移液管，它是带有分度线的量出式玻璃量器，用于移取非固定量的溶液（图2-7b）。常用的吸量管有1 mL、2 mL、5 mL和10 mL等规格。

移液管和吸量管所移取的体积通常可精确到0.01 mL。吸量管的操作方法与移液管相同，本书只介绍移液管。

（一）移液管使用前的准备

选择合适的移液管，看一下移液管标记、准确度等级、刻度标线位置等，检查移液管的管口和尖嘴有无破损，如有破损则不能使用。

（二）移液管的洗涤和润洗

1. 移液管的洗涤

（1）移液管不太脏时，用自来水冲洗干净，再用蒸馏水润洗3次则可备用。

（2）移液管用水冲洗不干净时，可用合成洗涤剂或铬酸洗液洗涤。

吸入铬酸洗液至移液管1/3处，迅速用右手食指堵住移液管上口，将移液管横持，两手分别拿住移液管的两端，转动移液管并使洗液布满全管内壁，稍浸泡一会儿后将洗液倒回洗液原瓶中，再用自来水冲洗干净，然后用蒸馏水润洗3次。控干水，置于洁净的移液管架上备用，洗净的移液管内壁和外壁能够被水均匀润湿而不挂水珠，如挂水珠，应重新洗涤。

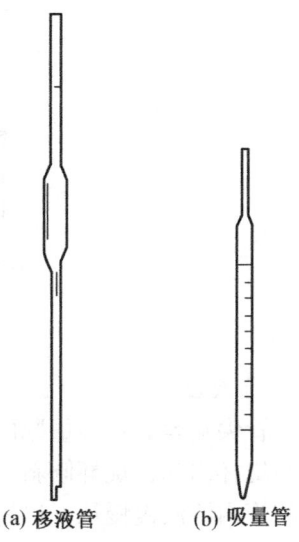

(a) 移液管　　(b) 吸量管

图2-7　移液管和吸量管

（3）若内壁严重污染，则应将其放入装有洗液的容器内浸泡15 min至数小时，取出后再用自来水冲洗，蒸馏水润洗。

2. 移液管的润洗

摇匀待吸溶液，将待吸溶液倒少许于一个洁净并干燥的小烧杯中，用滤纸将清洗过的移液管尖端内外的水吸干，并插入小烧杯内吸取溶液，当溶液吸至移液管容量的1/3时，用右手食指按住管口，取出后横持并转动移液管，使溶液浸润全管内壁，当溶液流至刻度线以上2~3 cm时，将移液管直立，使溶液从下端尖口处排入废液杯内，以置换内壁的水分，确保移取溶液的浓度不变，如此操作，润洗3~4次后即可吸取溶液（注意：吸出的溶液不能流回原瓶，以防稀释溶液）。

（三）移取溶液的操作

1. 吸取溶液（图2-8a）

将移液管插入待吸溶液液面下1~2 cm处，用洗耳球按润洗的洗液方式吸取溶液（注意：移液管插入溶液时不能太深也不能太浅，太深时会使管外壁黏附溶液过多，影响量取溶液的准确性；过浅时会因液面下降后产生吸空，把溶液吸进洗耳球内被污染），并随液面的下降而下移,始终保持此深度。当管内液面上升至标线以上 1~2 cm 处时,迅速移取洗耳球,用右手食指堵住管口(若此时溶液下落至标线以下应重新吸取),将移液管提出待吸液面并使管尖端接触待吸液容器内壁片刻后提起,用滤纸擦干移液管下端黏附的少量溶液。在移动移液管时,应将移液管保持垂直,不能倾斜。

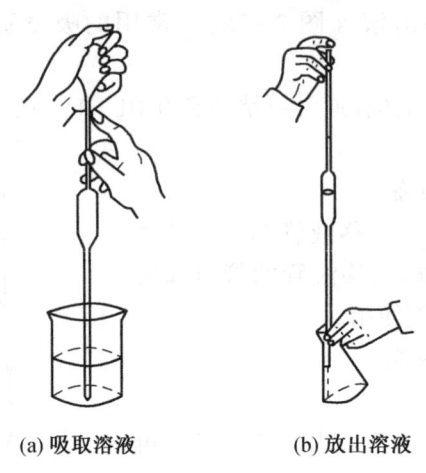

(a) 吸取溶液　　　　(b) 放出溶液

图 2-8　移液管的操作

2. 调节液面

移液管尖端紧靠在容量瓶内壁并使管身垂直(或另取一干净的小烧杯,将移液管管尖紧靠在小烧杯内侧,烧杯倾斜,移液管保持垂直),视线和刻度线保持水平,右手食指微松开,使管内溶液慢慢从下口流出,液面平稳下降,当溶液的弯月面底线放至与标线上缘相切时,立即用食指压紧管口,将尖口处紧靠烧杯内壁,向烧杯口移动少许,去掉尖口的液滴。

3. 放出溶液(图 2-8b)

将移液管小心地移入承接溶液的容器内,将移液管直立,承接容器倾斜 30°,移液管尖端紧靠容器内壁并让其垂直,松开食指,让溶液沿内壁慢慢流下,溶液下降至管尖时,再停留 15 s 后,将移液管尖端靠承接容器内壁轻轻旋转一周,取出移液管。

三、滴定管的洗涤和操作

滴定管是滴定时用来准确测量流出的滴定剂体积的量器。常量分析用的滴定管容积为 50 mL 和 25 mL,最小分度值为 0.1 mL,读数可估计到 0.01 mL。

实验室最常用的滴定管有两种:一种是下部带有磨口玻璃活塞的酸式滴定管(也称具塞滴定管)(图 2-9a);另一种是碱式滴定管(图 2-9b),它的下端连接橡皮管,内放玻璃珠,橡皮管下端再连尖嘴玻璃管。

酸式滴定管只能用来盛放酸性、中性或氧化性溶液,不能盛放碱液,因为磨口玻璃活塞会被碱类溶液腐蚀,久置会粘连。碱式滴定管用来盛放碱液,不能盛放氧化性溶液,如 $KMnO_4$、I_2 或 $AgNO_3$ 等,避免腐蚀橡皮管。近年来又制成了聚四氟乙烯酸碱两用滴定管,其旋塞是用聚四氟乙烯材料做成的,耐腐蚀,不用涂油,密封性好。本书主要介绍前两种滴定管的洗涤和使用方法。

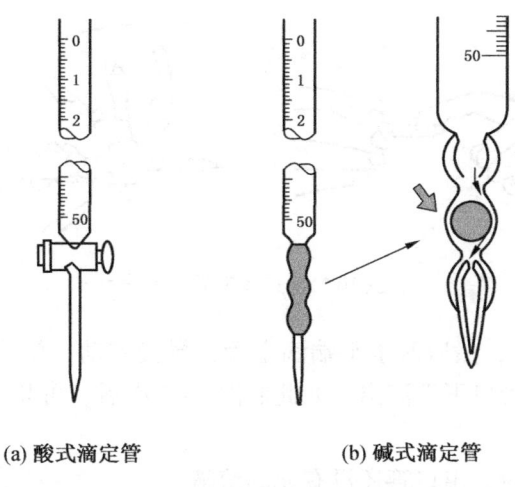

(a) 酸式滴定管　　　　(b) 碱式滴定管

图 2-9　酸式滴定管和碱式滴定管

(一) 滴定管使用前的准备

1. 洗涤

滴定管使用前必须洗涤干净，通常要求滴定管洗涤到装满水后再放出时，管的内壁全部为一层薄水膜，湿润而不挂有水珠。

(1) 无明显油污的滴定管，可直接用自来水冲洗。

(2) 若有油污，可用滴定管刷蘸肥皂刷洗；若不行，则用铬酸洗液洗涤。洗涤时应事先关好活塞，每次将 10~15 mL 的洗液倒入滴定管中，两手平端滴定管，并不断转动，直至洗液布满全管为止。然后打开活塞，将洗液放回原瓶中。

(3) 若油污严重，可倒入温洗液浸泡一段时间。用洗液洗过的滴定管，先用自来水冲洗，再用少量蒸馏水润洗几次。

碱式滴定管的洗涤方法同上，但要注意铬酸洗液不能直接接触橡皮管。可将碱式滴定管倒立于装有铬酸洗液的玻璃槽内浸泡，浸泡一段时间后，再把洗液放回原瓶中，然后用自来水冲洗，蒸馏水润洗几次。

2. 查漏

将已洗净的滴定管装满水，放置在滴定管架上直立静置 2 min，观察有无水滴漏下。然后将活塞旋转 180°，再静置 2 min，观察有无水滴漏下，如均不漏水，滴定管即可使用。

若酸式滴定管漏水，可取下玻璃活塞，用滤纸将旋塞和塞槽内的水吸干。用手指蘸少许凡士林，在旋塞最粗的一端薄薄地涂上一层，孔的附近一定不能多涂，然后把旋塞插入塞槽内，旋转几次，使油膜在旋塞内均匀透明，且旋塞转动灵活。检查活塞是否漏水，如不合要求则需要重新涂凡士林 (图 2-10)。

若碱式滴定管漏水，可将橡皮管中的玻璃珠稍加转动，或略微向上推后向下移动一下。处理后如果仍然漏水，则需要更换玻璃珠或橡皮管。

3. 装液

为了使装入滴定管的溶液不被滴定管内壁的水稀释，要先用所装溶液润洗滴定管。注

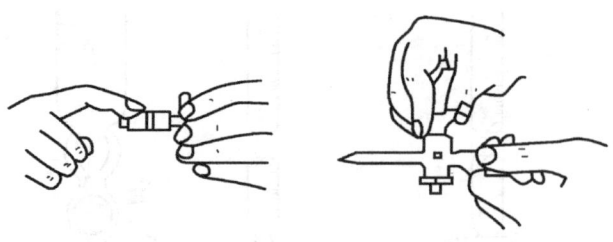

图 2-10 酸式滴定管涂凡士林

入所装溶液约 10~15 mL，然后两手平端滴定管，慢慢转动，使溶液流遍全管。打开滴定管的活塞，使润洗液从管口下端流出。如此润洗 2~3 次后，再装入溶液。

4. 排气泡

当溶液装入滴定管时，出口管还没有充满溶液。

（1）将酸式滴定管约倾斜 30°，左右迅速打开活塞使溶液冲出，就能充满全部出口管。

（2）如用碱式滴定管，则把橡皮管向上弯曲，玻璃尖嘴斜向上方。用两指挤压玻璃珠，使溶液从出口管喷出，气泡随之逸出。气泡排出后，加入溶液至刻度以上，再转动活塞或挤捏玻璃珠，把液面调节在"0.00" mL 刻度处（图 2-11）。

5. 读数

在读数时，要把滴定管从架上取下，用右手大拇指和食指夹持在滴定管液面上方，使滴定管与地面呈垂直状态，读数时视线必须与液面保持在同一水平面上（图 2-12）。

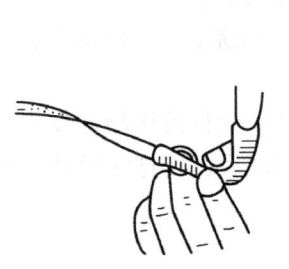

图 2-11 碱式滴定管排气泡

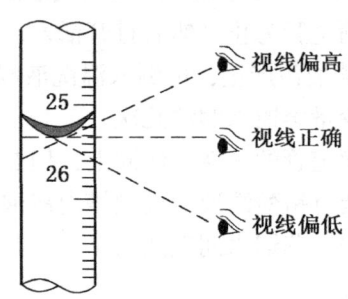

图 2-12 读数的视线

对于无色或浅色溶液，读弯月面下缘最低点的刻度；对于深色溶液，如高锰酸钾、碘水等，可读两侧最高点的刻度。每次滴定最好将溶液装至滴定管的"0.00" mL 刻度或稍下一点开始，这样可消除因上下刻度不均匀引起的误差，读数应读至毫升小数后第二位，即估计到 0.01 mL。

（二）滴定管的操作

1. 滴定操作

滴定时，应将滴定管垂直夹在滴定管夹上，滴定台应呈白色。

（1）使用酸式滴定管时，要用左手握滴定管，无名指和小指向手心弯曲，轻轻贴着出口部分，用其余 3 指控制活塞的转动。注意不要向外用力，以免推出活塞造成漏水，应使活塞稍有一点向手心的回力（图2-13a）。

（2）使用碱式滴定管时，要用左手握管，拇指在前，食指在后，其他3指辅助夹住出口管。用拇指和食指捏住玻璃珠所在的部位，向右边挤橡皮管，使玻璃珠移至手心一侧，这样，溶液即可从玻璃珠旁边的空隙流出，注意不要用力捏玻璃珠，也不要使玻璃珠上下移动，不要捏玻璃珠下部橡皮管，以免空气进入而形成气泡，影响读数（图2-13）。

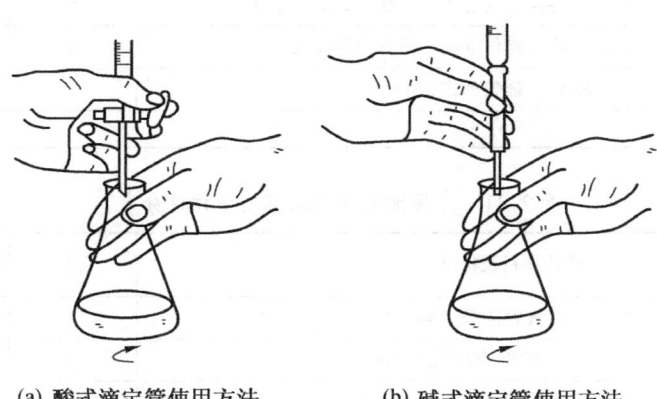

(a) 酸式滴定管使用方法　　　(b) 碱式滴定管使用方法

图2-13　滴定管操作

2. 滴定速度

滴定一般在锥形瓶中进行，滴定管下端深入瓶中约1 cm，必要时也可在烧杯中进行。左手按上述方法操作滴定管，右手的拇指、食指和中指拿住锥形瓶瓶颈，沿同一个方向按圆周摇动锥形瓶，不要前后振动。边滴边摇，两手切同配合。

（1）开始滴定时，无明显变化，液滴流出的速度稍快一些，但必须成滴而不能呈线状流出，滴定速度一般控制在3~4滴/s。

（2）随着滴定的进行，滴落点周围出现暂时性的颜色变化，但随着摇动锥形瓶，颜色变化很快。

（3）当接近终点时，颜色变化消失较慢，这时应逐滴加入，加一滴后把溶液摇匀，观察颜色变化，再决定是否继续滴加溶液。

（4）最后应控制液滴悬而不落，用锥形瓶内壁把液滴靠下来，即加入半滴溶液，用洗瓶吹洗锥形瓶内壁，摇匀。如此反复操作，直至颜色变化30 s不消失为止，即可认为达到终点。

（三）滴定结束后的操作

滴定管用完后，应倒去管内剩余溶液（不要倒回原瓶中），用水洗净，装入纯水至刻度以下，用大试管套在管口上。或者洗净后倒过来（尖端向上）置于滴定管架上。

酸式滴定管长期不用时，活塞部位要垫上纸。碱性滴定管不用时，胶管应拔下来保存。

【考核标准】

溶液配制、移取溶液、滴定管操作具体考核细则详见表2-10~表2-12。

表2-10 考核细则（溶液配制考核评分表）

考核项目及标准		分值	考核评价	
			扣分	得分
实验操作过程评价（共30分）	实验操作	1. 容量瓶洗涤干净	5		
		2. 容量瓶正确试漏	5		
		3. 定量转移动作规范	5		
		4. 容量瓶定容操作，在2/3处水平摇动	5		
		5. 定容操作准确，稀释到刻度线	5		
		6. 定容摇匀动作正确	5		
成绩：				

表2-11 考核细则（移取溶液考核评分表）

考核项目及标准		分值	考核评价	
			扣分	得分
实验操作过程评价（共30分）	实验操作	1. 移液管洗涤干净	5		
		2. 移液管润洗方法正确	5		
		3. 吸溶液不吸空，不重吸	5		
		4. 调刻度线前擦干	5		
		5. 放溶液时保持移液管竖直，管尖靠壁	5		
		6. 放液后停留15 s	5		
成绩：				

表2-12 考核细则（滴定管操作考核评分表）

考核项目及标准		分值	考核评价	
			扣分	得分
实验操作过程评价（共70分）	实验操作	1. 所需仪器洗涤干净	5		
		2. 滴定管正确试漏	5		
		3. 滴定管的润洗方法正确	5		
		4. 滴定管的装液、排气泡操作规范	5		
		5. 滴定速度适当	5		
		6. 滴定动作规范	5		
		7. 终点控制熟练	5		
	滴定终点	终点判断正确	10		
	读数	读数正确	5		
	数据记录	1. 原始数据记录规范	5		
		2. 原始数据及时记录	5		
	实验结束	1. 仪器摆放整齐	5		
		2. 废纸、废液不乱扔、不乱倒	2		
		3. 结束后清洗仪器	3		
成绩：				

项目三 分离和提纯技术

一、分离和提纯的定义

物质的分离是利用物理或化学方法,将混合物中的各种物质彼此分开,以获得几种纯净物的过程。提纯是把混合物中的杂质去除,以得到纯物质的过程。

二、分离和提纯的方法

混合物的分离和提纯有许多方法,可以从物理和化学两方面来分类,具体见表3-1和表3-2。

表3-1 混合物分离的物理方法

方　法	适 用 范 围	应 用 举 例
过滤	利用混合物中各组分在同一溶剂中的溶解度的差异,使不溶固体与溶液分离	铜和稀盐酸分离,粗盐提纯
蒸发浓缩	分离溶于溶剂中的溶质	从含有HCl的NaCl溶液中分离出固体NaCl
结晶、重结晶	利用混合物中各组分在某种溶剂中的溶解度随温度变化不同的性质来分离、提纯物质	NaCl和KNO_3混合物的分离
蒸馏	利用几种互溶的液体各自沸点差别较大的性质来分离物质的一种方法	从石油中分离各种馏分,C_2H_5OH和H_2O混合物的分离
分液	利用两种互不相溶的液体,且密度不同的性质来分离物质	分离C_6H_6和H_2O混合物的分离
萃取	利用某种物质在两种互不相溶的溶剂中的溶解度的不同来分离物质	CCl_4萃取碘水中的I_2
升华	能升华物质与不能升华物质的分离	从NaCl和I_2的混合物中分离、提纯I_2
渗析	利用半透膜,使离子或小分子从胶体溶液里分离	把KI从淀粉中分离出来
盐析	某些有机物在某些无机盐溶液中因溶解度降低而析出	从皂化液中分离肥皂、甘油

表 3-2 混合物分离的化学方法

方法	适用范围	应用举例
热分解法	利用混合物中各组分稳定性的不同,将其进行加热或灼热处理,从而分离物质	除去 Na_2CO_3 中混有的 $NaHCO_3$
酸、碱处理法	利用混合物中各组分酸碱性质的不同,用碱或酸处理,从而将物质分离	分离 Al_2O_3 和 Fe_2O_3 的混合物
沉淀法	利用混合物中某成分与溶液反应生成沉淀来进行分离或提纯物质	加入适量 $AgNO_3$ 溶液的方法除去 KNO_3 中少量的 KCl
氧化还原法	利用混合物中某组分能被氧化(或被还原)的性质来分离或提纯物质	除去苯中混有的甲苯
络合法	利用组分中某一成分可以形成络合物的性质来分离、提纯物质	分离 Al_2O_3 和 ZnO 的混合物
电解法	利用电解的原理来分离、提纯物质	电解冶炼铝
离子交换法	用离子交换剂来分离、提纯物质	硬水的软化

三、物质分离、提纯的基本原理

1. "四原则"
（1）不增。不引入新杂质。
（2）不减。尽量不减少被提纯物质。
（3）易分。被提纯物与杂质易分离。
（4）易复原。被提纯物易复原。
2. "三必须"
（1）除杂试剂必须过量。
（2）过量试剂必须除尽。
（3）选择最佳的除杂途径。

任务一 粗盐提纯

【任务分析】

本实验通过粗盐的溶解、过滤和对滤液的蒸发结晶等操作,除去其中的泥沙等不溶于水的杂质,从而对粗盐进行提纯,进一步掌握溶解、过滤、蒸发等基本操作。以小组团队协作方式进行实验,培养学生的团队合作意识。技能操作成绩以常压和减压过滤操作的考核细则为标准进行评分,塑造学生的工匠精神。

【实验实训】

一、实验仪器与药品

1. 仪器与设备

烧杯、玻璃棒、药匙、量筒、铁架台（带铁圈）、滤纸、玻璃漏斗、火柴、电子天平、布氏漏斗、循环水式真空泵、石棉网、蒸发皿、酒精灯。

2. 药品与材料

粗盐、蒸馏水、1 mol/L $BaCl_2$、2 mol/L HCl、2 mol/L NaOH、1 mol/L Na_2CO_3、pH 试纸、滤纸。

二、实验原理

粗食盐中的不溶性杂质（如泥沙等）可通过溶解和过滤的方法除去。粗食盐中的可溶性杂质主要是 Ca^{2+}、Mg^{2+}、K^+、SO_4^{2-} 离子等，选择适当的试剂使它们生成难溶化合物的沉淀而被除去，然后蒸发水分，结晶得到较纯净的精盐。

1. 原则

所选沉淀剂应符合不引进新杂质或引进的杂质能够在下一步的操作中除去的原则。

2. 方法

加入化学试剂，让杂质离子转化成气体、沉淀或水除去。

（1）在粗盐溶液中加入过量的 $BaCl_2$ 溶液，除去 SO_4^{2-}，过滤，除去难溶化合物和 $BaSO_4$ 沉淀。如下：

$$Ba^{2+} + SO_4^{2-} \longrightarrow BaSO_4 \downarrow$$

（2）在滤液中加入 NaOH 溶液和 Na_2CO_3 溶液，除去 Mg^{2+}、Ca^{2+} 和沉淀 SO_4^{2-} 时加入的过量的 Ba^{2+}，过滤除去沉淀。如下：

$$Mg^{2+} + 2OH^- \longrightarrow Mg(OH)_2 \downarrow$$
$$Ca^{2+} + CO_3^{2-} \longrightarrow CaCO_3 \downarrow$$
$$Ba^{2+} + CO_3^{2-} \longrightarrow BaCO_3 \downarrow$$

（3）溶液中过量的 NaOH 和 Na_2CO_3 可以用盐酸中和除去。

（4）粗盐中的 K^+ 和上述沉淀剂都不起作用。由于 KCl 的溶解度大于 NaCl 的溶解度，且含量较少，因此在蒸发和浓缩过程中，NaCl 先结晶出来，而 KCl 则留在溶液中。

三、实验步骤

1. 称量，溶解

称取 8.0000 g 粗食盐于 100 mL 烧杯中，加入 30 mL 水，搅拌并加热使其溶解。

2. 除去 SO_4^{2-}

加热至溶液沸腾时，在搅拌下逐滴加入 1 mol/L $BaCl_2$ 溶液至沉淀完全（约 2 mL）。继续加热 5 min，使 $BaSO_4$ 的颗粒增大而易于沉淀和过滤。为了试验沉淀是否完全，可将烧杯从石棉网上取下，待沉淀下降后，取少量上层清液于试管中，滴加几滴 2 mol/L HCl，再加几滴 1 mol/L $BaCl_2$ 检验。用普通漏斗过滤，弃去沉淀。

3. 除去 Ca^{2+}、Mg^{2+} 和过量的 Ba^{2+}

在滤液中加入 1 mL 2mol/L NaOH 和 2 mL 1 mol/L Na_2CO_3，加热至沸，待沉淀下降后，取少量上层清液放在试管中，滴加 Na_2CO_3 溶液，检查有无沉淀生成。如不再产生沉淀，则用普通漏斗过滤，弃去沉淀，保留溶液。

4. 用 HCl 调节酸度除去 CO_3^{2-}

在滤液中逐滴加入 2 mol/L HCl，直至溶液呈微酸性为止（pH=3~4）。

5. 蒸发与结晶

将滤液倒入蒸发皿中，用小火加热蒸发，浓缩至稀粥状的稠液为止（约为原体积的 1/4），切不可将溶液蒸干。

冷却后，用布氏漏斗过滤，尽量将结晶抽干，并用少量蒸馏水洗涤晶体 2 次，洗涤后也尽量将结晶抽干。将结晶转移到蒸发皿中，小火加热干燥，直至不冒水蒸气为止。

6. 转移固体

用玻璃棒把固体转移到纸上，称量后，回收到教师指定的容器。

7. 计算产量

将产品冷却至室温，称重，最后把精盐放入指定容器中，计算产率。计算式如下：

$$产率 = \frac{提纯后精盐的质量}{粗盐的质量} \times 100\%$$

注意：

（1）粗食盐颗粒要研细。

（2）食盐溶液浓缩时切不可蒸干。

（3）要正确操作与区别常压过滤与减压过滤。

【考核标准】

减压过滤、常压过滤操作具体考核细则详见表 3-3、表 3-4。

表 3-3 考核细则（常压过滤考核评分表）

考核项目及标准			分值	考核评价	
				扣分	得分
实验操作过程评价（共50分）	实验操作	1. 过滤前，清洗常压过滤装置	5		
		2. 滤纸紧贴漏斗壁，润湿和赶气泡处理正确	5		
		3. 滤纸最上端不超过漏斗上沿	5		
		4. 过滤时，滤液用玻璃棒引流至玻璃漏斗，且玻璃棒是靠在 3 层滤纸处	10		
		5. 过滤时，滤液的液面不超过滤纸的最上端	10		
		6. 漏斗的颈部靠在烧杯壁上	5		
		7. 过滤之后，正确处理滤液，清洗仪器装置	10		
成绩：					

表 3-4　考核细则（减压过滤考核评分表）

考核项目及标准		分值	考核评价	
			扣分	得分
实验操作过程评价（共 50 分）	实验操作			
	1. 过滤前，清洗减压过滤装置	5		
	2. 剪裁滤纸大小合适，把布氏漏斗所有的孔都覆盖	5		
	3. 检查布氏漏斗与抽滤瓶之间连接是否紧密，抽气泵连接口是否漏气	5		
	4. 正确安装减压过滤装置，漏斗管下端的斜面朝向抽气嘴	5		
	5. 打开泵，滤纸先用蒸馏水润湿，再使用玻璃棒引流滤液	10		
	6. 过滤完之后，先拔掉抽滤瓶接管，再关抽气泵	10		
	7. 过滤之后，正确处理滤液，清洗仪器装置	10		
成绩：				

【相关知识】

一、溶解

一种物质（溶质）分散于另一种物质（溶剂）中称为溶液的溶解过程。

（一）溶解度

1. 固体的溶解度

固体的溶解度是指在一定温度下，某固态物质在 100 g 溶剂里达到饱和状态时所溶解的质量，单位为 g。例如 20 ℃时 NaCl 的溶解度为 36 g，表明在 20 ℃时，在 100 g 水中最多能溶解 36 g NaCl 或在 20 ℃时，NaCl 在 100 g 水中达到饱和状态时所溶解的质量为 36 g。

影响固体溶解度的因素有：

（1）内因：溶质、溶剂的性质（种类）。

（2）外因：温度。大多数固体物质的溶解度随温度升高而增大，少数固体物质的溶解度受温度的影响很小（如 NaCl），极少数物质的溶解度随温度升高而变小[如 Ca(OH)$_2$]。

2. 气体的溶解度

气体的溶解度是指该种气体在压强为 101 kPa 和一定温度时溶解在 1 体积水里达到饱和状态时的气体体积（气体的体积要换算成标准状况时的体积）。

影响气体溶解度的因素有：

（1）内因：气体和水本身的性质。

（2）外因：①温度：气体的溶解度随温度升高而减小；②压强：气体的溶解度随压强增大而增大。

（二）溶解方法

1. 固体物质的溶解

固体物质溶解时，常用粉碎、搅拌、振荡、加热等方法加速溶解（图3-1）。

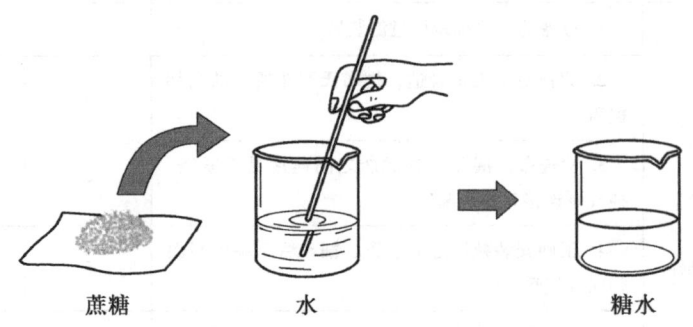

图3-1 蔗糖的溶解

2. 液体物质的溶解

一般液体物质溶解时，是将液体加水混合后搅拌均匀。如果是溶解大量放热的物质，应分次、少量的把溶质加到溶剂中，必要时边加边搅拌。如溶解浓硫酸时，一定要"注酸入水"中。因为水的密度小于浓硫酸，如果把水倒入浓硫酸，水会浮在硫酸上面，溶解时放出的大量热量会使水立即沸腾，使硫酸滴向四周飞溅（图3-2）。

3. 气体物质的溶解

气体物质溶解时，对于溶解度较小的气体要把导管插入水中，极易溶于水的气体，应在导管末端接一倒置的漏斗，使漏斗边缘接触水（图3-3）。

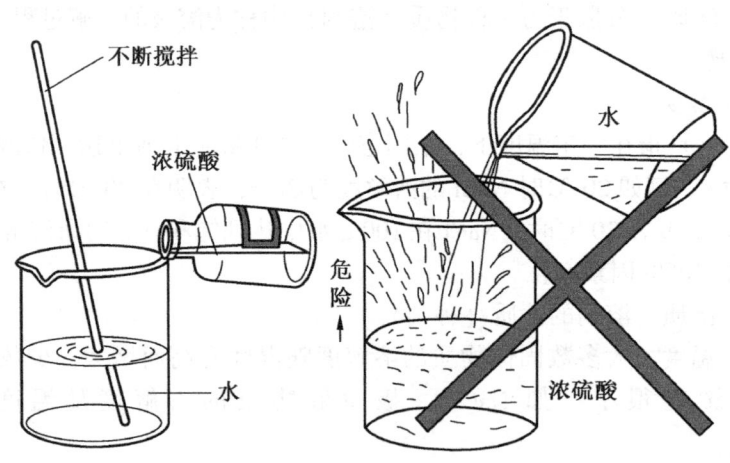

图3-2 硫酸的溶解

二、过滤

（一）过滤的定义及目的

（1）定义：把不溶性固体与液体分离的操作。

（2）目的：一是滤除溶液中的不溶物得到溶液，二是去除溶剂（或溶液）得到结晶。

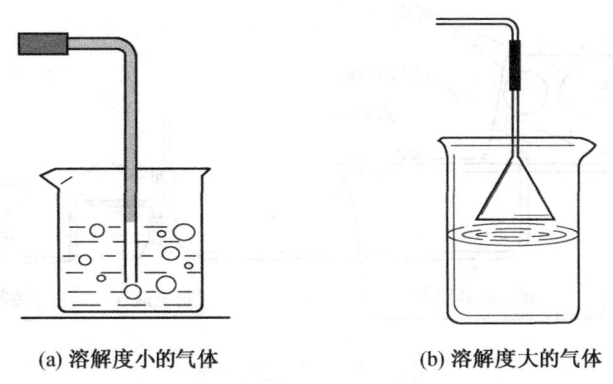

(a) 溶解度小的气体　　　　　(b) 溶解度大的气体

图 3-3　气体物质的溶解

（二）常用的过滤方法

1. 常压过滤

常压过滤是用内衬滤纸的普通漏斗过滤，滤液靠自身的重力透过滤纸流下，实现分离（图 3-4）。具体操作要领如下：

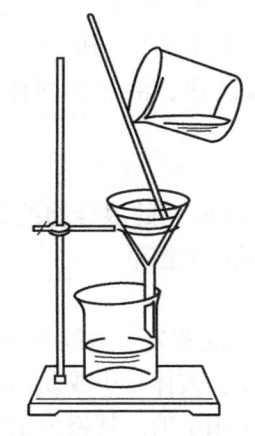

图 3-4　常压过滤的操作

（1）一贴。将滤纸折叠好放入漏斗，加少量蒸馏水润湿，滤纸紧贴漏斗内壁。

（2）二低。滤纸边缘应略低于漏斗边缘；加入漏斗中的液体的液面应略低于滤纸边缘。

（3）三靠。向漏斗中倾倒液体时，烧杯的尖嘴应与玻璃棒接触；玻璃棒的底端应和玻璃漏斗的 3 层滤纸处轻轻接触；漏斗颈的末端应与接收器的内壁相接触。

2. 减压过滤（抽气过滤）

减压过滤（抽气过滤）是用安装在抽滤瓶上铺有滤纸的布氏漏斗或玻璃砂芯漏斗过滤，吸滤瓶支管与抽气装置连接，过滤在减低的压力下进行，滤液在内外压差作用下透过滤纸或砂芯流下，实现分离。减压过滤装置包括瓷质的布氏漏斗、抽滤瓶、安全瓶和抽气泵（图 3-5）。

过滤前，选好比布氏漏斗内径略小的圆形滤纸平铺在漏斗底部，用溶剂润湿，开启抽

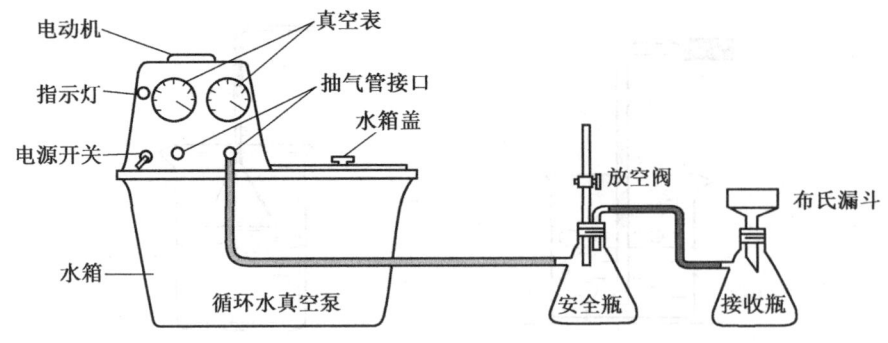

图 3-5 减压过滤装置

气装置，使滤纸紧贴在漏斗底部。

过滤时，小心地将要过滤的混合液倒入漏斗中，使固体均匀分布在整个滤纸面上，一直抽气到几乎没有液体滤出为止。为尽量除净液体，可用玻璃瓶塞压挤滤饼。

停止抽滤时，先旋开安全瓶上的旋塞恢复常压，然后关闭抽气泵。在漏斗中洗涤滤饼的方法是：把滤饼尽量地抽干、压干，旋开安全瓶上的旋塞恢复常压。把少量溶剂均匀地洒在滤饼上，使溶剂恰能盖住滤饼。静置片刻，使溶剂渗透滤饼，待有滤液从漏斗下端滴下时，重新抽气，再把滤饼尽量抽干、压干。这样反复几次，就可把滤饼洗净。减压过滤的优点是过滤和洗涤的速度快，液体和固体分离得较完全，滤出的固体容易干燥。

3. 蒸发结晶

蒸发操作适用于"固（可溶性）+液"的混合物的分离，且固体的熔、沸点较高。液体加热使液体受热气化，得到晶体或浓缩溶液。

1）蒸发皿

蒸发皿（图 3-6）主要用于液体的蒸发、浓缩和物质的结晶，耐高温，但不能骤冷，液体量多时可直接在火焰上加热蒸发，液体量少或黏稠时，要隔着石棉网加热。蒸发皿有瓷制的，也有玻璃的、石英的，甚至铂金的。规格为 15~1000 mL，常用的为 60 mL。

图 3-6 蒸发皿

2）蒸发操作（图 3-7）

（1）加入蒸发皿的液体不应超过蒸发皿的 2/3。

（2）在加热过程中，用玻璃棒不断搅动，防止由于局部温度过高，造成液滴飞溅。

(3) 接近蒸干前（即蒸发皿中出现较多量的固体时）应停止加热，利用余热把溶剂蒸发完。

(4) 取下未冷却的蒸发皿时应把它放在石棉网上，不能直接放在实验台上。

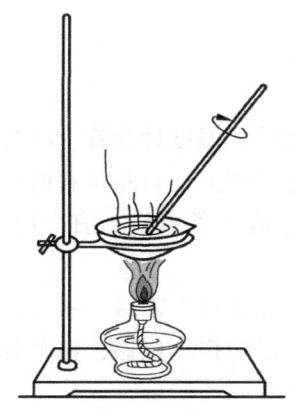

图 3-7 蒸发操作

任务二 工业乙醇蒸馏

【任务分析】

本实验通过对工业酒精的蒸馏，使学生掌握常压蒸馏的原理和操作方法，了解常用蒸馏装置的安装、拆除方法，掌握蒸馏的实验操作技能。技能操作成绩以蒸馏操作的考核细则为标准进行评分，塑造学生的工匠精神。

【实验实训】

一、实验仪器与药品

1. 仪器与设备

电热套、100 mL 磨口圆底烧瓶、蒸馏头、直形冷凝器、锥形瓶、尾接管、温度计（100 ℃）、温度计套管、50 mL 量筒、烧杯、铁架台、升降台、橡胶管。

2. 药品与材料

工业酒精、沸石。

二、实验原理

将液体加热至沸，使液体变为蒸气，然后使蒸气冷却而凝结为液体的过程称为蒸馏。通过蒸馏可将易挥发的物质和不挥发的物质分离，也可将沸点不同的液体混合物分离开来。但液体混合物各组分的沸点必须相差很大（至少 30 ℃以上）才能得到较好的分离。纯的液体有机化合物在一定压力下具有一定的沸点。但是具有固定沸点的液体不一定都是纯化合物，因为某些有机化合物常常和其他组分形成二元或三元共沸混合物，它们也有一定的沸点。

工业乙醇因来源和制造厂家不同，其组成也不尽相同，主要成分为乙醇和水，除此之外，一般含有少量低沸点杂质和高沸点杂质，还可能溶解有少量固体杂质。通过简单蒸馏可以降低沸物、高沸物及固体杂质除去，但水可与乙醇形成共沸物，故不能将水和乙醇完全分开。蒸馏所得的是含乙醇95.6%和水4.4%的混合物，相当于市售的95%乙醇。

三、实验步骤

（一）仪器的安装

蒸馏仪器主要由蒸馏头、温度计、温度计套管、冷凝管、尾接管、接收器组成。

安装的顺序从热源开始，按自下而上、自左至右的方法。根据热源的位置，各固定的铁夹位置应以蒸馏头与冷凝管连接成一条直线为宜。冷凝管的进水口应在靠近接收管的一端。

安装过程中要特别注意：各仪器接口要密封；铁夹以夹住仪器又能轻微转动为宜。不可让铁夹的铁柄接触到玻璃仪器，以防损坏仪器；整个装置安装好后要做到端正，使之从正面和侧面观察，都在同一平面。

（二）蒸馏操作

1. 加料

选用150 mL圆底瓶作为蒸馏瓶，加入30 mL工业乙醇和2~3粒沸石。

2. 加热

缓慢开启冷却水（注意水流方向应自下而上），通过加热套加热，使液体平稳沸腾。观察瓶中产生气雾的情况和温度计的读数变化，记下馏出第一滴液体时的温度。当温度升至77 ℃时，换上一个已经称过重量的、洁净干燥的接收瓶，并调节使速度为1~2滴/s。

3. 收集馏分

准备两个干燥的接收瓶，一个收集前馏分，另一个收集产品。记下馏分开始馏出时和最后一滴馏出时的温度，即该馏分的沸程。

需要收集不同馏分时，按需更换接收瓶［当温度升至79 ℃时停止蒸馏，如果前馏分太少，当温度升至77 ℃时仍在冷凝管内流动，尚未滴入接收瓶，则应将最初接得的四五滴液体舍弃（当作前馏分处理）后再更换接收瓶。如果蒸馏瓶中只剩下0.5~1.0 mL液体，而温度仍未升至79 ℃，也应停止蒸馏，不宜将液体蒸干］。

4. 拆除蒸馏装置

蒸馏完毕后，应先撤出热源，然后停止通水，最后拆除蒸馏装置（与安装顺序相反）。蒸馏快结束时，注意观察温度计读数的变化，如果发现温度计的温度突然下降或突然上升即为蒸馏完成。

（三）结果计算

称量无水乙醇体积为V，计算回收率。计算式如下：

$$E = \frac{V}{30}$$

【考核标准】

蒸馏操作具体考核细则详见表3-5。

表 3-5 考核细则（蒸馏操作考核评分表）

考核项目及标准			分值	考核评价	
				扣分	得分
实验操作过程评价（共100分）	实验操作	1. 认真清洗蒸馏操作所用仪器	5		
		2. 量取药品时选择合适体积的量筒	5		
		3. 使用量筒读数时视线与液体凹液面最低处水平	5		
		4. 安装蒸馏装置的顺序遵循从下至上，从左到右	10		
		5. 装置连接处严密，不漏气	5		
		6. 温度计水银球的位置正确	5		
		7. 冷凝管中的水流方向正确	5		
		8. 蒸馏操作时，加开冷凝水，再进行加热	5		
		9. 加入沸石，温度控制合适，馏出速度为1~2滴/s	10		
		10. 蒸馏操作结束后，停止加热，尾接管无馏出液，再关闭冷凝水	5		
		11. 拆除蒸馏装置的顺序遵循从上至下，从右往左	5		
		12. 圆底烧瓶内液体没有蒸干	5		
	原始记录	1. 有效数字正确	5		
		2. 数据真实、无涂改	5		
		3. 数据记录及时、正确	5		
	基本素养	1. 工作服穿戴整齐	5		
		2. 安全操作情况	5		
		3. 实验结束后仪器整理和台面清洁情况	5		
成绩：					

【相关知识】

一、沸点

液体化合物在一定温度下具有一定的蒸气压，将液体加热，它的蒸气压会随着温度的升高而增大，当液体的蒸气压增大至与外界施与液面的总压力（通常指大气压）相等时，就有大量的气泡从液体内部逸出，即液体沸腾，这时的温度称为液体的沸点。

纯粹的液体有机化合物在一定的压力下具有一定的沸点（沸程0.5~1.5 ℃）。利用这一点，可以测定纯液体有机物的沸点。又称常量法。

但是具有固定沸点的液体不一定都是纯粹的化合物，因为某些有机化合物常和其他组分形成二元或三元共沸混合物，它们也有一定的沸点。如95%乙醇就是一种二元共沸物，而非纯粹物质，它具有一定的沸点和组分，不能用普通蒸馏法分离［纯水的沸点：100 ℃，纯乙醇的沸点：78.4 ℃，它们的共沸混合物（沸点：78.1 ℃，沸程：73～78 ℃)，各组分质量百分数：纯水4.5%，纯乙醇95.5%］。

二、蒸馏

蒸馏就是将液体混合物加热至沸腾，使液体汽化，然后让蒸汽通过冷凝的方法变为液体，通过收集不同沸点下的蒸汽冷凝液，使液体混合物分离的过程，从而达到提纯的目的。

通过蒸馏可除去不挥发性杂质，可分离沸点差大于30 ℃的液体混合物，还可以测定纯液体有机物的沸点及定性检验液体有机物的纯度。蒸馏分为：

（1）常压蒸馏：适用于沸点较低且比较稳定的液体化合物。

（2）减压蒸馏：适用于沸点较高或较不稳定的液体化合物。

（3）水蒸气蒸馏：适用于沸点较高，但有一定蒸气压、溶液分解且不溶于水的化合物。

三、沸石的作用

要使蒸馏很好地进行，首先要使液体在加热沸腾时能较平稳和连续不断地产生气泡。加热时，溶解在液体内部或以薄膜形式吸附在瓶壁上的空气溶解度降低、体积膨胀，往往会在瓶底生成小气泡，这种小气泡称为气化中心（即可作为大的蒸汽泡的核心)。在沸腾时，液体变成蒸气的过程常围绕着气化中心进行。小气泡累积蒸气成为大气泡，待大气泡中的总压力增加到超过大气压，并足够克服由于液柱所产生的净压力时，气泡就上升逸出液面。因此，如果液体中含有许多微小的空气泡或其他气化中心时，液体就可平稳地沸腾。

如果液体中几乎不存在空气，瓶壁又非常洁净和光滑，形成气泡就很困难。加热时，液体的温度可能上升超过沸点很多而不沸腾，这种现象称为"过热"。过热的液体中若有一个小气泡形成，由于液体在此温度下的蒸气压已远远超过大气压和液柱压力之和，它附近的液体就一下子变成了蒸气，使小气泡迅速变成大气泡并逸出液面，甚至将液体冲出瓶外，造成不正常的沸腾——"暴沸"。沸石可防止加热液体"过热"及"暴沸"现象的发生。

四、蒸馏过程

蒸馏过程一般分为以下3个阶段。

1. 馏头

在达到欲收集物的沸点之前，常有沸点较低的液体流出，这部分馏出液称为馏头或前馏分。

2. 馏分

馏头蒸完之后，温度在沸程范围内，这时即馏出欲收集之物。即为馏分。

3. 馏尾

从温度稳定到开始有温度变化所馏出的液体称为馏尾。

五、实验装置

蒸馏主要包括气化、冷凝和接收 3 部分，装置如图 3-8 所示。

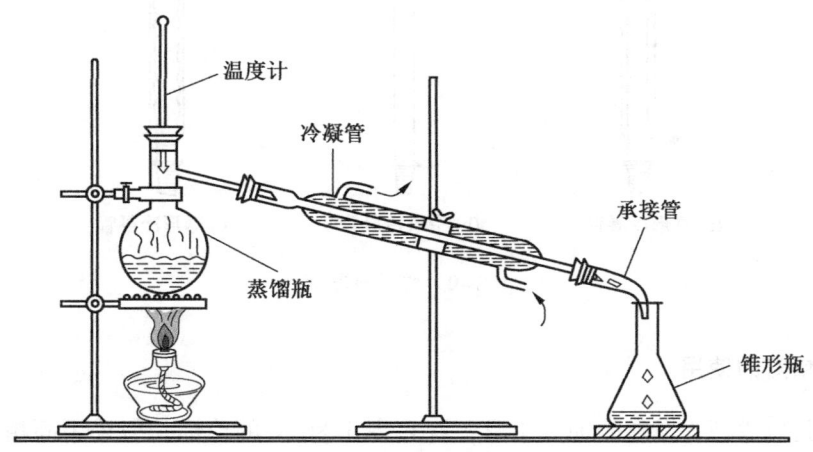

图 3-8　蒸馏装置图

1. 蒸馏瓶

圆底烧瓶的选用与被蒸液体的体积有关，通常装入液体的体积宜为圆底烧瓶容积的 1/3~2/3。在蒸馏低沸点液体时，选用长颈蒸馏瓶；而蒸馏高沸点液体时，则选用短颈蒸馏瓶。垫石棉网加热蒸馏烧瓶，瓶内放几块碎瓷片，防止暴沸。

2. 温度计

温度计应根据被蒸馏液体的沸点来选用。温度计的水银球与蒸馏烧瓶支管口平齐，测馏分的沸点。

3. 冷凝管

冷凝管用于蒸馏液体或有机制备中，起冷凝或回流作用。常用冷凝管有直形冷凝管、空气冷凝管、球形冷凝管等（图 3-9）。直形冷凝管一般用于沸点低于 140 ℃ 的液体有机化合物的沸点测定和蒸馏操作中；空气冷凝管一般用于沸点高于 140 ℃ 的有机化合物的蒸馏；球形冷凝管一般用于回流反应，即有机化合物的合成装置中。

冷却水由冷凝管下口流入，上口流出（与蒸气流向相反）。实验开始时先通水再加热，结束时先停止加热再关上水，溶液不可蒸干。

4. 承接管及接收瓶

承接管将冷凝液导入接收瓶中。常压蒸馏选用锥形瓶为接收瓶，减压蒸馏选用圆底烧瓶为接收瓶。

5. 热源的选择

一般沸点低于 80 ℃ 的蒸馏采用水浴加热，可将烧瓶浸入水浴中，水浴的液面应略高于烧瓶内被蒸物质的液面，勿使烧瓶底触及水浴锅底，保持浴温不超过蒸馏物沸点 20 ℃。这样可避免局部过热及液体的暴沸，而且可使蒸汽的气泡，不但从烧瓶的底部上升，也可沿着烧瓶的边沿上升，使液体平稳沸腾。

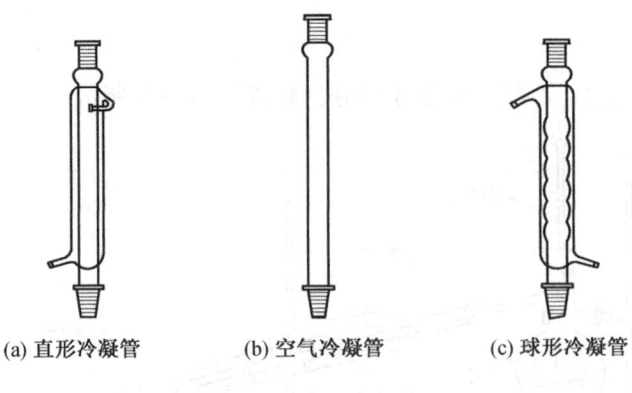

(a) 直形冷凝管　　(b) 空气冷凝管　　(c) 球形冷凝管

图 3-9　常用冷凝管

六、酒精灯的使用

酒精灯是以酒精为燃料的加热工具，沸点高于 80 ℃ 的蒸馏一般采用酒精灯加热。酒精灯的加热温度为 400~500 ℃，适用于温度无须太高的实验，特别是在没有煤气设备时经常使用。

1. 组成

酒精灯由灯体、灯帽、灯芯座和灯芯等组成（图 3-10）。

2. 酒精灯火焰的构成

正常使用的酒精灯火焰应分为焰心、内焰和外焰 3 部分。最外层火焰温度最高，称为外焰；第 2 层火焰温度较低，称为内焰；最里层火焰温度最低，称为焰心。所以，用酒精灯加热物体时要用外焰加热，物体在外焰处温度升高最快。

3. 酒精灯的使用注意事项

使用酒精灯时，先要检查灯芯，如果灯芯顶端不平或已烧焦，需要剪去少许，使其平整。然后检查灯壶里有无酒精，灯壶里酒精的体积应大于其容积的 1/4，少于其容积的 2/3。在使用酒精灯时，应注意：

（1）添加酒精时，应用漏斗添加酒精，绝对禁止向燃着的酒精灯内添加酒精（图 3-11）。

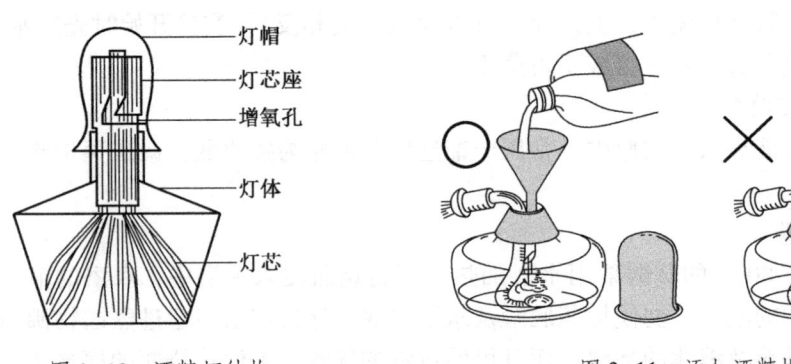

图 3-10　酒精灯结构　　　　　　图 3-11　添加酒精操作

(2) 绝对禁止用酒精灯引燃另一盏酒精灯,而应用燃着的火柴或木条来引燃(图3-12)。

图 3-12　点燃酒精灯的方法

(3) 用完酒精灯后,熄灭时要用酒精灯的灯帽去盖灭酒精灯,盖灭后再重复一次,避免以后使用时灯帽打不开。不可用嘴去吹灭酒精灯,否则可能将火焰沿灯颈压入灯内,引起着火或爆炸事故(图3-13)。

图 3-13　熄灭酒精灯的方法

(4) 不要碰倒酒精灯,万一洒出的酒精在桌上燃烧起来,不要惊慌,应立即用湿抹布扑盖。

(5) 在用酒精灯加热液体时,可以使用试管、烧瓶、烧杯、蒸发皿。在加热固体时,可用干燥的试管、蒸发皿等。有些仪器如集气瓶、量筒、漏斗等是不允许用酒精灯加热的。烧杯、烧瓶不可以直接放在酒精灯上加热,需要垫石棉网。

(6) 如果被加热的玻璃容器外壁有水,应在加热前先擦拭干净,然后加热,以免容器炸裂。

(7) 加热的时候,不要使玻璃容器的底部跟灯芯接触,也不要离得很远。距离过近或过远都会影响加热效果,烧得很热的玻璃容器不要立即用冷水冲洗,否则可能破裂,也不要立即放在实验台上,以免烫坏实验台。

(8) 给试管里的固体加热时,应先进行预热。预热的方法是:在火焰上来回移动试管,对于已固定的试管可移动酒精灯。待试管受热均匀后,再把火焰固定在试管中放固体的部位加热。

(9) 给试管里的液体加热,也要进行预热。同时注意液体体积最好不要超过试管体积的1/3。加热时,试管要倾斜一定角度(45°左右)。在加热时要不时地移动试管,以避免试管里的液体沸腾喷出伤人,加热时切不可将试管口朝着自己和有人的方向。试管夹应夹在试管的中上部,手应该握持试管夹的长柄部分,以免大拇指将短柄按下,造成试管脱落。

(10) 应特别注意在夹持时从试管底部向上套,撤除时也应该由试管底部撤出。

七、仪器安装

仪器安装顺序为：先下后上，先左后右，拆卸仪器与其相反。

（1）先将螺口接头与温度计连接好，插入蒸馏头，调节温度计位置，使温度计的水银球能完全被蒸气所包围，即水银球的上端应恰好位于蒸馏支管的底边所在的水平线上（图3-14）。

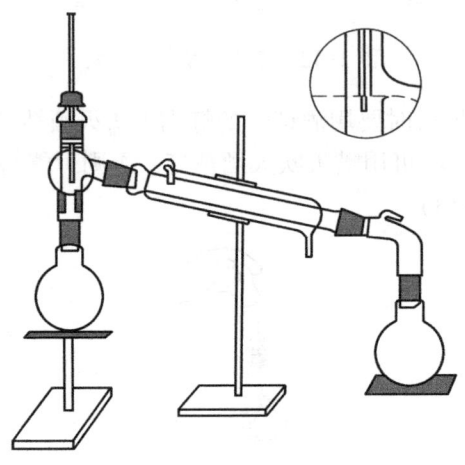

图 3-14　蒸馏操作温度计位置

（2）在铁架台上，首先根据热源固定好蒸馏烧瓶的位置，在装配其他仪器时，不宜再调整蒸馏烧瓶的位置。

（3）选一适宜的冷凝管，在另一铁架台上用铁夹夹住冷凝管的中上部分，调整铁架台和铁夹的位置，使冷凝管的中心线和蒸馏烧瓶支管的中心线呈一直线。蒸馏烧瓶的支管须伸入冷凝管扩大部分的 1/2 左右，铁夹应调节到正好为夹在冷凝管的中央部分。顺次连接其他仪器。

装配装置时，应注意以下几点：

（1）首先根据热源（加热夹套），选定好蒸馏烧瓶的高低位置，然后以它为基准，顺次连接其他仪器。

（2）装配严密，以防漏气。

（3）绝对不允许铁器和玻璃仪器接触，以防夹破仪器，所用铁夹必须用石棉布、橡皮等作它的衬垫。铁夹应该装在仪器的背面，夹在蒸馏烧瓶支管以上的位置和冷凝管的中央部分。常压下的蒸馏装置必须与大气相通。

（4）蒸馏装置安装好后应检查一次。从正面观察，蒸馏烧瓶支管应与冷凝管同轴，从侧面观察，整套装置应处于同一平面上。

（5）在同一实验桌上装配几套蒸馏装置且相互较近时，每两套装置的相对位置必须是蒸馏烧瓶对蒸馏烧瓶或是接收器对接收器；避免使一套装置的蒸馏烧瓶与另一套装置的接收器紧密相连，因为这样有着火的危险。

任务三　海带中提取碘

【任务分析】

通过从海带中提取碘,从而掌握萃取、过滤的操作及有关原理,了解从海带中提取碘的过程。技能操作成绩以常压过滤和萃取操作的考核细则为标准进行评分,塑造学生的工匠精神。

【实验实训】

一、实验仪器与药品

1. 仪器与设备

试管、烧杯（两只）、量筒、铁架台、漏斗、滤纸、玻璃棒、酒精灯、火柴、分液漏斗、石棉网、天平、镊子、剪刀、坩埚、坩埚钳、泥三角、玻璃棒、烧杯、胶头滴管。

2. 药品与材料

2 mol/L H_2SO_4 溶液、6% H_2O_2 溶液、CCl_4、淀粉溶液、蒸馏水、干海带、酒精、2 mol/L NaOH 溶液、45%硫酸。

二、实验原理

海带中含有碘化物,把干海带灼烧成灰烬,海带灰中的碘元素以碘离子的形式存在。利用 H_2O_2 可将 I^- 氧化成 I_2。

本实验先将干海带灼烧去除有机物,剩余物用 $H_2O_2-H_2SO_4$ 处理,使得 I^- 被氧化成 I_2。生成的 I_2 又与碱反应。如下：

$$2I^- + H_2O_2 + 2H^+ = I_2 + 2H_2O$$
$$3I_2 + 6NaOH = 5NaI + NaIO_3 + 3H_2O$$

三、实验步骤

1. 称取样品

称取 5 g 干海带,用刷子把海带表面的附着物（不要用水洗）刷去,用酒精润湿后,放在坩埚中。

2. 灼烧灰化

坩埚置于泥三角上,用酒精灯加热灼烧海带成灰,停止加热,自然冷却。灼烧灰化的过程大约需要 5~6 min,干海带逐渐变得更干燥、卷曲,最后变成黑色粉末或细小颗粒,期间还会产生大量白烟,并伴有焦糊味。

3. 溶解过滤

将海带灰烬转入小烧杯中并向小烧杯中加入约 15 mL 蒸馏水,煮沸 2~3 min,过滤,并用约 10 mL 蒸馏水洗涤沉淀得滤液。煮沸时固体未见明显溶解,过滤后得到淡黄色的清亮溶液。

4. 氧化及检验

在滤液中加入约 1~2 mL 的 2 mol/L H_2SO_4 溶液，再加入 3~5 mL 6% H_2O_2 溶液使溶液呈淡黄色。

取两支试管，加入 1 mL 混合液，滴加淀粉溶液检验碘单质的存在。

5. 萃取分液

将氧化检验后的余液转入分液漏斗中，加入 3 mL CCl_4，充分振荡，打开上口的塞子或将旋塞的凹槽对准上口的小孔，静置，待完全分层后，分液。

6. 反萃取

在碘的 CCl_4 溶液中逐滴加入适量 2 mol/L NaOH 溶液，边加边振荡，直至 CCl_4 层不显红色为止；将水层转移入小烧杯中，并滴加 45% 的硫酸酸化，可重新生成碘单质。过滤得到碘单质。

【考核标准】

过滤操作具体考核细则详见表 3-3，分液漏斗萃取或洗涤操作具体考核细则详见表 3-6。

表 3-6 考核细则（分液漏斗萃取或洗涤操作考核评分表）

考核项目及标准			分值	考核评价	
				扣分	得分
实验操作过程评价（共 50 分）	实验操作	1. 认真清洗分液漏斗	5		
		2. 规范检查活塞和玻璃塞是否漏水	5		
		3. 先把待洗涤溶液注入分液漏斗，再注入相应洗液	5		
		4. 用右手压住上口玻璃塞，左手握住活塞部分（与控制酸式滴定管活塞方法一致），反复倒转漏斗进行排气和振荡操作	10		
		5. 将分液漏斗静置等待分层	5		
		6. 分液时，将玻璃塞打开，打开活塞（与控制酸式滴定管活塞方法一致），将下层液体慢慢流出，放入烧杯，待下层液体流完后立即关闭活塞，从漏斗上端带出上层液体	15		
		7. 正确处置分出液体，将分液漏斗清洗干净	5		
成绩：					

【相关知识】

一、萃取

利用混合物中一种溶质在互不相溶的溶剂里溶解度的不同，把溶质从一种溶剂转移到另一种溶剂中，这种方法叫作萃取。

萃取剂选择的条件是：①溶质在萃取剂中的溶解度远大于在原溶剂中的溶解度；②萃取剂与原溶剂互不相溶；③萃取剂与溶质不反应。

二、分液漏斗

（一）分类

萃取一般用分液漏斗进行操作，常用的分液漏斗有圆球形、梨形和圆筒形 3 种，如图 3-15 所示。

(a) 圆球形　　(b) 梨形　　(c) 圆筒形

图 3-15　常用的分液漏斗

分液漏斗从圆球形到长的梨形，其漏斗越长，振摇后两相分层所需时间越长。因此，当两相密度相近时，采用圆球形分液漏斗较合适。对于少量或半微量操作，则经常选用容量小的圆筒形分液漏斗。由于整个分液漏斗呈圆筒状，细而长，因此不会因液体量少而看不到液层，有利于两相明显地分出有一定厚度的层次，便于操作。

（二）使用注意事项

1. 圆球形分液漏斗

使用前，玻璃活塞应涂薄层凡士林，但不可太多，以免阻塞流液孔。使用时，左手虎口顶住漏斗球，用拇指、食指转动活塞控制加液。此时玻璃活塞的小槽要与漏斗口侧面小孔对齐相通，才便于加液顺利进行。作加液器时，漏斗下端不能浸入液面下。

2. 梨形分液漏斗

（1）检查分液漏斗是否漏水。

（2）混合液体倒入分液漏斗中，将分液漏斗置于铁圈上静置。

（3）打开分液漏斗活塞，再打开旋塞，使下层液体（水）从分液漏斗下端放出，待油水界面与旋塞上口相切时即可关闭旋塞。

（4）把上层液体（油）从分液漏斗上口倒出。

注意：用分液漏斗进行萃取操作时：振荡时，活塞的小槽应与漏斗口侧面小孔错位封闭塞紧。分液时，下层液体从漏斗颈流出，上层液体要从漏斗口倾出。分液漏斗洗干净后把塞子拿出来，不要插在分液漏斗里面，尤其是要进烘箱前；长期不用分液漏斗时，应在活塞面加夹一纸条防止粘连，并用一橡筋套住活塞，以免失落。

（三）操作步骤

1. 检漏

在分液漏斗中注入少量的水，观察旋塞周围是否漏水。盖上活塞，倒置观察是否漏水，若不漏水，把活塞旋转 180°，再倒置观察是否漏水。

2. 取量

观察分液漏斗的规格。将要萃取的溶液和萃取剂依次从上口倒入分液漏斗中，其量不能超过漏斗体积的 2/3，塞好活塞。

3. 振荡（图 3-16）

图 3-16　分液漏斗的振荡

一手捏住漏斗上口颈部，并用食指压紧活塞，另一只手握住并控制旋塞，保证旋塞为关闭状态。将漏斗由外向里或由里向外旋转振荡 3~5 次，使两种不相混溶的液体尽可能充分混合。有机溶剂易挥发，振荡一段时间后可以保持姿势并打开旋塞放气，以免漏斗内气压过大。

4. 静置

将分液漏斗放在铁圈上静置，至液体清晰分层。

5. 分液（图 3-17）

（1）打开活塞或旋转带侧槽的玻璃塞，使侧槽对准上口径的小孔。

（2）控制旋塞使下层液体从漏斗下口放出，当下层液体恰好流尽时，关闭旋塞。

（3）上层液体从漏斗上口倒出。

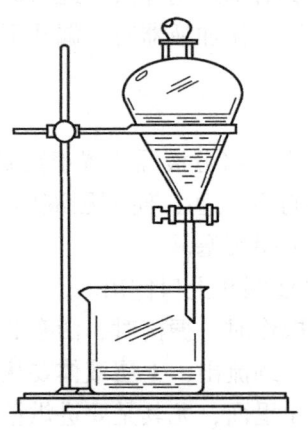

图 3-17　分液操作

项目四 实验室制备化合物技术

任务一 硫酸亚铁铵的制备

【任务分析】

化合物的制备与合成在化工、药物、材料科学等领域具有广泛的应用价值。化合物的制备与合成要依据原料与产品的组成、性质,选择合适的反应路线,并根据反应原理,选择恰当的实验条件。通过本实验,使学生了解复盐实验制备方法,进一步学习和掌握物质称量、过滤(常压、减压)、蒸发、浓缩、结晶等一些基本实验操作技能。以小组团队协作方式进行实验,培养学生的团队合作意识。技能操作成绩以称量、常压过滤和减压过滤的标准评分,塑造学生的工匠精神。

【实验实训】

一、实验仪器与药品

1. 仪器与用品

电子分析天平、四孔仪表恒温水浴锅、玻璃漏斗、布氏漏斗、吸滤瓶、25 mL 量筒、烧杯、漏斗架、滤纸。

2. 药品

还原性铁粉、硫酸溶液(3 mol/L)、硫酸铵、碳酸钠溶液(10%)。

二、实验原理

铁屑溶于稀 H_2SO_4 生成 $FeSO_4$:

$$Fe + H_2SO_4 =\!\!=\!\!= FeSO_4 + H_2\uparrow$$

等物质的量的 $FeSO_4$ 与 $(NH_4)_2SO_4$ 作用,能生成溶解度较小的硫酸亚铁铵,商品名称为莫尔盐,化学式为 $(NH_4)_2SO_4 \cdot FeSO_4 \cdot 6H_2O$。如下:

$$FeSO_4 + (NH_4)_2SO_4 + 6H_2O =\!\!=\!\!= (NH_4)_2SO_4 \cdot FeSO_4 \cdot 6H_2O$$

一般亚铁盐在空气中易被氧化,但形成复盐后就比较稳定,因此在定量分析中常用来配制亚铁离子的标准溶液。

三、实验步骤

1. 铁屑表面油污的去除

由机械加工得到的铁屑油污较多,可用碱煮的方法去除。称取 1.2000 g 铁屑,放于锥形瓶内,加入 10 mL 10% Na_2CO_3 溶液,小火加热 10 min,用倾析法倒掉碱液,并用蒸馏水把铁屑洗净。

2. 硫酸亚铁的制备

往盛有铁屑的锥形瓶中加入 15 mL H_2SO_4(3mol/L)溶液,放在水浴锅上加热(在通风橱中进行),并经常取出锥形瓶摇荡,适当补充水分,直至不再有气泡放出,趁热常压过滤,少量热水洗涤锥形瓶及漏斗上的残渣,抽干,将滤液转移至蒸发皿中。

3. 硫酸亚铁铵的制备

称取 2.2000 g $(NH_4)_2SO_4$ 固体,倒入上面制得的 $FeSO_4$ 溶液,用 H_2SO_4(3 mol/L)调节 pH=1~2。水浴蒸发,浓缩至表面出现晶膜为止。放置冷却,得浅绿色硫酸亚铁铵晶体。减压过滤除去母液,再用少量酒精洗去晶体表面的水分,抽干。将晶体取出,摊在两张吸水纸之间并轻压吸干。观察晶体的颜色和形状。

四、结果计算

先利用实际称量 $(NH_4)_2SO_4$ 固体质量计算产品的理论值,再称量产品重量,得到实验产品实际质量,计算回收率。

产品硫酸亚铁铵理论值:

$$m[(NH_4)_2SO_4 \cdot FeSO_4 \cdot 6H_2O] = \frac{m[(NH_4)_2SO_4]}{M[(NH_4)_2SO_4]} \times m[(NH_4)_2SO_4 \cdot FeSO_4 \cdot 6H_2O]$$

$$E = \frac{m_{硫酸亚铁铵-实际}}{m_{硫酸亚铁铵-理论}} \times 100\%$$

注意:

(1) 硫酸的浓度不宜过小或太大。浓度过小,反应慢;浓度太大,易产生 Fe^{3+}、SO_2,使溶液出现黄色,或形成块状黑色物。

(2) 实验中加入铁屑稍过量时,产品质量较好。

(3) 蒸发浓缩初期要搅拌,晶膜出现后停止搅拌,冷却后可结晶得到颗粒较大或块状的晶体,便于分离,产率高、质量好。

【考核标准】

称量操作具体考核细则详见表 2-6,常压过滤操作具体考核细则详见表 3-3,减压过滤操作具体考核细则详见表 3-4。

【相关知识】

一、硫酸亚铁铵

硫酸亚铁铵化学式为 $(NH_4)_2SO_4 \cdot FeSO_4 \cdot 6H_2O$,又名六水硫酸亚铁铵,俗名为莫尔盐、摩尔盐,简称 FAS,浅绿色晶体。其俗名来源于德国化学家莫尔(Karl Friedrich Mohr)。像这种由两种或两种以上的简单盐类组成的同晶型化合物,叫作复盐。莫尔盐是无机复盐,其易溶于水,不溶于乙醇,在空气中比硫酸亚铁稳定,有还原性。

在定量分析中,常用作标定重铬酸钾、高锰酸钾等溶液的标准物质及用来配制亚铁离子的标准溶液。在无机化学工业中,它是制取其他铁化合物的原料,如用于制造氧化铁系颜料、磁性材料、黄血盐和其他铁盐等。在制革工业中用于鞣革,在木材工业中用作防腐剂,在医药中用于治疗缺铁性贫血,在农业中施用于缺铁性土壤,在畜牧业中用作饲料添加剂等,可用作印染工业的媒染剂,可与鞣酸、没食子酸等混合后配置蓝黑墨水。还可以用于冶金、电镀等。

二、硫酸

浓硫酸，俗称坏水，化学式为 H_2SO_4，是一种具有强腐蚀性的强矿物酸。浓硫酸指质量分数大于或等于 70% 的硫酸溶液。在常压下，沸腾的浓硫酸可以腐蚀除铱和钌之外的所有金属（甚至包括金和铂），其能腐蚀的金属单质种类甚至超过了王水。硫酸在高浓度时具有强氧化性，这是它与稀硫酸最大的区别之一。同时它还具有脱水性、难挥发性、酸性、吸水性等。

发烟硫酸是无色或棕色、油状稠厚的发烟液体（棕色是因为其中含有少量铁离子），具有强烈的刺激性臭味，吸水性很强，与水可以任何比例混合，并放出大量稀释热。所以稀释浓硫酸时，应将浓硫酸沿容器壁慢慢注入水中，并不断用玻璃棒搅拌。

三、倾析法

固液分离常用的 3 种方法有倾析法、过滤法和离心分离法。如果沉淀的相对密度较大或晶体颗粒较大，静置后能较快沉降，常用倾析法分离和洗涤沉淀。操作时将沉淀上部的清液缓慢沿玻璃棒倾入另一容器中，如图 4-1 所示。在盛沉淀的容器中加入少量洗涤液（如蒸馏水），充分搅拌后静置，待沉淀沉降后倾去洗涤液，重复 2~3 次即可将沉淀洗净。

图 4-1 倾析法过滤

任务二 乙酸正丁酯的制备

【任务分析】

实验条件与反应的方向、速率和进行的程度等有很大的关系，因此要注意控制好物质制备与合成反应的条件。通过本实验，使学生了解乙酸正丁酯的制备方法，进一步学习和掌握物质蒸馏和回流、分液漏斗的使用等一些基本实验操作技能。以小组团队协作方式进行实验，培养学生的团队合作意识。技能操作成绩以蒸馏和回流的标准评分，塑造学生的工匠精神。

【实验实训】

一、实验仪器与药品

1. 仪器与用品

电热炉、圆底烧瓶（150 mL）、球形冷凝管、分水器、分液漏斗、玻璃棒、烧杯、锥形瓶、蒸馏头、尾接管、量筒（10 mL、100 mL）、200 ℃温度计、温度计套管。

2. 药品

正丁醇、冰醋酸、浓硫酸、碳酸钠溶液（10%）、无水硫酸镁。

二、实验原理

有机酸酯通常是由羧酸和醇在少量催化剂的作用下,进行酯化反应而制得。酯化反应一般是可逆的,并且反应极其缓慢,因而通常采用浓硫酸作为催化剂加快反应速度。如下:

$$CH_3COOH + CH_3CH_2CH_2CH_2OH \underset{}{\overset{浓 H_2SO_4}{\rightleftharpoons}} CH_3COOCH_2CH_2CH_2CH_3 + H_2O$$

本实验利用酯、酸和水形成二元或三元恒沸物,采取共沸蒸馏分水法,使生成的酯和水以共沸物形式逸出,冷凝后通过分水器分出水层,油层则回到反应器中,反应中所生成的水从体系中去除,以使平衡向正方向进行,从而提高产率,得到高产率的乙酸正丁酯。

三、实验步骤

(1) 在干燥的圆底烧瓶中依次加入 11.5 mL 正丁醇和 7.2 mL 冰醋酸,再加入 3~4 滴浓硫酸,加入沸石,混合均匀,装配分水器和球形冷凝管,量取 30 mL 蒸馏水,并在分水器中预先加蒸馏水,使水位低于支管口 2~3 mm。

(2) 开始加热回流,反应过程中将分水器中的水逐渐分去,保持分水器中水层的液面保持原来的高度,反应约 40 min 后不再有水生成,反应结束。

(3) 停止加热,记录分出的水量,稍冷后取下回流冷凝管,把分水器中分出的酯层和三口烧瓶中的反应液一起倒入分液漏斗中,用 10 mL 水洗涤,分去水层。

(4) 酯层用 10 mL 10% 碳酸钠溶液洗涤,并用 pH 试纸检查为中性,分去水层。

(5) 将酯层再用 10 mL 水洗涤一次,分去水层,然后将其倒入干燥的锥形瓶中,加入少量无水硫酸镁干燥至澄清。

(6) 将干燥后的乙酸正丁酯倒入干燥的圆底烧瓶中,加入沸石,安装好蒸馏装置,加热蒸馏。并收集 124~126 ℃的馏分,称量产物并计算产率。

四、结果计算

各化合物相关数据见表 4-1。

表 4-1 正丁醇、乙酸和乙酸正丁酯的相关数据

化合物	相对分子质量	密度/(g·cm^{-3})	沸点/℃	溶解度/100 g 水
正丁醇	74	0.80	118.0	9
乙酸	60	1.045	118.1	互溶
乙酸正丁酯	116	0.882	126.1	0.7

11.5 mL 正丁醇的物质的量 = 0.80×11.5÷74 = 0.124 mol

7.2 mL 乙酸的物质的量 = 1.045×7.2÷60 = 0.125 mol

$$CH_3COOH + CH_3CH_2CH_2CH_2OH \underset{}{\overset{浓 H_2SO_4}{\rightleftharpoons}} CH_3COOCH_2CH_2CH_2CH_3 + H_2O$$

根据化学反应方程式可知理论生产乙酸正丁酯的体积 $V_{乙酸正丁酯-理论} = 0.1250 \times 116 \div 0.882 = 16.4$ mL，则产率为

$$E = \frac{V_{乙酸正丁酯-实际}}{V_{乙酸正丁酯-理论}} \times 100\%$$

五、实验装置

乙酸正丁酯制备装置图及蒸馏装置图如图 4-2、图 4-3 所示。

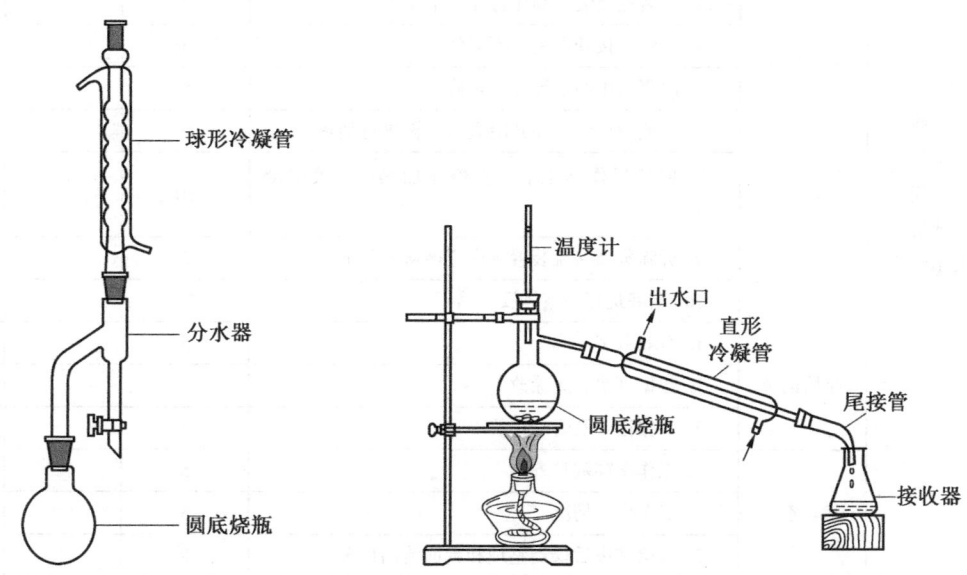

图 4-2　乙酸正丁酯制备装置图　　　图 4-3　乙酸正丁酯蒸馏装置图

注意：

（1）浓硫酸起催化剂作用，只需少量即可。

（2）当酯化反应进行到一定程度时，可连续蒸出乙酸正丁酯，正丁醇和水的三元共沸物（恒沸点 90.7 ℃），其回流液组成为：上层三者分别为 86%、11%、3%，下层分别为 19%、2%、97%。故分水时也不要分去太多的水，而以能让上层液溢流回圆底烧瓶继续反应为宜。

（3）本实验中不能用无水氯化钙为干燥剂，因为它与产品能形成络合物而影响产率。

（4）反应完成的判断可依据下面两种现象：一是分水器中不再有水珠下沉；二是从分水器中分出的水量达到理论分水量，可以粗略地估计酯化反应完成的纯，即可认为反应完成。

（5）洗涤操作时，注意分液漏斗的正确操作方法。

【考核标准】

蒸馏操作具体考核细则详见表 3-5，回馏操作具体考核细则详见表 4-2。

表 4-2 考核细则（回馏操作考核评分表）

考核项目及标准			分值	考核评价	
				扣分	得分
实验操作过程评价（共100分）	实验操作	1. 认真清洗回流操作所用仪器	5		
		2. 量取药品时选择合适体积的量筒	5		
		3. 使用量筒读数时视线与液体凹液面最低处水平	5		
		4. 安装蒸馏装置顺序遵循从下至上	10		
		5. 装置连接处严密，不漏气	10		
		6. 冷凝管中的水流方向正确	5		
		7. 回流操作时，加开冷凝水，再进行加热	5		
		8. 回流操作结束后，先停止加热，再关闭冷凝水	10		
		9. 拆除蒸馏回流装置顺序遵循从上至下	5		
		10. 圆底烧瓶内液体没有蒸干	10		
	原始记录	1. 有效数字正确	5		
		2. 数据真实、无涂改	5		
		3. 数据记录及时、正确	5		
	基本素养	1. 工作服穿戴整齐	5		
		2. 安全操作情况	5		
		3. 实验结束后仪器整理和台面清洁情况	5		
成绩：					

【相关知识】

一、酯

1. 酯化反应

羧酸与醇在少量酸性催化剂（如浓硫酸）存在下，加热，脱水生成酯，这个反应叫酯化反应。常用的酸性催化剂有浓硫酸、磷酸等质子酸，也可用固体超强酸及沸石分子筛等。酯是羧酸的衍生物，所以也叫羧酸酯。酯的命名是根据形成它的羧酸和醇或酚的名称来命名，称为"某酸某酯"。如下：

$$CH_3-\overset{O}{\underset{\|}{C}}-OCH_3 \qquad CH_3-\overset{O}{\underset{\|}{C}}-O-CH_2CH_3 \qquad C_6H_5-\overset{O}{\underset{\|}{C}}-OCH_3$$

乙酸甲酯　　　　　　　乙酸乙酯　　　　　　　苯甲酸甲酯

（1）酯的密度比水小。

（2）低级酯在水中有一定的溶解度，高级酯都难溶于水或不溶于水。各种酯都易溶于有机溶剂，低级酯本身就是良好的溶剂。

2. 酯的化学性质

水解和醇解都是酯的重要化学性质。

（1）水解。酯在加热并在酸或碱催化下均能发生水解反应。其中在酸性条件下发生水解反应时，酯化反应的逆反应为不完全反应，生成羧酸和醇；在碱性条件下水解可以彻底反应，生成盐和醇。如下：

$$CH_3COOC_2H_5 + H_2O \xrightleftharpoons[\Delta]{浓\ H_2SO_4} CH_3COOH + HOC_2H_5$$

$$CH_3COOC_2H_5 + NaOH \xrightarrow{\Delta} CH_3COONa + C_2H_5OH$$

（2）醇解。酯在无水 HCl、浓 H_2SO_4 或醇钠的催化下发生为可逆反应的醇解反应，醇分子的烷氧基和酯的烷氧基进行了交换，生成新的酯和醇。所以酯的醇解反应又叫酯交换反应。如下：

$$CH_3COOC_2H_5 + CH_3OH \xrightleftharpoons[\Delta]{浓\ H_2SO_4} CH_3COOCH_3 + C_2H_5OH$$

（3）氨解。酯能和 NH_3 反应生成酰胺。如下：

$$CH_3-CO-OC_2H_5 + H-NH_2 \longrightarrow CH_2-CO-NH_2 + C_2H_5OH$$
乙酰胺

3. 乙酸正丁酯

乙酸正丁酯（分子式为 $CH_3COOC_4H_9$）为无色透明液体，有水果香味，沸点为 126 ℃。能与醇、醚、酮等有机溶剂混溶，易燃。乙酸正丁酯是一种优良的有机溶剂，广泛用于硝化纤维清漆中，在人造革、织物及塑料加工过程中用作溶剂，也用于香料工业以及用作分析试剂、色谱分析标准物质和溶剂。

二、共沸蒸馏技术

1. 原理

在共沸混合物中加入第3种组分，该组分与原混合物中的一种或两种组分形成比原来组分和原来共沸物沸点更低的、新的具有最低沸点的共沸物，使组分间的相对挥发度增大，易于用蒸馏的方法分离，这种分离方法称为共沸蒸馏。加入的第3种组分称为恒沸剂或夹带剂。

2. 应用

在实验室中，常用共沸蒸馏的方法及时除去反应生成物之一的水，从而使反应能够顺利进行，这是共沸蒸馏最为典型的应用，如乙酸正丁酯、正丁醚、苯甲酸乙酯的制备等。图 4-2 是实验室常用的共沸蒸馏装置，它是在圆底烧瓶和球形冷凝管（回流冷凝管）之间增加了一根分水器。这种装置的最大优点是一边进行回流反应，一边把反应中生成的水及时从体系中移走，既保证了反应的连续性，也促进了反应平衡向右移动，提高了反应的产率。常用的恒沸剂有苯、甲苯、二甲苯、三氯甲烷、环己烷等，不同的恒沸剂携带水的能力不同，可根据具体情况选用不同的恒沸剂。工业上常用苯作为恒沸剂进行共沸蒸馏制取无水乙醇。

三、回流操作

1. 原理和意义

回流操作的基本原理如下：

液体 —加热至沸→ 蒸气 —冷却凝结→ 液体

意义：保证有机反应进行完全，防止反应物、产物或溶剂挥发逸出体系。

2. 回流装置

蒸馏装置一般采用直形冷凝管，要求蒸馏物质的沸点在 140 ℃ 以下时，要在夹套内通水冷却。回流装置一般采用球形冷凝管。其内管的冷却面积较大，对蒸气的冷凝有较好的效果，适用于加热回流的实验（图 4-4）。

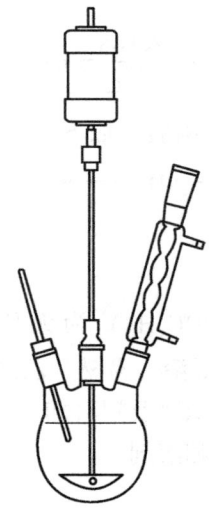

图 4-4 回流装置

3. 回流操作的注意事项

（1）注意搅拌密封装置的安装。

（2）搅拌棒和搅拌电机的轴应保持在同一垂直线上，保证搅拌的平稳。

（3）搅拌器距瓶底 5 mm，防止与温度计接触。

（4）转速控制。一般先手转，后低速转，确认无碰撞后再按需要速度旋转搅拌。

（5）温度控制。一般不能使回流时产生的气圈超过球形冷凝管的两个球，防止气体来不及冷凝而挥发。

（6）根据实验需要可添加干燥装置、气体吸收装置、液体滴加装置等。

项目五 化学反应速率和化学平衡

任务一 化学反应速率的测定

【任务分析】

化学反应速率是衡量化学反应快慢的物理量。不同的化学反应进行的快慢不一样，有的化学反应进行得很快，比如氢气的燃烧、酸碱中和反应、炸药的爆炸甚至是瞬间完成；有的化学反应却进行得很慢，比如岩石的风化、金属的锈蚀，需要长年累月才能观察到变化；而煤炭、石油的形成，则需要经过几十万年的变化才能实现。

测定过二硫酸铵与碘化钾反应的平均反应速率，通过改变反应物的浓度、体系温度和有无催化剂，计算其化学反应速率，来理解浓度、温度和催化剂对化学反应速率的影响。使学生掌握化学反应速率的有关理论，可通过改变反应条件控制反应速率。

【实验实训】

1. 实验步骤

（1）配制 250.00 mL 0.20 mol/L $(NH_4)_2S_2O_8$ 溶液和 250.00 mL 0.010 mol/L $Na_2S_2O_3$。

（2）在室温下用 3 个量筒分别准确量取 20.00 mL 0.20 mol/L KI 溶液、8.00 mL 0.010 mol/L $Na_2S_2O_3$ 溶液和 2.00 mL 0.2% 淀粉溶液，一并倒入烧杯中（烧杯尽可能干燥）。再用一个量筒取 20.00 mL 0.20 mol/L $(NH_4)_2S_2O_8$ 溶液，迅速倒入烧杯中，同时按动秒表，不断搅动。当溶液刚出现蓝色时，立即停表，记录反应时间和室温。用同样的方法按表 5-1 的用量进行另外 4 次实验，观察现象并记录时间，完成相应的化学反应速率计算并进行比较，得到浓度对速率影响的相关结论。

（3）按表 5-1 中实验Ⅳ的用量，把 KI、$Na_2S_2O_3$、$(NH_4)_2SO_4$、KNO_3 和淀粉溶液倒入 100 mL 烧杯中，把 $(NH_4)_2S_2O_8$ 溶液倒入另一个小烧杯中，然后将它们同时放入热水浴中加热。待试液的温度比室温高 10 ℃时，将 $(NH_4)_2S_2O_8$ 溶液迅速倒入盛有 $Na_2S_2O_3$ 等温溶液的烧杯中，同时计时并不断搅拌，当溶液刚出现蓝色时，记录反应时间。利用热水浴使待测液比室温高 20 ℃的条件下，重复上述实验，观察现象并记录反应时间。将这两次数据和实验Ⅳ的实验数据填入表 5-2 中进行数据处理，完成相应的化学反应速率计算并进行比较，得到温度对速率影响的相关结论。

（4）按表 5-1 中实验Ⅳ的用量，把 KI、$Na_2S_2O_3$、$(NH_4)_2SO_4$、KNO_3 和淀粉溶液倒入 100 mL 烧杯中，再加入 2 滴 0.020 mol/L $Cu(NO_3)_2$ 溶液，搅匀，然后迅速加入 $(NH_4)_2S_2O_8$ 溶液，搅动，观察现象并记录时间，将数据填入表 5-3 中，与不加 $Cu(NO_3)_2$ 试剂的反应速率比较反应时间，得到催化剂对速率影响的相关结论。

2. 数据处理

化学反应速率是以单位时间内反应物浓度或生成物浓度的改变来计算的。例如，在水溶液中过二硫酸铵与碘化钾反应的离子方程式为

表5-1 浓度对反应速率的影响

	实验编号	I	II	III	IV	V
试剂用量/mL	0.20 mol/L $(NH_4)_2S_2O_8$	5.0	10.0	20.0	20.0	20.0
	0.20 mol/L KI	20.0	20.0	20.0	10.0	5.0
	0.010 mol/L $Na_2S_2O_3$	8.0	8.0	8.0	8.0	8.0
	0.2% 淀粉溶液	2.0	2.0	2.0	2.0	2.0
	0.20 mol/L KNO_3	0	0	0	10.0	15.0
	0.20 mol/L $(NH_4)_2SO_4$	15.0	10.0	0	0	0
混合液中各反应物起始	$c[(NH_4)_2S_2O_8]/(mol \cdot L^{-1})$					
	$c(KI)/(mol \cdot L^{-1})$					
	$c(Na_2S_2O_3)/(mol \cdot L^{-1})$					
$c[(NH_4)_2S_2O_8]/(mol \cdot L^{-1})$						
反应时间 $\Delta t/s$						
平均反应速率 $v/(mol \cdot L^{-1} \cdot s^{-1})$						

表5-2 温度对化学反应速率的影响

实验编号	IV	VI	VII
反应温度 $T/℃$			
反应时间 $\Delta t/s$			
平均反应速率 $v/(mol \cdot L^{-1} \cdot s^{-1})$			

表5-3 催化剂对化学反应速率的影响

实验编号	IV	VIII
有无催化剂	无	有
反应时间 $\Delta t/s$		
平均反应速率 $v/(mol \cdot L^{-1} \cdot s^{-1})$		

$$S_2O_8^{2-} + 3I^- = 2SO_4^{2-} + I_3^-$$

对 $S_2O_8^{2-}$ 离子的反应速度 $v = -\Delta c(S_2O_8^{2-})/\Delta t$。

为了测定过二硫酸根浓度的改变量 $\Delta c(S_2O_8^{2-})$，在混合 $(NH_4)_2S_2O_8$ 溶液与 KI 溶液时，以淀粉为指示剂，同时加入一定体积已知浓度的 $Na_2S_2O_3$ 溶液，这样，在 $S_2O_8^{2-}$ 和 I^- 进行反应的同时，也进行如下反应：

$$2S_2O_3^{2-} + I_3^- = S_4O_6^{2-} + 3I^-$$

反应 $S_2O_3^{2-}$ 和 I_3^- 进行得很快，几乎瞬间完成，而 $S_2O_8^{2-}$ 和 I^- 生成的 I_3^- 离子立即与 $S_2O_3^{2-}$ 反应生成 $S_4O_6^{2-}$ 和 I^-，而不会使淀粉变蓝。但当 $Na_2S_2O_3$ 反应完毕后，生成的 I_3^- 就与淀粉作用而呈蓝色。

从上述反应式可以看出，$S_2O_8^{2-}$ 浓度减少的量总是等于 $S_2O_3^{2-}$ 减少量的一半，即 $\Delta c(S_2O_8^{2-}) = \Delta c(S_2O_3^{2-})/2$。所以 $S_2O_8^{2-}$ 在 Δt 时间内的变化量可由 $S_2O_3^{2-}$ 的变化量求出，进而

求出平均反应速率 $\bar{v}$。即 $\bar{v}=\Delta c(S_2O_8^{2-})/\Delta t=\Delta c(S_2O_3^{2-})/2\Delta t$。

【相关知识】

一、化学反应速率表示法

（1）定义：通常以单位时间内反应物浓度的减少或生成物浓度的增加来表示。根据时间的长短，单位时间可用 s、min、hr、day、year 等来表示，它由反应的快慢而定。反应速率（v）后用括号注明所选物质。以反应 $2N_2O_5 \longrightarrow 4NO_2+O_2$ 为例，化学平均反应速率可以表示成 $\bar{v}(N_2O_5)=-\Delta c(N_2O_5)/\Delta t$ 或者 $v(NO_2)=-\Delta c(NO_2)/\Delta t$。

（2）单位：mol/(L·s)、mol/(L·min) 或者 mol/(L·h)。

（3）平均速率：$\bar{v}=-\Delta c(反应物)/\Delta t$ 或 $\bar{v}=\Delta c(生成物)/\Delta t$。

（4）瞬时速率：$\lim\limits_{\Delta t \to 0}\{-\Delta[反应物]/\Delta t\}=-d[反应物]/dt$。

对于一般反应而言，$aA+bB \longrightarrow gG+hH$。

用方程式中的反应物和生成物中任何一种表示均可。实际上采用其中较易观察或测定者，如放出气体、自身颜色的变化、使指示剂变色等物质的浓度变化，来表示该反应的速率。

【例 5-1】 反应 N_2 + $3H_2$ $\rightleftharpoons$ $2NH_3$

始时浓度	1.0 mol/L	3.0 mol/L	0
t 时浓度	0.6 mol/L	1.8 mol/L	0.8 mol/L
减（增）浓度	0.4 mol/L	1.2 mol/L	0.8 mol/L

若 $t=2$ min，反应速率分别表示为

$$\bar{v}(N_2)=-\frac{\Delta c(N_2)}{\Delta t}=-\frac{1.0-0.6}{2}=0.2 \text{ mol/(L·s)}$$

$$\bar{v}(H_2)=-\frac{\Delta c(H_2)}{\Delta t}=-\frac{1.8-3.0}{2}=0.6 \text{ mol/(L·s)}$$

$$\bar{v}(NH_3)=\frac{\Delta c(NH_3)}{\Delta t}=\frac{0.8-0}{2}=0.4 \text{ mol/(L·s)}$$

上述结果表明，反应速率不可能是负值，同一反应，不同物质的浓度变化表示的反应速率数值不同，但意义一样。并且，不同物质的浓度变化表示的反应速率的比值，与反应方程式中各物质的系数的比值相同。

二、化学反应速率理论

1. 活化能

通常把化学反应所需要的临界能量（E_c）与一般分子的平均能量（$E_平$）之差称为活化能（E_a）。即 $E_a=E_c-E_平$。

活化能的定义到目前为止有两种：

（1）路易斯（Lewis）定义：能够进行化学反应的活化反应物所具有的最低能量称为"临界能量"，所以他把"具有完成化学反应最小的、必需的能量，称为活化能"。

（2）托尔曼（Tolman）定义：活化能是活化分子的平均能量与全部反应物分子的平

均能量之差。

在一定的温度下,每个反应都有特定的活化能。反应的活化能越大,反应速率越慢;反应的活化能越小,反应速率越快。

2. 活化分子

凡能量高于临界能量的反应物分子,称为活化分子。随着温度的升高,活化分子分数增加;对于不同的反应,临界能量(E_c)不同,含有的活化分子分数也不同。

3. 有效碰撞

粒子之间碰撞数目的计算表明:粒子之间碰撞频率是格外地高,在 STP 下,含 1 mol A 和 1 mol B 的气态混合物中,A 和 B 之间分子的碰撞数目达 10^{30} 次/s。如果 A 与 B 之间的每一次碰撞都能导致化学反应的话,那么反应会在极短的时间内完成。正因为许多碰撞不是活化分子之间的碰撞,是属于无效的碰撞,即使活化分子之间的碰撞也有"无效"碰撞,所以在不同温度下,同一个化学反应也会有不同的反应速率。我们把能发生化学反应的碰撞,称为有效碰撞。即能发生反应的碰撞成为有效碰撞。

发生有效碰撞须具有两个条件,一是反应物分子须具有足够的能量;二是分子相互碰撞时,须有合适的方向性。

三、化学反应速率的影响因素

1. 浓度对化学反应速率的影响

(1) 反应速率与浓度的关系可通过实验来测定。实验中发现,对于一步完成的简单反应,如 $a\mathrm{A}+b\mathrm{B} \rightleftharpoons e\mathrm{E}+f\mathrm{F}$,反应物浓度与反应速率呈如下函数关系:

$$v=kc^{a}(\mathrm{A})c^{b}(\mathrm{B}) \tag{5-1}$$

式中 v——反应速率;

k——反应速率常数;

a——反应物 A 的反应级数;

b——反应物 B 的反应级数;

$c(\mathrm{A})$——反应物 A 的浓度;

$c(\mathrm{B})$——反应物 B 的浓度。

对于一步完成的反应,即基元反应(elementary reactions),其反应级数才等于此步骤中该反应物的系数的代数和。

反应速率常数 k 不随浓度改变而改变,但受温度的影响,通常温度升高,反应速率常数 k 会增大。在温度恒定的情况下,增加反应物浓度,单位体积内活化分子数目增多,增加了单位时间内反应物分子有效碰撞的频率,从而导致化学反应速率加快。

(2) 质量作用定律的数学表达式中,不包括固态和纯液态反应物。对于多步才能完成的反应,反应速率只取决于所有步骤中最慢的一步。

【例 5-2】 反应 $C_2H_4Br_2 + 3KI \longrightarrow C_2H_4 + 2KBr + KI_3$ 的实际反应步骤。

$$C_2H_4Br_2 + KI \longrightarrow C_2H_4 + KBr + I + Br \quad (\text{slow})$$

$$KI + I + Br \longrightarrow 2I + KBr \quad (\text{fast})$$

$$KI + 2I \longrightarrow KI_3 \quad (\text{fast})$$

$$v = kc(C_2H_4Br_2)\,c(KI)$$

所以一个反应的反应级数必须通过实验来确定。

2. 压强对化学反应速率的影响（仅适用于有气体参加的反应）

压强对化学反应速率的影响，从本质上说，与浓度对化学反应速率的影响一致。对于有气体参加的反应来说，当温度一定时，增大压强，可增大化学反应速率；减少压强，化学反应速率也减小。如果参加反应的各种物质是固体、液体和溶液时，改变压强对它们的化学反应速率无影响。

3. 温度对化学反应速率的影响

根据许多实验事实，总结出一条近似的经验规则：温度每升高10 ℃，反应速率大约增大 2~4 倍，即 $k_{t+10}/k_t = 2 \sim 4$。这是范特霍夫（Van't Hoff）归纳出来的一个近似的经验规律，有时又称为范特霍夫规则（Van't Hoff's rule）。

4. 催化剂对化学反应速率的影响

升高温度虽然能加快反应速率，但高温有时会给反应带来不利的影响。例如有的反应在高温下会发生副反应，有的反应产物在高温下会分解等。人们通过使用催化剂选择新的反应途径，以达到降低反应的活化能，进而加快反应速率。可见催化剂在现代化工业中具有重要的地位和作用。有的催化剂能加快化学反应速率，叫正催化剂；有的催化剂能减慢化学反应速率，叫负催化剂。在实践中，如没有特殊说明，凡说催化剂都是指正催化剂。催化剂中毒：催化剂的催化性能往往因接触少量的杂质而明显下降甚至遭破坏，这种现象叫催化剂中毒。

任务二　醋酸解离度和解离常数的测定

【任务分析】

化学反应可分为可逆反应和不可逆反应。不可逆反应是在一定条件下，向一个方向几乎能进行完全的反应。实际上，大多数化学反应为可逆反应。化学平衡讨论的是化学反应进行的程度问题，要求学生了解掌握化学平衡的有关理论，可通过改变反应条件，调节反应进行的程度。

本次任务分析 4 种不同浓度 HAc 溶液的解离度和解离常数。通过测定 4 种不同浓度 HAc 溶液的 pH 和浓度，来计算分析 4 种不同浓度 HAc 溶液的解离度和解离常数，从而掌握化学平衡常数的表达方式、计算和解离度的计算，理解化学平衡移动规律。以小组团队协作方式进行实验，培养学生的团队合作意识。技能操作成绩以移取、配制溶液和滴定操作及酸度计的考核细则为标准进行评分，塑造学生的工匠精神。

【实验实训】

一、酸度计操作程序

1. 用前准备工作

初次使用时，由于电极传感器比较干燥，可能会影响仪器的测量精度，因此先将电极浸泡在 3 mol/L 氯化钾溶液中 2 h，使用前要通电预热 30 min。

2. 用标准缓冲溶液校准仪器

剪开封口，将 pH＝4.00 标准缓冲试剂（邻苯二甲酸氢钾）倒入烧杯中，校准仪器，后用 pH=7.00、pH=10.00 标准缓冲溶液校准仪器,方法同上。

3. 电极清洗

每次从一个溶液置入另一个溶液前,电极都需要在去离子水中清洗一次并用滤纸吸干电极上的水珠,保持电极探头的洁净。清洗方法是:将电极测量头浸入去离子水中来回晃动数次或用洗瓶冲洗电极探头,再用滤纸吸干水珠。

4. 测量 pH 值操作

测定时将电极插入装有被测水样的烧杯中。测量完毕后,取出复合电极,用蒸馏水淋洗电极,套上复合电极帽并关闭电源。

二、实验操作过程

(1) 醋酸溶液浓度的标定。用移液管移取 3 份 10.00 mL HAc 溶液,分别注入 3 个锥形瓶中,各加 2~3 滴酚酞。分别用 0.1 mol/L NaOH 溶液滴定至溶液刚出现粉红色,轻轻摇荡后 30 s 不褪色为止。记下滴定前和滴定后碱式滴定管读数,算出醋酸溶液的精确浓度。公式为

$$c(HAc) \cdot V(HAc) = c(NaOH) \cdot V(NaOH)$$

(2) 配制不同浓度的 HAc 溶液。用移液管或吸量管分别量取 2.50 mL、5.00 mL、25.00 mL 已标定的 HAc 溶液于 50 mL 的容量瓶中,再用蒸馏水稀释至刻度摇匀,并计算出这三份 HAc 溶液的准确溶度。

(3) 不同浓度 HAc 溶液的 pH 值测定。在 4 个干燥的 50 mL 烧杯中(编号为 1、2、3、4),分别取 20.00 mL 左右上述 3 种浓度的溶液及一份未稀释的醋酸溶液,用酸度计分别测定上述各种浓度的 HAc 溶液的 pH 值,并记录每份溶液的 pH 值。

(4) 根据公式计算 4 种浓度 HAc 溶液的解离度和解离常数。

三、数据记录

数据记入表 5-4、表 5-5。

表 5-4 HAc 溶液的标定

溶液名称			检测人		
标准溶液及其浓度			审核人		
温度校正系数			检测日期		
水温/℃			指示剂		
记录项目		Ⅰ	Ⅱ	Ⅲ	Ⅳ
HAc 溶液的用量/mL					
滴定管	滴定前滴定管内的溶液体积/mL				
	滴定后滴定管内的溶液体积/mL				
	实际滴定溶液体积/mL				

表 5-4（续）

记录项目		I	II	III	IV
空白	V_0/mL				
体积校正	溶液温度校正值/mL				
	体积校正值/mL				
	实际体积/mL				
结果计算	计算公式				
	c_{HAc}/(mol·L^{-1})				
	平均值/(mol·L^{-1})				
	相对标准偏差/%				
	规定相对标准偏差	≤0.2%	本次测定偏差是否符合要求		

表 5-5 不同浓度 HAc 溶液的 pH 值、解离度（α）和解离常数（K）的测定值

编号	V_{HAc}	c_{HAc}	pH	[H$^+$]	α=[H$^+$]/c	$K=c\alpha^2$	
						测定值	平均值
1	2.50						
2	5.00						
3	25.00						
4	原液						

四、数据处理

醋酸是一元弱酸，在水溶液中存在着下列平衡：

$$HAc(aq) \rightleftharpoons H^+(aq) + Ac^-(aq)$$

开始浓度/(mol·L^{-1})　　　1　　　0　　　0
平衡浓度/(mol·L^{-1})　　$c-c\alpha$　　$c\alpha$　　$c\alpha$

α 为醋酸的解离度：

$$\alpha = \frac{\text{已电离的电解质分子数}}{\text{溶液中原有电解质的分子总数}} \times 100\% = \frac{c(H^+)}{c} \times 100\%$$

在一定温度时，用 pH 计测定一系列已知浓度的醋酸的 pH 值，再按 pH=$-\lg c(H^+)$ 求出 $c(H^+)$。c 为滴定分析的结果。

其解离常数表达式为

$$c/K_a^\theta > 400 \text{ 时，} 1-\alpha \approx 1$$

$$K_a^\theta = \frac{c(H^+)c(Ac^-)}{c(HAc)} = \frac{c(H^+)c(Ac^-)}{c-c(H^+)} = \frac{c\alpha \times c\alpha}{c-c\alpha} \times 100\% = c\alpha^2$$

即可求得一系列 HAc 的 α 值和 K_a^θ 值，取其平均值即为在该温度下 HAc 的解离常数。

【考核标准】

溶液配制操作具体考核细则详见表 2-10，移取溶液操作具体考核细则详见表 2-11，

滴定管操作具体考核细则详见表 2-12，酸度计操作具体考核细则详见表 5-6。

表 5-6 考核细则（酸度计操作考核评分表）

考核项目及标准		分值	考核评价	
			扣分	得分
实验操作过程评价（共70分）	实验操作	1. 清洗酸度计电极的操作规范	5		
		2. 校准酸度计的操作规范	5		
		3. 测定溶液 pH 的操作规范	5		
		4. 会维护酸度计	5		
	原始记录	1. 规范填写数据记录表	5		
		2. 数据真实、无涂改	5		
		3. 有效数字位数正确	5		
	数据处理	1. 计算公式正确	5		
		2. 计算过程正确	5		
		3. 计算结果正确	5		
		4. 有效数字正确	5		
	实验结果	1. 平行测定偏差小于 0.2%	5		
		2. 结果准确度在允许范围内	10		
成绩：				

【相关知识】

一、可逆反应

仅有少数的化学反应其反应物能全部转变为生成物，亦即反应能进行到底。例如：

$$Ag^+ + Cl^- \longrightarrow AgCl \downarrow$$
$$2KClO_3 \longrightarrow 2KCl + 3O_2 \uparrow$$

在同一条件下，既能向正反应方向又能向逆反应方向进行的反应，称为可逆反应。例如：

合成氨反应 $\quad N_2(g) + 3H_2(g) \rightleftharpoons 2NH_3(g)$

二、化学平衡

对于一可逆反应，在一定条件下，当正、逆反应速率相等时，反应体系中各物质浓度或分压不再随时间而改变，这种状态称为化学平衡（图 5-1）。例如反应 N_2O_4（无色）$\rightleftharpoons 2NO_2$（红棕色），将纯无色 N_2O_4 气体通入温度为 373 K 且体积为 1 L 的真空容器中，片刻后出现红棕色，这是 NO_2 生成的标志，最后容器内气体颜色深度不变，容器内已处于平衡状态。化学平衡具有以下特点：

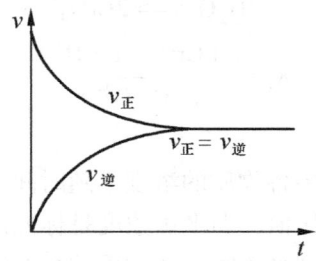

图 5-1 可逆反应的反应速率变化示意图

（1）化学平衡最主要的特征是可逆反应的正、逆反应速率相等。可逆反应达到平衡后，只要外界条件不变，反应体系中各物质的量不随时间而变。

（2）化学平衡是一种动态平衡。反应体系达到平衡后，实际上反应并没有终止，正反应和逆反应始终在进行着，只是由于单位时间内各物质（生成物和反应物）的生成量和消耗量相等，从而使各物质的浓度都保持不变，反应物与生成物处于动态平衡。

（3）化学平衡是有条件的。化学平衡只能在一定的外界条件下才能保持，当外界条件改变时，原平衡就会被破坏，随后在新的条件下建立起新的平衡。

（4）化学平衡可双向达到。由于反应是可逆的，因而化学平衡既可以由反应物开始达到平衡，也可以由产物开始达到平衡。

三、化学平衡常数表达式

1. 化学平衡常数

任何可逆反应，不管反应的始态如何，在一定温度下达到平衡时，各生成物平衡浓度幂的乘积与反应物平衡浓度幂的乘积的比值是一个常数。以浓度表示的称为浓度平衡常数（K_c），以分压表示的称为压力平衡常数（K_p）。

例如对于一般的可逆反应：

$$cC + dD \rightleftharpoons yY + zZ$$

如反应是在溶液中进行，则平衡常数为

$$K_c = \frac{c^y(Y) \cdot c^z(Z)}{c^c(C) \cdot c^d(D)}$$

若反应物与生成物均为气体，则平衡常数为

$$K_p = \frac{P^y(Y) \cdot P^z(Z)}{P^c(C) \cdot P^d(D)}$$

平衡常数是表明化学反应限度的一种特征值。平衡常数越大，表示正反应进行得越完全。平衡常数值与温度及反应式的书写形式有关，但不随浓度、压力而变。

2. 书写化学平衡常数关系式的规则

（1）如果反应中有固体和纯液体参加，它们的浓度不应写在平衡关系式中：

$$CaCO_3(s) \rightleftharpoons CaO(s) + CO_2(g)$$

$$K_c = c(CO_2)$$

（2）稀溶液中进行的反应，如有水参加，水的浓度也不必写在平衡关系式中：

$$Cr_2O_7^{2-} + H_2O \rightleftharpoons 2CrO_4^{2-} + 2H^+$$

$$K_c = \frac{c^2(CrO_4^{2-})c^2(H^+)}{c(Cr_2O_7^{2-})}$$

3. 标准平衡常数

化学反应达到平衡时，体系中各物质的浓度不随时间而改变，若将平衡浓度除以标准浓度 c^θ（1 mol/L），则得到一个比值，即平衡浓度是标准浓度的倍数，我们称这个倍数为平衡时的相对浓度。化学反应达到平衡时，各物质的相对浓度也不再变化。如果是气相反应，将平衡分压除以标准压力 P^θ（100 kPa），则得到相对分压。相对浓度和相对分压的量纲都为1。

例如对于一般的可逆反应：$aA + bB \rightleftharpoons cC + dD$

如反应是在溶液中进行，平衡时 A、B、C、D 各物质的相对浓度分别表示为 cA/c^θ、cB/c^θ、cC/c^θ、cD/c^θ，其标准浓度平衡常数 K_c^θ 可以表示为

$$K_c^\theta = \frac{(c_C/c^\theta)^c \cdot (c_D/c^\theta)^d}{(c_A/c^\theta)^a \cdot (c_B/c^\theta)^b}$$

若是气体反应，平衡时 A、B、C、D 各物质的相对分压分别表示为 p_A/p^θ、p_B/p^θ、p_C/p^θ、p_D/p^θ，其标准压力平衡常数 K_p^θ 可以表示为

$$K_p^\theta = \frac{(p_C/p^\theta)^c \cdot (p_D/p^\theta)^d}{(p_A/p^\theta)^a \cdot (p_B/p^\theta)^b}$$

其标准平衡常数 K_c^θ 量纲均为1。液相反应的 K_c 与其 K_c^θ 在数值上相等，而气相反应的 K_p 一般不与其 K_p^θ 的数值相等。后面的四大平衡所用到的各种平衡常数均指标准平衡常数。

四、化学平衡常数的意义

（1）可用于判断一个可逆反应在特定条件下向正反应方向进行的程度。K^θ 越大，反应向正方向进行得越完全；K^θ 越小，反应向逆方向进行得越完全；$10^{-3} < K^\theta < 10^3$ 时，反应物部分转化为生成物。

（2）可用于判断一个可逆反应在特定条件下是否已经达到平衡状态、将向何方向进行。

五、化学平衡常数的移动

在一定条件下，可逆反应的正反应和逆反应速度相等时，建立化学平衡。当外界条件变化时，平衡状态遇到破坏，经过一段反应时间后，可逆反应又更新建立平衡。在新的平衡状态下，反应体系中各物质的浓度与原来的平衡状态下各物质的浓度不相等。这种当外界条件改变，可逆反应从一种平衡状态转变到另一种平衡状态的过程叫作化学平衡移动。

1. 浓度对化学平衡移动的影响

在其他条件不变的情况下，增加反应物浓度或减少生成物浓度，化学平衡向着正反应方向移动；相反，增加生成物浓度或减少反应物浓度，化学平衡向着逆反应方向移动。

在可逆反应中，为了尽可能利用某一反应物，经常用过量的另一种物质和它作用。不断将生成物从反应体系中分离出来，则平衡将不断向生成产物的方向移动。通过浓度对化学平衡的影响，人们可以充分利用某些不易得的、高价值的反应原料，使这些反应物有高的转化率。如制备水煤气的反应：

$$C(s) + H_2O(g) \xrightleftharpoons{\text{高温}} CO(g) + H_2(g)$$

为了充分利用焦炭（C），可增加 $H_2O(g)$ 的浓度，使其适当过量，从而提高 $C(s)$ 的转化。

2. 压力对化学平衡移动的影响

压力的变化对没有气体参加的化学反应影响不大。对于有气体参加并且反应前后气体的物质的量有变化的反应，压力变化时对化学平衡产生影响。

压力变化只是对那些反应前后气体分子数目有变化的反应有影响。在恒温下，增大总压力，平衡向气体分子总数减小的方向移动；减小压力，平衡向气体分子总数增加的方向进行。

3. 温度对化学平衡移动的影响

对于一个正反应是放热的可逆反应来说，升高温度，平衡常数减小，平衡向逆反应方向进行。相反，一个正反应是吸热的可逆反应，升高温度，平衡常数增大，平衡向正反应方向进行。

4. 催化剂对化学平衡移动的影响

催化剂同等程度地降低了正逆反应的活化能，对正逆反应具有同样的同等程度地改变正、逆反应的速率作用。在可逆反应中，催化剂能够加速化学反应，缩短达到平衡的时间，但不能改变化学平衡常数，不能使平衡发生移动。一般地，催化剂具有一定的选择性。一种催化剂只能对一种或少数几种反应有催化作用。

5. 平衡移动原理

1887 年，吕·查德里（Le Chatelier）总结了上述各种因素对平衡的影响，得到如下结论：如果对平衡体系施加外力，平衡将沿着减小此外力的方向移动，即如果以某种形式改变一个平衡系统的条件（如浓度、压力、温度），平衡就会向着减弱这个改变的方向移动。这一原理称为吕·查德里原理，又称为平衡移动原理。

第二部分 化学分析技术

项目六 酸碱滴定法

任务一 盐酸浓度分析

【任务分析】

化学分析的主要任务之一就是定量分析。定量分析在工业生产中，通过对原料、中间产品和产品质量进行分析，可以控制生产流程，改进生产技术，提高产品质量；在农业、牧业方面，土壤的测定，水质的化验，农药残留量的分析，污染状况的监测，肥料、农药、饲料和农产品品质的评定，家禽的科学饲养和临床诊断等，都广泛地用到定量分析的理论和技术。

酸碱滴定法是以酸碱反应为基础的滴定分析方法。在生产和科研实践中，酸碱滴定法的应用相当广泛。参考《工业用合成盐酸》（GB/T 320—2006）中规定盐酸总酸度测定方法，本任务中以酚酞为指示剂，氢氧化钠为标准溶液，确定盐酸浓度。通过完成本次任务，使学生掌握以 NaOH 标准溶液测定盐酸浓度的方法，进一步掌握 NaOH 标准溶液的配制和标定操作。技能操作成绩以减量法称量、滴定操作的标准评分，塑造学生的工匠精神。

【实验实训】

一、实验仪器与药品

1. 仪器与用品

碱式滴定管（50 mL）、容量瓶、锥形瓶、分析天平、称量瓶、凡士林。

2. 药品

邻苯二甲酸氢钾（基准试剂）、氢氧化钠固体（A.R）、未知浓度盐酸溶液、10 g/L 酚酞指示剂（1 g 酚酞溶于适量乙醇中，再加蒸馏水稀释至 100 mL）。

二、实验原理

1. 标定 NaOH 标准溶液

基准物为邻苯二甲酸氢钾，以酚酞为指示剂，用 NaOH 标准溶液滴定至溶液由无色至微红色（在 30 s 内颜色不褪）视为滴定终点。反应如下：

$$C_6H_4COOHCOOK + NaOH \longrightarrow C_6H_4COONaCOOK + H_2O$$

2. 测定盐酸浓度

以酚酞为指示剂，用 NaOH 标准溶液滴定至溶液由无色至微红色（在 30 s 内颜色不褪）视为滴定终点。反应如下：

$$HCl + NaOH \longrightarrow H_2O$$

当反应时到达化学计量点时，消耗盐酸与氢氧化钠的物质的量等于 1∶1，即

$$c(HCl) \cdot V(HCl) = c(NaOH) \cdot V(NaOH)$$

三、实验步骤

1. NaOH 标准溶液的标定

减量法称取 110~120 ℃ 干燥至恒重的基准邻苯二甲酸氢钾约 0.4000 g，置于 250 mL 锥形瓶中。加入 25~30 mL 新鲜蒸馏水，振摇使之完全溶解，加酚酞指示剂 2 滴，用 NaOH 标准溶液滴定至溶液由无色至微红色（30 s 内不褪色）为终点。

2. HCl 浓度的测定

依次向 3 个锥形瓶中加入未知浓度盐酸溶液 10.00 mL，分别滴入 2 滴酚酞指示剂，摇匀；向碱式滴定管中装入 NaOH 标准溶液，排气泡并调到零刻度；并依次向 3 个锥形瓶中滴加 NaOH 溶液，由无色至微红色（30 s 内不褪色）为终点。

四、结果计算

1. NaOH 标准溶液浓度

计算公式如下：

$$c_{NaOH} = \frac{m \times 1000}{V \times 204.02}$$

式中　　m——邻苯二甲酸氢钾的质量，g；

　　　　V——标定标准溶液时，NaOH 标准溶液消耗的体积，mL；

　　　　c_{NaOH}——氢氧化钠标准溶液浓度，mol/L；

　　　　204.2——基准物邻苯二甲酸氢钾的摩尔质量，g/mol。

2. 盐酸溶液浓度

计算公式如下：

$$c_{HCl} = \frac{c_{NaOH} \times V_{NaOH}}{V_{HCl}}$$

式中　　V_{HCl}——测定盐酸浓度时，盐酸取样体积，mL；

　　　　V_{NaOH}——测定盐酸浓度时，NaOH 标准溶液消耗的体积，mL；

　　　　c_{NaOH}——NaOH 标准溶液浓度，mol/L；

　　　　c_{HCl}——盐酸溶液浓度，mol/L。

五、数据记录

1. NaOH 溶液的标定

NaOH 溶液的标定见表 6-1。

2. HCl 溶液浓度的测定

HCl 溶液浓度的测定见表 6-2。

表6-1 NaOH溶液的标定

	溶液名称			检测人		
	基准物质			审核人		
	水温/℃			检测日期		
	温度校正系数			指示剂		
	记录项目	Ⅰ	Ⅱ		Ⅲ	Ⅳ
称量瓶	倾倒前称量瓶+基准物质量/g					
	倾倒后称量瓶+基准物质量/g					
	称量瓶中敲出的基准物质量/g					
滴定管	滴定前滴定管内的溶液体积/mL					
	滴定后滴定管内的溶液体积/mL					
	实际滴定溶液体积/mL					
空白	V_0/mL					
体积校正	温度校正值/mL					
	体积校正值/mL					
	实际体积/mL					
结果计算	计算公式					
	c_{NaOH}/(mol·L^{-1})					
	平均值/(mol·L^{-1})					
	相对标准偏差/%					
	规定相对标准偏差	≤0.2%		本次测定偏差是否符合要求		

表6-2 HCl溶液的测定

样品名称		检测人	
标准溶液及浓度		审核人	
水温/℃		检测日期	
温度校正系数		指示剂	

表 6-2（续）

	记录项目	I	II	III	IV
滴定管	HCl 溶液的用量/mL				
	滴定前滴定管内的溶液体积/mL				
	滴定后滴定管内的溶液体积/mL				
	实际滴定溶液体积/mL				
空白	V_0/mL				
体积校正	溶液温度校正值/mL				
	体积校正值/mL				
	实际体积/mL				
结果计算	计算公式				
	c_{HCl}/(mol·L^{-1})				
	平均值/(mol·L^{-1})				
	相对标准偏差/%				
	规定相对标准偏差	≤0.2%	本次测定偏差是否符合要求		

【考核标准】

减量法称量操作具体考核细则详见表 2-7，滴定管操作具体考核细则详见表 2-12。

【相关知识】

一、分析化学的定义和作用

分析化学是研究物质的化学组成、含量、结构的分析方法及有关原理的一门学科。

分析化学是化学的一个分支，是一门人们赖以获得物质组成、结构和形态的信息的科学，是科学技术的眼睛、侦察员，是进行科学研究的基础学科，处于前沿和重要地位。

二、分析化学分类

（1）根据分析任务，分为定性分析、定量分析、结构分析。

①定性分析：鉴定物质所含的组分（元素、离子基团、化合物）。

②定量分析：测定各组分的相对含量。

③结构分析：研究物质的分子结构和晶体结构。

（2）根据分析对象的化学属性，分为无机分析和有机分析。

①无机分析是以无机物为分析对象。
②有机分析是以有机物为分析对象。

(3) 根据所分析的组分在试样中的相对含量，分为常量组分分析（>1%）、微量组分分析（0.01%~1%）和痕量组分分析（<0.01%）。也可按试样用量及操作规模划分，分为常量、半微量、微量和超微量分析，详见表6-3。

表6-3 常量、半微量、微量和超微量分析

分析方法	试样质量	试液体积/mL
常量	>0.1 g	>10
半微量	0.01~0.1 g	1~10
微量	0.1~10 mg	0.01~1
超微量	<0.1 mg	<0.01

(4) 根据分析时所依据的物质性质，分为化学分析和仪器分析。
①化学分析法是以物质所发生的化学反应为基础的分析方法，包括滴定分析法和重量分析法。
②仪器分析法是以物质的物理性质和物质的化学性质为基础的分析方法，包括光谱分析法、色谱分析法、电化学分析法等。

三、滴定分析法的原理及相关术语

1. 滴定分析法

滴定分析法又称容量分析法，是将一种已知准确浓度的溶液（即标准溶液）用滴定管滴加到一定量被测组分的溶液中（或将被测物质的溶液滴加到一定量已知准确浓度的溶液中），直到所加的标准溶液与被测的组分按化学式计量关系完全反应为止，然后根据标准溶液的浓度和用量，计算被测组分含量的一类分析方法统称为滴定分析法。

2. 滴定

滴定是将标准溶液通过滴定管滴加到待测组分的溶液中的过程。滴定时进行的化学反应称为滴定反应。

3. 指示剂

通常利用外加试剂颜色的变化来判断终点，这种外加试剂称为指示剂。

4. 理论终点

理论终点也叫化学计量点，当滴加的标准溶液与待测组分按化学式计量关系恰好完全反应的这一点，以 sp 表示。

5. 滴定终点

一般把滴定至指示剂颜色变化的突变点称为滴定终点，以 ep 表示。

6. 终点误差

滴定终点与化学计量点不一定恰好相符，由此造成的分析误差称为终点误差，以 E_t 表示。

如用 NaOH 滴定 HCl(酚酞作指示剂)，滴定反应为 NaOH+HCl=NaCl+H_2O。当达到化学计量点时，pH_{sp} = 7.0。而当指示剂酚酞变色时，达到滴定终点时，pH_{ep} = 9.1。由于 $pH_{sp} \neq pH_{ep}$，故产生终点误差。

四、滴定分析法的特点

（1）滴定分析法使用的仪器比较简单，操作简便、快速，准确度较高。
（2）在生产实践和科学实验中用途较广。
（3）适用于常量组分分析（组分含量>1%）。
（4）滴定分析法灵敏度较低。
（5）不适用于含量低的微量组分测定（0.01%～1%）和含量更低的痕量组分（<0.01%）。

五、滴定分析类型

根据滴定反应的类型不同，滴定分析的方法可分为以下 4 类：

1. 酸碱滴定法

以酸碱中和反应为基础的滴定分析法，也称中和滴定法。如下：

$$H^+ + OH^- \rightleftharpoons H_2O$$

2. 氧化还原滴定法

以氧化还原反应为基础的滴定分析法称为氧化还原滴定法。如下：

$$MnO_4^- + 5Fe^{2+} + 8H^+ \rightleftharpoons Mn^{2+} + 5Fe^{3+} + 4H_2O$$

$$Cr_2O_7^{2-} + 6Fe^{2+} + 14H^+ \rightleftharpoons 2Cr^{3+} + 6Fe^{3+} + 7H_2O$$

$$I_2 + 2S_2O_3^{2-} \rightleftharpoons 2I^- + S_4O_6^{2-}$$

3. 配位滴定法

以生成配位化合物的配位反应为基础的一种滴定分析法称为配位滴定法。如下：

$$M^{n+} + H_2Y^{2-} \rightleftharpoons MY^{n-4} + 2H^+$$

4. 沉淀滴定法

以生成沉淀反应为基础的滴定分析方法称为沉淀滴定法。如下：

$$Ag^+ + Cl^- \rightleftharpoons AgCl\downarrow$$

$$Ag^+ + SCN^- \rightleftharpoons AgSCN\downarrow$$

六、滴定分析法对化学反应的要求

（1）反应必须按一定反应式进行，即有确定的化学计量关系。无副反应发生，而且反应必须完全。
（2）反应必须迅速完成。若反应进行得慢，通常采用加热或加催化剂的办法来加快反应速率。

（3）有适当的方法确定终点。能利用指示剂或仪器分析方法确定反应的理论终点。

七、滴定分析方式

1. 直接滴定法

凡是满足上述滴定分析法对化学反应要求的反应，可用标准溶液直接滴定被测物质。

2. 返滴定法

若滴定反应进行得较慢或没有合适的指示剂，可先在被测物质的试液中加入过量的滴定剂，待反应完成后，再用另一种标准溶液去滴定剩余的滴定剂，根据滴定剂的总量减去标准溶液的用量，从而算出被测物质的含量。

例如用盐酸标准溶液滴定固体 $CaCO_3$，由于缺乏合适的指示剂，可先加入过量的 HCl 标准溶液，再以酚酞为指示剂，用 NaOH 标准溶液滴定过量的 HCl 溶液，溶液呈现浅粉红色即为终点。如下：

$$CaCO_3(S) + 2HCl(过量) = CaCl_2 + H_2O + CO_2\uparrow$$
$$NaOH + HCl(剩余) = NaCl + H_2O$$

3. 置换滴定法

没有定量关系或者伴有副反应的反应，不能采用直接滴定的物质，可加入另一种物质与之反应，置换出一定量的能被滴定的物质来，然后用适当的滴定剂进行滴定。例如由于氧化产物不确定，不能直接用 $Na_2S_2O_3$ 滴定 $K_2Cr_2O_7$，但可以在酸性 $K_2Cr_2O_7$ 溶液中加入过量的 KI 溶液，置换出一定量的 I_2，再用 $Na_2S_2O_3$ 标准溶液滴定 I_2。如下：

$$Cr_2O_7^{2-} + 6I^- + 14H^+ = 2Cr^{3+} + 3I_2 + 7H_2O$$
$$I_2 + 2S_2O_3^{2-}(标准溶液) = 2I^- + S_4O_6^{2-}$$

4. 间接滴定法

被测物质不能与标准溶液直接反应的物质，通过另外的反应间接测定的方法称为间接滴定法。如 Ca^{2+} 既不能直接用酸或碱测定，也不能直接用氧化剂或还原剂测定，但可以采用间接滴定法测定。先利用 $C_2O_4^{2-}$ 与 Ca^{2+} 反应生成沉淀 CaC_2O_4，经过滤、洗涤、用硫酸溶解后，即可用标准 $KMnO_4$ 溶液滴定 $C_2O_4^{2-}$，间接测得 Ca^{2+} 的含量。如下：

$$Ca^{2+} + C_2O_4^{2-} = CaC_2O_4\downarrow$$
$$CaC_2O_4 + H_2SO_4 = CaSO_4 + H_2C_2O_4$$
$$2MnO_4^- + C_2O_4^{2-} + 16H^+ = 2Mn^{2+} + 10CO_2\uparrow + 8H_2O$$

八、基准物质和标准溶液

1. 基准物质

基准物质是能用于直接配制或标定标准溶液的物质。常用的基准物质见表 6-4。

表6-4 滴定分析常用的基准物质

滴定方法	基 准 物 质		干燥条件	标定对象
	物质名称	分子式		
酸碱滴定法	碳酸钠	Na_2CO_3	270~300 ℃	HCl 标准溶液
	硼砂	$Na_2B_4O_7 \cdot 10H_2O$	放在含 NaCl 和蔗糖饱和液的干燥器中	
	邻苯二甲酸氢钾	$C_6H_4 \cdot COOH \cdot COOK$	110~120 ℃	NaOH 标准溶液
	草酸	$H_2C_2O_4 \cdot 2H_2O$	室温空气干燥	
配位滴定法	锌	Zn	室温干燥器中保存	EDTA 标准溶液
	氧化锌	ZnO	900~1000 ℃	
氧化还原滴定法	草酸钠	$Na_2C_2O_4$	130 ℃	$KMnO_4$ 标准溶液
	重铬酸钾	$K_2Cr_2O_7$	140~150 ℃	$Na_2S_2O_3$ 标准溶液
沉淀滴定法	氯化钠	NaCl	500~600 ℃	$AgNO_3$ 标准溶液

基准物质应具备以下条件:

(1) 纯度高。物质必须具有足够的纯度,其纯度一般为 99.99% 以上。

(2) 组成恒定。组成与化学式应完全符合,若含结晶水,其含量与化学式相符。

(3) 试剂稳定性高,易于保存。在称量过程中不吸收水及二氧化碳,在放置、烘干过程中不发生变化。

(4) 具有较大的摩尔质量,减少称量过程中的相对误差。

(5) 试剂参加反应时,应按反应式定量进行,没有副反应。

2. 标准溶液

标准溶液是已知准确浓度的试剂溶液。

1) 标准溶液浓度

如果标准溶液较浓,则滴定终点变色较敏锐,但 $V_耗$ 小,测量误差大;如果标准溶液太稀,则 $V_耗$ 大,测量费时。不应超出滴定管的容量,否则所产生的误差大。一般 $V_耗$ = 20~30 mL。常用的标准溶液的浓度为 0.05~0.2 mol/L,而以 0.1000 mol/L 的溶液较多。在微量分析时也采用 0.00100 mol/L 的标准溶液。

2) 标准溶液的配制

标准溶液的配制方法根据试剂,可分为直接配制法和间接配制法。

(1) 直接配制法为准确称取一定量的基准物质,溶解后定量转移到容量瓶中。根据称取基准物质的质量和容量瓶的容积,即可计算出其准确浓度。

(2) 间接配制法是对于不符合基准物质条件的试剂,不能直接配制成标准溶液,可采用间接法配制。即先配制成近似于所需浓度的溶液,然后用基准物质或另一种标准溶液来测定它的准确浓度,这种测定所配溶液浓度的过程叫标定。

3) 标定标准溶液时的注意事项

(1) 称量相对误差<0.1%,用分析天平称取的重量不低于 0.2 g。

(2) 读数相对误差< 0.1%,被标定溶液或所使用的标准溶液的消耗量应不小于 20 mL,但不应超出滴定管的容量,因为操作越复杂,所产生误差的概率就越大。一般为

20~30 mL。

(3) 结果相对误差<0.2%，标定应重复3~5次。

(4) 标定好的溶液应妥善保存。

4) 标准溶液浓度的表示

(1) 物质的量浓度 $c_B=n_B/V$，单位为 mol/L。

(2) 滴定度（生产单位的例行分析中常用）指1 mL标准溶液中含有标准物质的质量（g），用符号 T_s 表示（s表示标准物质的化学式）或1 mL标准溶液（滴定剂）相当于被测物质的质量（g）或百分含量，用符号 $T_{x/s}$ 表示（x是被测物质的化学式），单位为g/mL。例如 $T_{HCl}=0.001012$ g/mL 的HCl溶液，表示每毫升此溶液中含有0.001012 g纯HCl；$T_{HCl/Na_2CO_3}=0.005316$ g/mL 的HCl溶液，表示每毫升此溶液相当于0.005316 g Na_2CO_3。这种方法对于分析结果计算十分方便。

九、NaOH 常用配制和标定方法

NaOH 有很强的吸水性和吸收空气中的 CO_2，因而市售的 NaOH 中常含有 Na_2CO_3，由于 Na_2CO_3 的存在，对指示剂的使用影响较大，所以配制氢氧化钠标准溶液应设法除去相应干扰。常用配制 NaOH 标准溶液的方法是将 NaOH 先配成饱和溶液（约52%，W/W），由于 Na_2CO_3 在饱和 NaOH 溶液中几乎不溶解，会慢慢沉淀出来，待 Na_2CO_3 沉淀后，可吸取一定量的上清液，稀释至所需浓度即可（用来配制 NaOH 溶液的蒸馏水也应加热、煮沸、放冷，除去其中的 CO_2）。使用该标准溶液前应采用相应的基准物质进行标定。标定碱溶液的基准物质很多，常用的有草酸（$H_2C_2O_4 \cdot 2H_2O$）、苯甲酸（C_6H_5COOH）和邻苯二甲酸氢钾（$C_6H_4COOHCOOK$）等。

任务二 混合碱分析

【任务分析】

市售的 NaOH 试剂中常含有 1%~2% 的 Na_2CO_3，且碱溶液易吸收空气中的 CO_2，蒸馏水中也常含有 CO_2，它们参与酸碱滴定反应之后，将产生多方面而不可忽视的影响。参考《工业用氢氧化钠　氢氧化钠和碳酸钠含量的测定》（GB/T 4348.1—2013）工业氢氧化钠中氢氧化钠和碳酸钠含量的测定方法，本任务以双指示剂法对混合碱浓度进行分析。通过完成本次任务，使学生学会用双指示剂法测定混合碱的原理和方法；进一步掌握滴定操作和减量法操作的基本技能。技能操作成绩以减量法称量、溶液配制、溶液移取、滴定分析操作的标准评分，塑造学生的工匠精神。

【实验实训】

一、实验仪器与药品

1. 仪器与用品

滴定管（50 mL）、容量瓶、锥形瓶、分析天平、称量瓶、凡士林。

2. 药品

邻苯二甲酸氢钾（基准试剂）、氢氧化钠固体（A.R）、未知浓度盐酸溶液、10 g/L

酚酞指示剂（1 g 酚酞溶于适量乙醇中，再加蒸馏水稀释至 100 mL）。

二、实验原理

混合碱是 Na_2CO_3 与 NaOH 或 Na_2CO_3 与 $NaHCO_3$ 的混合物。可采用双指示剂法进行分析，测定各组分的含量。在混合碱的试液中加入酚酞指示剂，用 HCl 标准溶液滴定至溶液呈淡粉色为终点。盐酸的消耗体积记录为 V_1，此时试液中所含 NaOH 完全被中和，Na_2CO_3 也被滴定成 $NaHCO_3$。反应如下：

$$NaOH + HCl \longrightarrow NaCl + H_2O \qquad Na_2CO_3 + HCl \longrightarrow NaHCO_3 + NaCl$$

再加入甲基橙指示剂，继续用 HCl 标准溶液滴定至溶液由黄色变为橙色即为终点，盐酸的消耗体积记录为 V_2，此时 $NaHCO_3$ 被中和成 H_2CO_3，反应如下：

$$NaHCO_3 + HCl \longrightarrow NaCl + H_2O + CO_2$$

根据 V_1 和 V_2 可以判断出混合碱的组成。当 $V_1 > V_2$ 时，试液为 Na_2CO_3 与 NaOH 的混合物；当 $V_1 < V_2$ 时，试液为 Na_2CO_3 与 $NaHCO_3$ 的混合物。

三、实验步骤

1. 0.1 mol/L HCl 溶液浓度的标定

在分析天平上用减量法准确称取基准物无水碳酸钠 0.100 g 于锥形瓶中，加入 25 mL 水使其溶解。加入甲基橙指示剂 2 滴。用待标定的 HCl 标准溶液滴定至溶液由黄色变为橙黄色即为指示终点（注意：终点时生成的是 H_2CO_3 饱和溶液，pH = 3.9，为了防止终点提前，必须尽可能去除 CO_2，接近终点时要剧烈振荡溶液，或者加热）。

2. 混合碱样品的配制

称取 0.8 g 混合碱样品加入少许水溶解，定量转入 100 mL 容量瓶中定容。

3. 混合碱样的测定

加水稀释至刻度线，摇匀。用 25.00 mL 移液管移取 25.00 mL 样品溶液于锥形瓶中，加入 3~5 滴酚酞，以 HCl 标准溶液滴定至溶液由红色变为淡粉色，为第一终点，记下 HCl 标准溶液体积 V_1；再加入 2 滴甲基橙，继续用 HCl 标准溶液滴定，液体由黄色变为橙色，为第二终点，记下 HCl 标准溶液体积 V_2。

四、结果分析

1. 标定 HCl 标准溶液

计算 HCl 标准溶液的准确浓度 c_{HCl} 的计算公式如下：

$$c_{HCl} = \frac{2 \times 1000 \times m}{MV}$$

式中　　m——碳酸钠的质量，g；

　　　　V——标定标准溶液时，盐酸标准溶液的消耗体积，mL；

　　　　c_{HCl}——盐酸标准溶液浓度，mol/L；

　　　　M——基准物无水碳酸钠摩尔质量，105.99 g/mol。

2. 测定混合碱样品含量

根据 V_1、V_2 的大小判断混合物的组成，并计算各组分的含量，计算公式如下：

当 $V_1 > V_2$ 时，试液为 NaOH 和 Na_2CO_3 的混合物，NaOH 和 Na_2CO_3 的含量可由下式计算：

$$\text{NaOH}\% = \frac{c(V_1-V_2)\dfrac{M_{\text{NaOH}}}{1000}}{\dfrac{1}{4}m_{\text{样品1}}} \times 100\% \qquad \text{Na}_2\text{CO}_3\% = \frac{c \times 2V_2 \times \dfrac{1}{2}\dfrac{M_{\text{Na}_2\text{CO}_3}}{1000}}{\dfrac{1}{4}m_{\text{样品1}}} \times 100\%$$

当 $V_1 < V_2$ 时，试液为 Na_2CO_3 和 $NaHCO_3$ 的混合物，Na_2CO_3 和 $NaHCO_3$ 的含量，可由下式计算：

$$\text{Na}_2\text{CO}_3\% = \frac{c \times 2V_1 \times \dfrac{1}{2}\dfrac{M_{\text{Na}_2\text{CO}_3}}{1000}}{\dfrac{1}{4}m_{\text{样品2}}} \times 100\% \qquad \text{NaHCO}_3\% = \frac{c(V_2-V_1)\dfrac{M_{\text{NaHCO}_3}}{1000}}{\dfrac{1}{4}m_{\text{样品2}}} \times 100\%$$

式中　m——样品的质量，g；

V_1——以酚酞为指示剂时，盐酸标准溶液的消耗体积，mL；

V_2——以甲基橙为指示剂时，盐酸标准溶液的消耗体积，mL；

$M_{\text{Na}_2\text{CO}_3}$——碳酸钠摩尔质量，105.99 g/mol；

M_{NaHCO_3}——碳酸氢钠摩尔质量，84.01 g/mol；

M_{NaOH}——氢氧化钠摩尔质量，40.00 g/mol；

c——盐酸标准溶液，mol/L。

五、数据记录及处理

1. HCl 溶液的标定

HCl 溶液的标定见表 6-5。

表 6-5　HCl 溶液的标定

	溶液名称		检测人	
	基准物质		审核人	
	水温/℃		检测日期	
	温度校正系数		指示剂	
	记录项目	Ⅰ	Ⅱ	Ⅲ	Ⅳ
称量瓶	倾倒前称量瓶+基准物质量/g				
	倾倒后称量瓶+基准物质量/g				
	称量瓶中敲出的基准物质量/g				

表6-5（续）

	记录项目	Ⅰ	Ⅱ	Ⅲ	Ⅳ
滴定管	滴定前滴定管内的溶液体积/mL				
	滴定后滴定管内的溶液体积/mL				
	实际滴定溶液体积/mL				
空白	V_0/mL				
体积校正	温度校正值/mL				
	体积校正值/mL				
	实际体积/mL				
结果计算	计算公式				
	c_{HCl}/(mol·L^{-1})				
	平均值				
	相对标准偏差/%				
	规定相对标准偏差	≤0.2%		本次测定偏差是否符合要求	

2. 混合碱含量的测定

混合碱含量的测定见表6-6。

表6-6 混合碱含量的测定

	样品名称			检测人	
	标准溶液及其浓度			审核人	
	水温/℃			检测日期	
	温度校正系数			指示剂	
	记录项目	Ⅰ	Ⅱ	Ⅲ	Ⅳ
	样品溶液的用量/mL				
滴定读数以甲基橙为指示剂	滴定前滴定管内的溶液体积/mL				
	滴定后滴定管内的溶液体积/mL				
	实际滴定溶液体积 V_1/mL				
滴定读数以酚酞为指示剂	滴定前滴定管内的溶液体积/mL				
	滴定后滴定管内的溶液体积/mL				
	实际滴定溶液体积 V_2/mL				

表 6-6（续）

	记录项目	I	II	III	IV
空白	V_0/mL				
体积校正	温度校正值/mL				
	体积校正值/mL				
	实际体积/mL				
结果计算	计算公式				
	ω_1/%				
	平均值				
	绝对差值/%				
	计算公式				
	ω_2/%				
	平均值				
	绝对差值/%				
规定平行测定结果绝对差值		≤0.2%		本次测定偏差是否符合要求	

【考核标准】

减量法称量操作具体考核细则详见表 2-7，溶液配制操作具体考核细则详见表 2-10，溶液移取操作具体考核细则详见表 2-11，滴定分析操作具体考核细则详见表 2-12。

【相关知识】

一、质子酸碱理论

1. 酸碱的定义

1923 年，布朗斯特（Bronsted）和劳莱（Lowry）同时提出了酸碱质子理论，把酸碱概念加以推广。酸碱质子理论认为凡是能给出质子的物质都是酸，凡是能与质子结合的物质都是碱。即酸是质子的给予体，碱是质子的接受体。酸失去质子后即成为其共轭碱，碱得到质子后即成为其共轭酸。它们的关系如下：

$$酸 \rightleftharpoons H^+ + 碱$$

酸和碱可以是分子，也可以是阳离子和阴离子。由此还可以看出，像 HPO_4^{2-} 这样的物质，既表现为酸，也表现为碱，所以它是两性物质。同理 H_2O、HCO_3^- 等也是两性物质。

2. 酸碱反应的实质

酸碱反应的实质是两对共轭酸碱对之间的质子传递，例如：

$$HCl + NH_3 \rightleftharpoons NH_4^+ + Cl^-$$

两个半反应同时发生，可以在非水溶剂或气相中进行。酸给出质子后，生成它的共轭碱；碱接受质子后，生成它的共轭酸。酸越强，它的共轭碱就越弱；酸越弱，它的共轭碱就越强。酸碱反应是较强的酸与较强的碱作用，生成较弱的碱和较弱的酸的过程，即较强酸+较强碱=较弱碱+较弱酸。

3. 酸碱的相对强度

强酸是给出质子能力强的物质，强碱是接受质子能力强的物质，通过两对共轭酸碱之间质子传递反应的平衡常数 K 值，来确定酸、碱的相对强度。

二、解离度和解离常数

1. 解离度

弱电解质的解离程度可以用解离度来表示，解离度用符号 α 表示。计算式为：

$$\alpha = \frac{已电离的电解质分子数}{溶液中原有电解质的分子总数} \times 100\%$$

例如在 298.15 K 时，0.1 mol/L 的 HAc 溶液里，每 1000 个乙酸分子里大约有 13 个分子电离成 H^+ 和 Ac^- 离子，故其电离度大约是 1.3%。

解离度的大小可以表示电解质的解离能力的相对强弱，其大小主要取决于电解质的本性，同时又与溶液的浓度、温度等因素有关。在一定温度下，对同一弱电解质，通常是溶液越稀，解离度越大，此关系称为稀释定律。

2. 解离常数

在一定温度下，弱电解质在水溶液中达到电离平衡时，电离所生成的各种离子浓度的乘积与溶液中未电离的分子的浓度之比是一个常数，称为电离平衡常数，简称电离常数（K_i）。弱酸的电离常数用 K_a 表示，弱碱的电离常数用 K_b 表示。

K_a 称为酸的解离平衡常数。在一定温度下，其值为一定值。K_a 值的大小表示酸在水溶液中释放质子能力的大小，K_a 值越大，酸性越强，反之亦然。

K_b 称为碱的解离平衡常数。在一定温度下，其值为一定值。K_b 值的大小同样可以表示碱在水溶液中接收质子能力的大小，K_b 值越大，碱性越强，反之亦然。

三、水的解离和溶液的 pH 值

水的解离过程可以表示为

$$H_2O \rightleftharpoons H^+ + OH^-$$

其化学反应平衡常数为

$$K = \frac{c(H^+) \cdot c(OH^-)}{c(H_2O)}$$

1L 纯水相当于 55.6 mol 的水，因此可将 $c(H_2O)$ 看成是一常数，将它与 K 合并，用 K_w（水的离子积）表示则为

$$K_w = c(H^+) \cdot c(OH^-) \tag{6-1}$$

实验数据表明，当温度在室温附近变化时，K_w 变化不大，一般可认为在常温时，K_w 的值可以认为是 1.0×10^{-14}。离子积常数不仅适用于纯水，对于电解质的稀溶液同样适用。无论在中性、酸性还是碱性的水溶液里，H^+ 与 OH^- 的浓度的乘积都等于 1.0×10^{-14}。

1. 酸碱溶液 pH 的计算

强酸、强碱在水中几乎完全解离，虽然存在水的解离，但水的解离很微弱，只要酸、碱浓度不是很低，可以忽略水的解离。

(1) 强酸溶液：如 H_nA，设物质的量浓度为 c mol/L，则 $c(H^+) = nc$ mol/L，$pH = -lgc(H^+) = -lgnc$。

【例 6-1】 求 0.1 mol/L 盐酸溶液的 pH。

解：盐酸是强酸，所以 0.1 mol/L 盐酸溶液的 $c(H^+) = c(HCl) = 0.1$ mol/L，代入 $pH = -lgc(H^+)$ 即得 $pH = 1$。

(2) 强碱溶液：如 $B(OH)_n$，设溶液物质的量浓度为 c mol/L，则 $c(OH^-) = nc$ mol/L，$pH = 14 - pOH = 14 + lgc(OH^-) = 14 + lgnc$。

【例 6-2】 求 0.1 mol/L 氢氧化钠溶液的 pH。

解：氢氧化钠是强碱，所以 0.1 mol/L 的氢氧化钠溶液中 $c(OH^-) = c(NaOH) = 0.1$ mol/L，代入 $pOH = -lgc(OH^-)$，得 $pOH = 1$，$pH = 14 - pOH = 13$。

2. 一元弱酸、弱碱溶液

以浓度为 c 一元弱酸 HA 溶液为例，在一元弱酸 HA 溶液中，存在下列电离平衡：

$$HA \rightleftharpoons H^+ + A^-$$

初始浓度 /(mol·L⁻¹)　　　　　　c　　　　0　　　　0

平衡浓度 /(mol·L⁻¹)　　　　$c - c(H^+)$　　$c(H^+)$　　$c(A^-)$

$$K_a = \frac{c(H^+)c(A^-)}{c(HA)} = \frac{c(H^+)c(A^-)}{c - c(HA)}$$

因为 $c(H^+) = c(A^-)$，所以 $K_a = \frac{c(H^+)^2}{c - c(H^+)}$

经整理得：
$$c(H^+) = \frac{-K_a + \sqrt{4cK_a + K_a^2}}{2} \tag{6-2}$$

当 $c/K_a \geq 500$ 时，即 $c - c(H^+) \approx c$ 近似等于原来弱酸的浓度，上式可简化为

$$K_a = \frac{c(H^+)^2}{c}$$

$$c(H^+) = \sqrt{cK_a} \tag{6-3}$$

同理可得，一元弱碱溶液 OH^- 浓度的计算公式：

当 $c/K_b < 500$ 时，　　　$c(OH^-) = \frac{-K_b + \sqrt{4cK_b + K_b^2}}{2} \tag{6-4}$

当 $c/K_b \geq 500$ 时，　　　$c(OH^-) = \sqrt{cK_b} \tag{6-5}$

【例 6-3】 求 0.01 mol/L HAc 溶液的 pH。

因为
$$\frac{c}{K_a} = \frac{0.010}{1.76 \times 10^{-5}} = 568 > 500$$

所以 $c(H^+) = \sqrt{cK_a} = \sqrt{0.010 \times 1.76 \times 10^{-5}} = 4.2 \times 10^{-4}$ (mol/L)

$$pH = -\lg c(H^+) = -\lg(4.2\times 10^{-4}) = 3.38$$

四、缓冲溶液

1. 定义

缓冲溶液是一种能够抵抗外加少量强酸、强碱及加水稀释的影响，而保持本身 pH 基本不变的溶液。缓冲溶液所起的作用称为缓冲作用。

2. 组成

缓冲溶液中含有抗酸成分和抗碱成分，通常把这两种成分称为缓冲对。常见缓冲对有如下类型：

(1) 弱酸—弱酸盐：HAc—NaAc。

(2) 弱碱—弱碱盐：$NH_3 \cdot H_2O$—NH_4Cl。

(3) 多元弱酸酸式盐—相应次级盐：NaH_2PO_4—Na_2HPO_4、$NaHCO_3$—Na_2CO_3 等。

3. 缓冲作用及其原理

以 HAc—NaAc 体系为例，说明其缓冲原理。

$$HAc \rightleftharpoons H^+ + Ac^- \qquad NaAc \rightleftharpoons Na^+ + Ac^-$$

加入少量强酸时，溶液中的 Ac^- 便和外加的 H^+ 结合生成 HAc，使 HAc 离解平衡向左移动，结果使溶液中的 $c(H^+)$ 离子浓度不会显著增大，溶液的 pH 也几乎没有变化。Ac^-（或 NaAc）是缓冲溶液的抗酸成分。

加入少量强碱时，溶液中的 H^+ 离子便与 OH^- 结合生成水，使溶液中的 $c(H^+)$ 稍有降低，这时溶液中大量存在着的 HAc 会立即离解出 H^+ 来补充溶液中减少的 H^+，使 HAc 离解平衡向右移动，结果使溶液中的 $c(H^+)$ 几乎没有降低，溶液的 pH 也几乎没有变化。HAc 是缓冲溶液的抗碱成分。

4. 缓冲溶液的 pH

缓冲溶液都有一定的 pH。其本身具有的 pH 称为缓冲 pH。不同的缓冲溶液具有不同的 pH。

(1) 弱酸及其盐所组成的缓冲溶液 pH 计算公式为

$$pH = pK_a - \lg \frac{c_a}{c_b} \tag{6-6}$$

式中　　c_a——弱酸的浓度；

　　　　c_b——盐的浓度；

　　　　c_a/c_b——缓冲比。

(2) 弱碱及其盐所组成的缓冲溶液 pH 计算公式为

$$pOH = pK_b - \lg \frac{c_b}{c_a} \tag{6-7}$$

$$pH = pK_w - pK_b + \lg \frac{c_b}{c_a} \tag{6-8}$$

式中　　c_b——弱碱的浓度；

　　　　c_a——盐的浓度；

　　　　c_b/c_a——缓冲比。

5. 缓冲容量和缓冲范围

缓冲溶液的缓冲能力是有限的，当加入酸量或碱量较多时，缓冲溶液就会失去缓冲能力。缓冲能力的大小由缓冲容量来衡量。

缓冲容量在数值上等于使单位体积（1 L 或 1 mL）的缓冲溶液的 pH 值改变一个单位时，所需外加一元强酸或一元强碱的物质的量（mol 或 mmol）。同一缓冲系的缓冲溶液，c 总一定时，缓冲比越接近 1，缓冲容量值越大；缓冲比偏离 1 越远，缓冲容量值越小。

缓冲范围即缓冲溶液具有缓冲能力的 pH 值范围，即 $pH = pK_a \pm 1$ 或 $pOH = pK_b \pm 1$。显然缓冲系不同，pK_a 或 pK_b 不同，则缓冲范围不同。

五、酸碱指示剂

酸碱滴定法是以酸碱中和反应为基础的滴定分析方法。该方法一般都用强酸或强碱作标准溶液来测定被测物质。一般的酸、碱以及能与酸、碱直接或间接起反应的物质，几乎都可以用酸碱滴定法来测定。

酸碱指示剂可以借助其颜色变化来指示溶液 pH 值变化的物质。

1. 酸碱指示剂变色原理

酸碱指示剂一般都是有机弱酸或弱碱，当溶液的 pH 值改变时，指示剂失去质子由酸式变为碱式（或得到质子由碱式转化为酸式），结构发生变化，从而引起颜色的变化。

如甲基橙是一种偶氮类指示剂，它在 pH ≤ 3.1 时呈红色，在 pH ≥ 4.4 时呈黄色。如下：

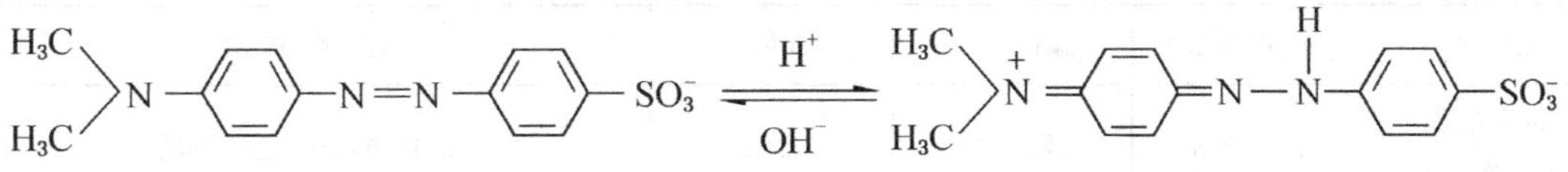

碱式结构（黄色）   酸式结构（红色）

如酚酞是有机弱酸，在溶液中存在如下的解离平衡：当加入酸时，平衡向左移动，生成无色酚酞分子，使溶液呈现无色（称为酸式色）。当加入碱时，碱中 OH^- 与溶液中 H^+ 生成水，使平衡向右移动，溶液呈现粉色（称为碱式色）。如下：

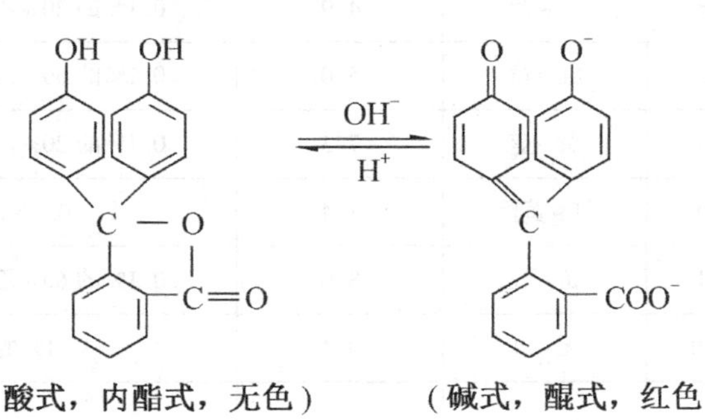

（酸式，内酯式，无色）   （碱式，醌式，红色）

2. 指示剂变色范围

以 HIn 代表指示剂的酸式形式，In^- 代表指示剂的碱式形式。在溶液中 HIn 和 In^- 存在如下平衡关系：

$$HIn \rightleftharpoons H^+ + In^-$$
酸式色　　　　碱式色

$$K_a = \frac{[H^+][In^-]}{[HIn]} \text{ 或 } [H^+] = K_a \frac{[HIn]}{[In^-]}$$

对于指示剂而言，K_a 是指示剂的解离常数，其数值取决于指示剂的性质和溶液的温度，因此 $\frac{[HIn]}{[In^-]}$ 比值只是 $[H^+]$ 的函数。溶液的颜色取决于 $\frac{[HIn]}{[In^-]}$。在一般情况下，当一种形式的浓度是另一种形式的浓度的 10 倍时，才能辨别出浓度大的形式的颜色。因此，当 $\frac{[HIn]}{[In^-]} \geq 10$ 时，可以看到酸式色；当 $\frac{[HIn]}{[In^-]} \leq \frac{1}{10}$ 时，可以看到碱式色；当 $\frac{[HIn]}{[In^-]} = 1$ 时，pH＝pK_a 是指示剂的颜色转变点，称为指示剂的理论变色点。当溶液的 pH 在 pK_a±1 范围内时，呈现酸式和碱式的混合色，这个 pH 范围称为指示剂的理论变色范围。

从理论上讲，指示剂的变色范围都有两个 pH 单位，但实际上并不都是如此。人的眼睛对各种颜色的灵敏度不一样，人眼观察到的实际变色范围与理论变色范围不完全一致。例如甲基橙的 pK_a＝3.4，理论上的变色范围应该在 pH＝2.4～4.4 之间，但人眼对红色较敏感，而对黄色不敏感。实践证明，pH＝3.1 时，就能观察到明显的红色；pH＝4.4 时，才能观察到明显的黄色。所以甲基橙的实际变色范围在 pH＝3.1～4.4 之间。但是指示剂变色的 pH 范围总是出现在 pK_a 两侧。表 6-7 给出了几种常用酸碱指示剂。

表 6-7　几种常用酸碱指示剂

指示剂	pH 变色范围	颜色变化	pK_a	配制浓度
百里酚蓝 第一次变色	1.2～2.8	红～黄	1.62	0.1% 的 20% 乙醇溶液
甲基黄	2.9～4.0	红～黄	3.25	0.1% 的 90% 乙醇溶液
甲基橙	3.1～4.4	红～黄	3.45	0.1% 的水溶液
溴酚蓝	3.0～4.6	黄～紫	4.1	0.1% 的 20% 乙醇溶液或其钠盐水溶液
溴甲酚绿	4.0～5.6	黄～蓝	4.9	0.1% 的 20% 乙醇溶液或其钠盐水溶液
甲基红	4.4～6.2	红～黄	5.0	0.1% 的 60% 乙醇溶液或其钠盐水溶液
溴百里酚蓝	6.2～7.6	黄～蓝	7.3	0.1% 的 20% 乙醇溶液或其钠盐水溶液
中性红	6.8～8.0	红～黄橙	7.4	0.1% 的 60% 乙醇溶液
苯酚红	6.8～8.4	黄～红	8.0	0.1% 的 60% 乙醇溶液或其钠盐水溶液
酚酞	8.0～10.0	无～红	9.1	1% 的 90% 乙醇溶液
百里酚蓝 第二次变色	8.0～9.6	黄～蓝	8.9	0.1% 的 20% 乙醇溶液
百里酚酞	9.4～10.6	无～蓝	10.0	0.1% 的 90% 乙醇溶液

3. 混合指示剂

单一指示剂的变色范围都很宽，如甲基橙指示剂变色过程中还有过渡色，不易辨别。相对而言，混合指示剂具有变色范围窄、变色明显等优点。

混合指示剂的配制方法一般有两种。一种是一种指示剂与一种惰性染料（其颜色不随溶液 pH 的变化而改变）混合而成，利用两种颜色的互补作用使指示剂的变色范围变窄且敏锐。例如甲基黄和亚甲基蓝，前者的 $pK_a=3.3$，其酸式为红色，碱式为黄色，后者的颜色是蓝色；当二者混合后，在 pH < 3.2 时，显蓝紫色；pH > 3.4 时，显绿色；在 pH = 3.2~3.4 时，甲基黄的红色形式与黄色形式的浓度比接近于 1，两者加合而显橙色，它与亚甲基蓝的蓝色互为补色，结果呈浅灰色，这样就基本消除了甲基黄变色过程中的过渡颜色橙色，从而使变色范围窄且变色敏锐。另一种是将两种 pK_a 相近的指示剂混合，其作用原理与前一类基本相同。例如甲基红与溴甲酚绿的混合指示剂，pH < 5.0 为酒红色，pH > 5.2 为绿色，pH = 5.1 为灰色，变色范围很窄且颜色易于辨别。

六、酸碱滴定曲线与指示剂的选择原则

酸碱滴定曲线是指在滴定过程中，溶液的 pH 值随滴定剂体积的增加而变化的关系曲线，通常以溶液的 pH 为纵坐标，以所滴入的滴定剂的体积为横坐标绘制而成。

下面按不同反应类型的滴定反应对酸碱滴定曲线和指示剂选择进行讨论。

1. 强酸强碱的滴定

以 0.1000 mol/L NaOH 溶液滴定 20.00 mL 同浓度的 HCl 溶液为例。滴定反应为

$$NaOH + HCl \rightleftharpoons NaCl + H_2O$$

滴定过程可分为以下四个阶段：

（1）滴定前：$c(HCl) = 0.1000$ mol/L，pH = 1.00。

（2）滴定开始至化学计量点前：

当加入 $V_{NaOH} = 10.00$ mL 时：

$$[H^+] = \frac{0.1000 \times 10.00}{20.00 + 10.00} = 0.033 \text{ mol/L} \qquad pH = 1.48$$

当滴入 NaOH 溶液 19.98 mL，即当其相对误差为 −0.1% 时：

$$[H^+] = \frac{0.1000 \times 0.02}{20.00 + 19.98} = 5.00 \times 10^{-5} \text{ mol/L} \qquad pH = 4.30$$

（3）化学计量点时：溶液为 NaCl 的水溶液，pH = 7.00。

（4）化学计量点后：溶液的 pH 取决于过量的 NaOH 的浓度，当滴入 20.02 mol/L NaOH 溶液，相对误差为 +0.1% 时：

$$[OH^-] = \frac{0.1000 \times 0.02}{20.00 + 20.02} = 5.00 \times 10^{-5} \text{ mol/L} \qquad pOH = 4.30 \qquad pH = 9.70$$

如此逐一计算，体系内 pH 的变化见表 6-8，以加入 NaOH 溶液的毫升数对相应的 pH 值作图的滴定曲线，如图 6-1 所示。

表6-8　0.1000 mol/L NaOH 溶液滴定 20.00 mL 0.1000 mol/L HCl 溶液时溶液 pH 的变化

$V_{(加入NaOH)}$/mL	被滴定 HCl 的百分含量/%	$V_{(剩余HCl)}$/mL	$V_{(过量NaOH)}$/mL	溶液 H^+ 浓度/(mol·L^{-1})	pH
0	0	20.00		1.00×10^{-1}	1.00
19.00	90.00	2.00		5.26×10^{-3}	2.28
19.80	99.00	0.20		5.02×10^{-4}	3.30
19.98	99.90	0.02		5.00×10^{-5}	4.30
20.00	100.00	0		1.00×10^{-7}	7.00
20.02	100.10		0.02	2.00×10^{-10}	9.70
20.20	101.00		0.20	2.01×10^{-11}	10.70

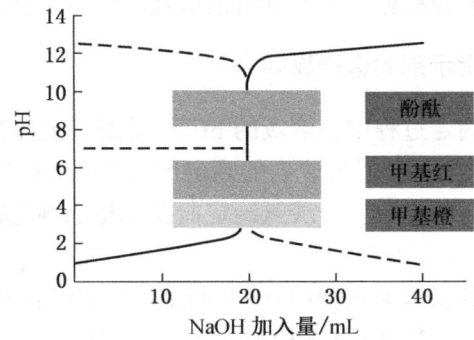

图6-1　0.1000 mol/L NaOH 溶液滴定 20.00 mL 0.1000 mol/L HCl 溶液的滴定曲线

由图6-2和表6-8可见，曲线自左至右明显分成三段。前段和后段比较平坦，溶液的pH值变化缓慢，中段近乎垂直。在化学计量点附近 pH 值有一个突变过程，这种 pH 值突变称之为滴定突跃，突跃所在的 pH 值范围称为滴定突跃范围（常用化学计量点前后各0.1%的 pH 范围表示，上述的突跃范围是4.30~9.70。

最理想的指示剂应该能恰好在反应的化学计量点发生颜色变化，但在实际工作中很难使指示剂的变色范围点和化学计量点完全统一。因此，指示剂的选择主要以滴定的突跃范围为依据，通常选取变色范围全部或部分处在突跃范围内的指示剂滴定终点，这样产生的疑点误差不会超过±0.1%。在上述滴定中，甲基橙（pH=3.1~4.4）和酚酞（pH=8.0~10.0）的变色范围均有一部分在滴定的突跃范围内，所以都可以用来指示这一滴定终点。此外，甲基红、溴酚蓝和溴百里酚蓝等也可用作这类滴定的指示剂。

滴定突跃的大小与溶液的浓度密切相关，如图6-2所示。若酸碱浓度均增大10倍，滴定突跃范围将加宽2个 pH 单位；反之，若酸碱浓度减小10倍，相应的突跃范围将减小2个 pH 单位。可见浓度越高突跃范围越大，浓度越低突跃范围越小，如果滴定时所用的酸碱浓度相等并小于 2×10^{-4} mol/L，滴定突跃范围就会小于0.4个 pH 单位，用一般的指示剂就不能准确地指示出终点。故将 $c \geq 2 \times 10^{-4}$ mol/L 作为此类滴定能够准确进行的条件，常用标准溶液的浓度多控制在 0.01~1 mol/L。

强酸滴定强碱的滴定曲线如图6-1中的虚线部分所示。指示剂选择及其滴定条件等与

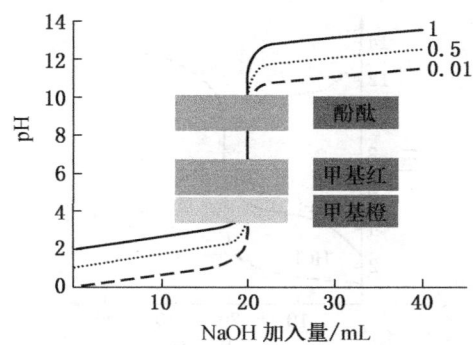

图 6-2 不同溶度 NaOH 滴定相应浓度 HCl 的滴定曲线

前述滴定相似。

2. 强碱滴定一元弱酸

以 0.1000 mol/L NaOH 滴定 20.00 mL 0.1000 mol/L HAc 为例，其滴定反应如下：

$$NaOH + HAc \rightleftharpoons NaAc + H_2O$$

(1) 滴定前：$[H^+] = \sqrt{K_a c_A} = \sqrt{1.76 \times 10^{-5} \times 0.1000}$ pH=2.88

(2) 滴定开始至化学计量点前：溶液剩余的 HAc 和反应生成的 NaAc 组成缓冲体系：

$$pH = pK_a^\theta + \lg \frac{c_a}{c_b}$$

当滴入 NaOH 溶液的体积分别为 18.00 mL 时，溶液中 HAc、Ac⁻浓度及 pH 分别为：

$$c_{HAc} = \frac{0.1000 \times 2.00}{20.00 + 18.00} = 5.26 \times 10^{-3} \text{ mol/L}$$

$$c_{Ac^-} = \frac{0.1000 \times 18.00}{20.00 + 18.00} = 4.74 \times 10^{-2} \text{ mol/L}$$

$$pH = 4.75 + \lg \frac{4.74 \times 10^{-2}}{5.26 \times 10^{-3}} = 5.70$$

(3) 化学计量点时：$c_{Ac^-} = 0.1000/2 = 0.05000$ mol/L

生成的 Ac⁻在溶液中的质子转移反应为：

$$Ac^- + H_2O \rightleftharpoons HAc + OH^-$$

$$[OH^-] = \sqrt{K_b c_{AC^-}} = \sqrt{c_{AC^-} K_w / K_a} = \sqrt{0.05 \times 1.0 \times 10^{-14}/1.76 \times 10^{-5}}$$

pOH=5.27   pH=8.73

(4) 化学计量点后：过滤的 NaOH 会抑制 Ac⁻的水解，溶液的 pH 取决于过量的 NaOH 的浓度，滴入 20.02 mol/L 的 NaOH 溶液，相对误差为+0.1%时：

$$[OH^-] = \frac{0.1000 \times 0.02}{20.00 + 20.02} = 5.00 \times 10^{-5} \text{ mol/L}$$

pOH=4.30   pH=9.70

按照上述方法可逐一计算出其他各点的 pH 值，以加入 NaOH 溶液的毫升数对相应的 pH 值作图的滴定曲线，如图 6-3 所示。由此可见，强碱滴定弱酸的滴定曲线与强碱滴定强酸的滴定曲线相比，具有如下特点：

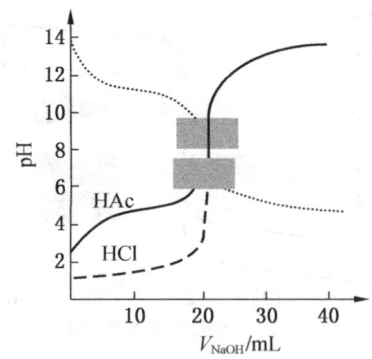

图 6-3　0.1000 mol/L NaOH 溶液滴定 20.00 mL 0.1000 mol/L HAc 溶液的滴定曲线

（1）由于 HAc 是弱酸，所以滴定曲线起点高。

（2）强碱滴定弱酸的突跃范围为 pH=7.75~9.70，比滴定同样浓度强酸的突跃小，并且都是在弱碱性区域，只能选择在碱性范围内变色的指示剂，如酚酞、百里酚蓝等。

强酸滴定一元弱碱的的情况与强碱滴定一元弱酸相似，但 pH 的变化方向相反，因此滴定曲线的形状刚好相反（如图 6-3 中的虚线部分所示）。滴定突跃范围为 pH=4.30~6.30，宜选用甲基红等酸性区域内变色的指示剂。

对于弱酸弱碱，突跃范围不仅与酸碱浓度有关，还与其强度有关。当浓度不变时，弱酸的 K_a 值越小，突跃范围越窄。当滴定突跃很窄（小于 0.3pH 单位）时，由于无法选择指示剂而不能准确地进行滴定分析。$cK_a \geq 10^{-8}$ 时，滴定曲线有明显的突跃，可以选择合适的指示剂指示终点。

3. 多元酸碱的滴定

常见的多元酸碱多数是弱酸或弱碱，其中以二元酸碱居多。它们在水溶液中分步解离，每一分子可以给出或接受一个以上 H^+，其滴定更加复杂。

当 $c_a \cdot K_{ai} \geq 10^{-8}$ 或 $c_b \cdot K_{bi} \geq 10^{-8}$ 时，多元酸碱可以被准确滴定，若同时满足 $K_{ai}/K_{ai+1} \geq 10^5$ 或 $K_{bi}/K_{bi+1} \geq 10^5$，则多元酸碱可以被准确地分步滴定。

多元酸碱滴定的计算比较复杂，因此在实际工作中，通常只计算其计量点的 pH 值，用来选择指示剂。

现以 0.1000 mol/L NaOH 标准溶液滴定 0.10 mol/L H_3PO_4 为例，来讨论滴定多元酸时指示剂的选择。

磷酸的解离反应和解离常数如下：

$$H_3PO_4 = H^+ + H_2PO_4^- \qquad K_{a1} = 7.6 \times 10^{-3}$$
$$H_2PO_4^- = H^+ + HPO_4^{2-} \qquad K_{a2} = 6.3 \times 10^{-8}$$
$$HPO_4^{2-} = H^+ + PO_4^{3-} \qquad K_{a3} = 4.4 \times 10^{-13}$$

因为 $c_a K_{a1} > 10^{-8}$、$c_a K_{a2} \approx 10^{-8}$、$c_a K_{a3} \ll 10^{-8}$ 并且 $K_{a1}/K_{a2}=10^{5.1}>10^5$、$K_{a2}/K_{a3}=10^{5.2}>10^5$；所以 H_3PO_4 第一级和第二级解离的 H^+ 均可直接滴定，且可被分步滴定，而第三级解离的 H^+ 不能直接滴定。

第一计量点时：H_3PO_4 被滴定成 $H_2PO_4^-$，$c=0.10/2=0.050$ mol/L。

由于 $cK_{a2} > 20K_w$，$c < 20K_{a1}$，所以 $pH = \dfrac{(pK_{a1}+pK_{a2})}{2} = 4.66$。

可以选择甲基橙作指示剂，滴定至试液完全呈黄色（pH＝4.4）或选择溴酚蓝（3.0~4.6，黄—紫）为指示剂。

第二计量点时：$H_2PO_4^-$ 被滴定成 HPO_4^{2-}，$c = 0.10/3 = 0.033$ mol/L。

由于 $cK_{a3} \approx 20K_w$，$c \gg 20K_{a2}$，所以 $pH = \dfrac{(pK_{a2}+pK_{a3})}{2} = 9.78$。

若用酚酞（8.0~10.0）作指示剂，终点出现过早，有较大的误差。可选用百里酚酞（9.6~10.6，无色—浅蓝色）作指示剂。

由于 $c_{sp3}K_{a3} \ll 10^{-8}$，第三级解离的 H^+ 不能直接滴定。但是若将 HPO_4^{2-} 强化，则仍可以滴定。如在溶液中加入 $CaCl_2$，发生下列反应：

$$3Ca^{2+} + 2HPO_4^{2-} = Ca_3(PO_4)_2\downarrow + 2H^+$$

该反应能使 HPO_4^{2-} 中可解离的 H^+ 全部释放出来，可以滴定。为了防止 $Ca_3(PO_4)_2$ 沉淀被溶解，应选择酚酞作指示剂，用 NaOH 溶液滴定。

大多数有机多元酸都是弱酸，各相邻的解离常数之间相差不大，故不能分步滴定。如草酸、酒石酸和柠檬酸等。但是由于它们最后一级的 K_a 一般并不小，因此可以用 NaOH 作滴定剂，按多元酸一次完全滴定。例如用 0.1000 mol/L NaOH 标准溶液滴定 0.10 mol/L $H_2C_2O_4$，$K_{a1} = 5.9 \times 10^{-3}$，$K_{a2} = 6.4 \times 10^{-5}$。按照多元酸一次被滴定，若选用酚酞作指示剂，终点误差约为+0.1%。

多元碱用强酸滴定时，情况与多元酸的滴定相似。现以 0.10 mol/L HCl 滴定 0.10 mol/L Na_2CO_3 溶液为例，来讨论指示剂的选择。滴定反应和 Na_2CO_3 的解离常数如下：

$$CO_3^{2-} + H^+ = HCO_3^- \qquad K_{b1} = K_w/K_{a2} = 1.8 \times 10^{-4}$$
$$HCO_3^- + H^+ = H_2CO_3 \qquad K_{b2} = K_w/K_{a2} = 2.4 \times 10^{-8}$$

因为 $c_b \cdot K_{b1} \geq 10^{-8}$、$c_b \cdot K_{b2} \geq 10^{-8}$，并且 $K_{b1}/K_{b2} \approx 10^4$，所以第一级、第二级能被准确地分步滴定。

第一化学计量点时：产物为 $NaHCO_3$ 时，$[OH^-] = (K_{b1}K_{b2})^{1/2}$，则 pOH = 5.68，pH = 8.32，可用酚酞作指示剂，但终点颜色较难判断（红至微红），误差大于 1%。采用同浓度的 $NaHCO_3$ 溶液作参比，误差可减小到 0.5%。

第二化学计量点时：溶液为 CO_2 的饱和溶液，H_2CO_3 的浓度为 0.040 mol/L，$[H^+] = (cK_{a1})^{1/2} = 1.3 \times 10^{-4}$ mol/L，则 pH = 3.89，可选用甲基橙作指示剂。

项目七 氧化还原滴定法

任务一 水中溶解氧测定

【任务分析】

溶解在水中的分子态氧称为溶解氧，用 DO 表示。清洁地面水与污水中溶解氧的浓度是不相同的，清洁地面水溶解氧一般接近饱和，而水体受有机、无机还原性物质污染的污水，溶解氧会降低，当趋近于零时，厌氧菌繁殖，水质恶化。在污水生化处理中，需通过控制溶解氧含量，以达到降解污染物的目的。锅炉给水中含有的溶解氧，在高温下易对锅炉管道、设备等产生腐蚀，因而也需要进行溶解氧的测定，从而控制其含量。

水中溶解氧测定的方法有碘量法、目视比色法以及膜电极法3种，其中碘量法最为常用，该法是利用溶解氧与所加入试剂之间发生的氧化还原反应，通过滴定分析确定还原物质的量，进而得到溶解氧的含量。

本任务参考国标《水质 溶解氧的测定 碘量法》（GB 7489—1987）要求采用碘量法测定未知水样中溶解氧的含量，掌握碘量法测定溶解氧的原理和技能操作。技能操作成绩以滴定分析的标准评分，塑造学生的工匠精神。

【实验实训】

一、方法原理

水样中加入硫酸锰和碱性碘化钾，水中溶解氧将低价锰氧化成高价锰，生成四价锰的棕色氢氧化物沉淀。加酸后氢氧化物沉淀溶解，与碘离子反应而释出游离态碘。以淀粉为指示剂，用硫代硫酸钠滴定释出的碘，即可计算出溶解氧含量。

相关反应式为：

$$MnSO_4 + 2KOH \longrightarrow Mn(OH)_2 + K_2SO_4$$

$$2Mn(OH)_2 + O_2 \longrightarrow 2H_2MnO_3 \downarrow$$

$$4Mn(OH)_2 + O_2 + 2H_2O \longrightarrow 4Mn(OH)_3$$

$$H_2MnO_3 + 2H_2SO_4 + 2KI \longrightarrow MnSO_4 + K_2SO_4 + 3H_2O + I_2$$

$$2Mn(OH)_3 + 3H_2SO_4 + 2KI \longrightarrow 2MnSO_4 + K_2SO_4 + 6H_2O + I_2$$

$$2Na_2S_2O_3 + I_2 \longrightarrow Na_2S_4O_6 + 2NaI$$

二、试剂

（1）硫酸锰溶液：称取 480 g 硫酸锰（$MnSO_4 \cdot 4H_2O$）或 364 g（$MnSO_4 \cdot H_2O$）溶于水中，用水稀释至 1000 mL，此溶液加至酸化过的碘化钾溶液中，遇淀粉不得产生蓝色。

（2）碱性碘化钾溶液：称取 500 g 氢氧化钠溶解于 300~400 mL 水中，另称取 150 g

碘化钾（或135 g NaI）溶于200 mL水中，待氢氧化钠溶液冷却后，将两溶液合并、混匀。用水稀释至1000 mL，如有沉淀，则放置过夜后，倾出上清液，储于棕色瓶中，再用橡皮塞塞紧，避光保存。此溶液酸化后，遇淀粉不应呈蓝色。

（3）硫酸溶液：1∶5。

（4）淀粉溶液1%（m/v）：称取1 g可溶性淀粉，用少量水调成糊状，再用刚煮沸的水冲稀至100 mL，冷却后，加入0.1 g水杨酸或0.4 g氯化锌防腐。

（5）硫代硫酸钠标准滴定溶液：$c(Na_2S_2O_3)$ = 0.10 mol/L。

（6）浓硫酸：ρ = 1.84 g/cm³。

三、仪器与材料

滴定管、锥形瓶、250~300 mL溶解氧瓶。

四、分析步骤

1. 水样的采集

用水样冲洗溶解氧瓶后，用虹吸法将虹吸管插入溶解氧瓶瓶底，待水样流出并溢出几分钟后，取出虹吸管，迅速塞紧瓶塞，不得留有气泡，否则重取。

2. 溶解氧的固定

用吸管插入溶解氧瓶的液面下，迅速加入1 mL硫酸锰溶液和2 mL碱性碘化钾溶液，盖好瓶塞，颠倒混合数次，待棕色沉淀物降至一半时，再颠倒混合一次，待沉淀物下降至瓶底。一般在取样现场固定。

3. 析出碘

轻轻打开瓶塞，立即用吸管插入液面下加入2.0 mL浓硫酸，小心盖好瓶塞，颠倒混合均匀，至沉淀物全部溶解为止，放置暗处5 min。

4. 滴定

吸取100.0 mL上述溶液于250 mL锥形瓶中，用硫代硫酸钠标准滴定溶液滴至溶液呈现淡黄色，加入1 mL淀粉溶液，继续滴定至蓝色刚好消失为止。记录标准滴定溶液的用量。

五、数据处理

水样中溶解氧含量（以O_2计）按下式计算：

$$溶解氧（以 O_2 计）（mg/L）= \frac{cV \times 8 \times 1000}{V_{样}} \tag{7-1}$$

式中　c——硫代硫酸钠标准滴定溶液的浓度，mol/L；

　　　V——滴定水样时，硫化硫酸钠标准滴定溶液的用量，mL；

　　　8——氧（$1/4O_2$）的摩尔质量，g/mol；

　　　$V_{样}$——水样体积，mL。

水中溶解氧测定见表7-1。

表7-1 水中溶解氧的测定

	样品名称			检测人		
	标准溶液及浓度			审核人		
	水温/℃			检测日期		
	温度校正系数			指示剂		
	记录项目	Ⅰ	Ⅱ	Ⅲ	Ⅳ	
滴定管	滴定前滴定管内的溶液体积/mL					
	滴定后滴定管内的溶液体积/mL					
	实际滴定溶液体积/mL					
空白	V_0/mL					
体积校正	温度校正值/mL					
	体积校正值/mL					
	实际体积/mL					
结果计算	计算公式					
	溶解氧（O_2）/(mol·L^{-1})					
	平均值					
	相对标准偏差/%					
	规定相对标准偏差	≤0.2%		本次测定偏差是否符合要求		

注意：

（1）取样或测定中，要特别注意切勿使水样过分接触空气，以防溶解氧增加或损失，导致结果变化。

（2）水样有色或含有氧化及还原性物质、藻类悬浮物时，易干扰测定，可采用修正碘量法。

（3）若水样中含有氧化性物质（如游离氯大于 0.1 mg/L）时，应预先于水样中加入硫代硫酸钠去除。用溶解氧瓶取两瓶水样，在其中一瓶加入 5 mL（1:5）硫酸和 1 g 碘化钾，摇匀。此时游离出碘。以淀粉作指示剂，用硫代硫酸钠标准滴定溶液滴至蓝色刚褪，记下用量（相当于除去余氯的量），于另一瓶水样中加入同样量的硫代硫酸钠标准滴定溶液，摇匀后，再按步骤测定。

（4）如水样呈强酸或强碱性，可用氢氧化钠或硫酸溶液调至中性后测定。

（5）对于污水及生化处理水，当其中 NO^{2-} 含量高于 0.05 mg/L、Fe^{2+} 含量低于 1 mg/L 时，可采用叠氮化钠修正法。

【考核标准】

溶液移取操作具体考核细则详见表 2-11，滴定管操作具体考核细则详见表 2-12。

【相关知识】

一、氧化还原的概念

1. 氧化还原反应

根据反应过程中是否有氧化值的变化或电子转移，化学反应可基本上分为两大类：氧化还原反应（有电子转移或氧化值变化）和非氧化还原反应（没有电子转移或氧化值无变化）。

氧化还原反应对于制备新物质、获取化学热能和电能具有重要的意义，与我们的衣、食、住、行及工农业生产、科学研究都密切相关。据不完全统计，化工生产中约50%以上的反应都涉及氧化还原反应。

2. 氧化值（氧化数）

1970年，国际纯粹和应用化学联合会（缩写为IUPAC）给出了氧化值的定义：氧化值是某一元素一个原子的荷电数，这个荷电数可由假设把每个键中的电子指定给电负性更大的原子而求得。

确定氧化值的规则如下：

（1）在单质分子中，元素的氧化值为零。

（2）对于单原子离子，元素的氧化值等于离子的电荷数。

（3）氧在化合物中的氧化值一般为-2，但在过氧化物（H_2O_2）中为-1，在超氧化物（KO_2）中为$-\frac{1}{2}$，在氟氧化物（OF_2）中为$+2$，因为F的电负性比O大。

（4）氢在化合物中的氧化值一般为$+1$，但在金属氢化物中（如NaH、CaH_2）为-1，因为H的电负性比金属大。

（5）对于多原子离子，所有元素的氧化值的代数之和等于离子的电荷数。

（6）在电中性分子中，所有元素的氧化值之和为零。

3. 氧化剂与还原剂

氧化剂是指氧化数降低的物质（得到电子）。

还原剂是指在氧化还原反应过程中，氧化数升高的物质（提供电子）。

氧化还原反应的实质是反应物之间电子的得失。

4. 氧化还原方程式的配平

1）氧化数法

氧化数法不但适用于水溶液中进行的氧化还原反应的配平，也适用于气相和固相中进行的氧化还原反应的配平。

配平原则是：

（1）在氧化还原反应中氧化数升高总数和降低总数相等。

（2）根据质量守恒定律，反应前后各元素的原子总数相等。

2）离子-电子法

离子-电子法把水溶液中有关反应的离子作为配平的对象，因而它更能反映电解质溶液中氧化还原的本质。

配平原则是：

(1) 氧化剂获得电子总数等于还原剂失去电子总数。
(2) 反应前后每种元素的原子个数相等。

二、氧化还原滴定法

1. 概述

氧化还原滴定法是以氧化还原反应为基础的一类滴定分析方法，根据滴定过程中溶液电极电势的突变来确定终点，是滴定分析中应用较广泛的分析方法之一。它不仅可直接测定具有氧化性和还原性的物质，还可间接测定本身不具有氧化还原性，却能与氧化剂或还原剂定量反应的物质；不仅能测定无机物，也能测定有机物。根据分析所用的氧化剂的不同，分为高锰酸钾法、碘量法、重铬酸钾法、铈量法等。

2. 氧化还原滴定曲线

与酸碱滴定研究溶液中 pH 的变化不同，氧化还原滴定研究的是由氧化剂和还原剂引发的电极电势 φ 的变化，φ 可通过实验所得的滴定曲线求得，也可应用能斯特方程进行计算。从滴定曲线上可以看出，化学计量点前后会出现一个明显的突跃，突跃的长短与氧化剂和还原剂两电对的条件电极电位的差值大小有关。电位差越大，滴定突跃越长，反之则越短，那么两电对电位差多大时，滴定曲线上才有明显的突跃呢？

一般来说，两个电对的条件电极电势的差值大于 0.2 V 时，突跃范围才明显，才可以进行滴定；差值在 0.2~0.4 V 之间时，可采用电位法确定终点；差值大于 0.4 V 时，可选用氧化还原指示剂指示终点，如图 7-1 所示。

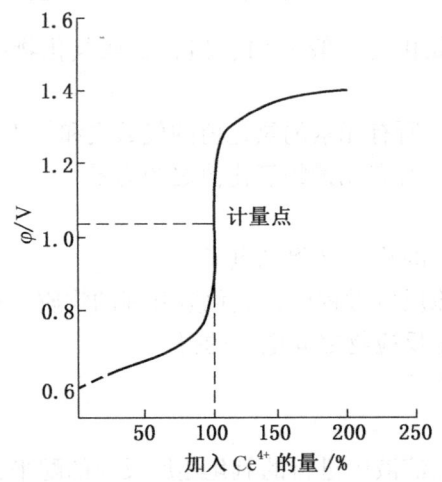

图 7-1　0.1000 mol/L Ce (SO$_4$)$_2$ 滴定 0.1000 mol/L Fe^{2+} 的滴定曲线

3. 氧化还原滴定指示剂

在氧化还原滴定法中，除了用电位法确定终点外，还可以根据所使用的标准溶液的不同，选用不同类型的指示剂来确定终点。

1) 氧化还原指示剂

这类指示剂本身具有氧化还原性质，其氧化型和还原型具有不同的颜色。在滴定至计量点后，指示剂被氧化或还原，同时伴随有颜色变化，从而指示滴定终点。如下：

$$\text{In (Ox)} + ne^- \longrightarrow \text{In (Re)}$$
氧化态　　　　　还原态

同酸碱指示剂相似，氧化还原指示剂颜色的改变也存在着一定的变色范围，表7-2列出了一些常见氧化还原指示剂的条件电极电势及颜色变化，在选择指示剂时，应使指示剂的条件电极电势尽量与反应的化学计量点的电势相一致，以减小终点误差。

表7-2　一些常见氧化还原指示剂的条件电极电势和颜色变化

指示剂	$\varphi^{0'}/V$ $[H^+]=1mol/L$	颜色变化	
		氧化态	还原态
次甲基蓝	0.36	蓝色	无色
二苯胺	0.76	紫色	无色
二苯胺磺酸钠	0.84	红紫色	无色
邻苯氨基苯甲酸	0.89	红紫色	无色
磷二氮菲—亚铁	1.06	浅蓝色	红色
硝基磷二氮菲—亚铁	1.25	浅蓝色	红紫色

2）专属指示剂

有些物质本身并不具有氧化还原性质，但能与滴定剂或被滴定物质产生特殊的颜色，可借此指示终点。例如可溶性淀粉与碘生成深蓝色吸附配合物，可指示终点。又如以 Fe^{3+} 滴定 Sn^{2+} 时，可用KSCN为指示剂，当溶液出现红色，即生成Fe（Ⅲ）的硫氰酸配合物时，即为终点。

3）自身指示剂

当标准滴定溶液或被滴定物质本身具有颜色，而滴定产物无色或颜色很浅时，滴定时可不必另加指示剂。如 $KMnO_4$ 具有很深的紫红色，用它来滴定溶液时，反应产物的颜色很浅，则计量点后稍过量的 $KMnO_4$ 就能使溶液呈现明显的粉红色，指示终点到达。

任务二　工业污水中化学需氧量的测定

【任务分析】

化学需氧量（COD）是表示水中还原性物质的指标，反映了水体被还原性物质污染的程度。通常以氧化1 L水样中还原性物质（一般为有机物）所消耗的氧化剂的量为基准，折算成每升水样全部被氧化后需要的氧的毫克数，以mg/L表示。化学需氧量越大，说明水体受污染的程度越严重。特别是工业污水中的有机物对工业水系统的危害很大。含有大量的有机物的水在通过除盐系统时会污染离子交换树脂，特别容易污染阴离子交换树脂，使树脂交换能力降低。有机物在经过预处理时（混凝、澄清和过滤），约可减少50%，但在除盐系统中无法除去，故常通过补给水带入锅炉，使炉水pH值降低。有时有机物还可能带入蒸汽系统和凝结水中，使pH降低，造成系统腐蚀。在循环水系统中有机物含量高会促进微生物繁殖。因此，不管对除盐、炉水或循环水系统，化学需氧量都是越低越好。

化学需氧量的测定目前应用最普遍的是酸性高锰酸钾氧化法与重铬酸钾氧化法。高锰酸钾（KmnO$_4$）法，氧化率较低，但比较简便，在测定水样中有机物含量的相对比较值时，可以采用。重铬酸钾（K$_2$Cr$_2$O$_7$）法氧化率高，再现性好，适用于测定水样中有机物的总量。

本次任务参考国标《工业循环冷却水中化学需氧量（COD）的测定高锰酸盐指数法》（GB/T 15456—2019），要求学生采用高锰酸钾法对工业污水水样的化学需氧量进行测定，掌握高锰酸钾法测定化学需氧量的原理及方法，技能操作成绩以溶液配制、溶液移取、滴定分析操作的标准评分，塑造学生的工匠精神。

【实验实训】

一、方法原理

KMnO$_4$ 在酸性条件下呈较强的氧化性，在一定条件下使水样中还原性物质氧化，KMnO$_4$ 还原为 Mn^{2+}，过量的 KMnO$_4$ 通过草酸钠滴定，再用高锰酸钾标准溶液回滴过量的草酸钠标准溶液，通过计算求得水样的化学耗氧量。如下：

$$MnO_4^- + 8H^+ + 5\bar{e} \longrightarrow Mn^{2+} + 4H_2O$$

$$2MnO_4^- + 5C_2O_4^{2-} + 16H^+ \longrightarrow 2Mn^{2+} + 10CO_2\uparrow + 8H_2O$$

二、试剂

（1）硫酸银饱和溶液。

（2）硫酸溶液（1:3）。

（3）草酸钠标准滴定溶液 [$c(1/2Na_2C_2O_4) = 0.01000$ mol/L]：准确称取 0.6700 g 草酸钠，准确至 0.0002 g，用少量水溶解，移至 1000 mL 容量瓶中，稀释至刻度，摇匀。

（4）高锰酸钾溶液 [$c(1/5KMnO_4) = 0.1000$ mol/L]：称取 3.2 g 高锰酸钾溶于 1 L 水中，在沸水浴上煮沸 2 h 左右，放置过夜，于棕色瓶中保存，使用前用玻璃砂芯漏斗过滤，储于棕色瓶中。

（5）高锰酸钾标准滴定溶液 [$c(1/5KMnO_4) = 0.01000$ mol/L]：用移液管吸取 50 mL 上述高锰酸钾溶液于 500 mL 容量瓶中，用水稀释至刻度，摇匀。

标定：在 250 mL 烧杯中加 50 mL 水，再加 5 mL 硫酸（1:3），然后用移液管移入 10 mL 草酸钠标准滴定溶液，加热至 60~80 ℃，用高锰酸钾标准滴定溶液滴定，溶液由无色刚刚出现浅红色为滴定终点。按高锰酸钾标准滴定溶液消耗体积计算高锰酸钾滴定溶液的浓度。

三、仪器与材料

50 mL 棕色酸式滴定管及其他化验室常用仪器。

四、分析步骤

1. 水样的预处理

若水样混浊应用滤纸过滤至澄清。

2. 水样的分析

用移液管吸取 25~100 mL 现场水样于 250 mL 锥形瓶中，加 50 mL 水、5 mL（1∶3）硫酸、5~10 滴饱和硫酸银溶液、10.00 mL 高锰酸钾标准滴定溶液，在电炉上慢慢加热至沸腾后，再煮沸 5 min。水样应为粉红色或红色。若为无色，则再加 10.00 mL 高锰酸钾标准滴定溶液，（此体积代入公式中计算）或减少取样量，按上述过程重新煮沸 5 min。

冷却至 60~80 ℃，用移液管加入 10.00 mL 草酸钠标准滴定溶液，溶液应呈无色，若呈红色，则再加 10.00 mL 草酸钠标准滴定溶液。用高锰酸钾标准滴定溶液滴至粉红色为终点，同时做空白试验。

五、数据处理

以 mg/L 表示的水样中化学需氧量 X（以 O_2 计），按下式计算：

$$X（以 O_2 计）（mg/L）= c(V_1-V_0)\times 8\times 10^3/V_{水样} \tag{7-2}$$

式中 $c(1/5KMnO_4)$——高锰酸钾标准滴定溶液的摩尔浓度，mol/L；

V_1——测定水样时消耗的高锰酸钾标准滴定溶液的体积，mL；

V_0——空白试验时消耗的高锰酸钾标准滴定溶液的体积，mL；

$V_{水样}$——所取试样溶液的体积，mL；

8——基本单元 $1/4O_2$ 的摩尔质量，g/mol。

化学需氧量的测定见表 7-3。

表 7-3 化学需氧量的测定

样品名称			检测人		
标准溶液及其浓度			审核人		
水温/℃			检测日期		
温度校正系数			指示剂		
记录项目		Ⅰ	Ⅱ	Ⅲ	Ⅳ
滴定管	滴定前滴定管内的溶液体积/mL				
	滴定后滴定管内的溶液体积/mL				
	实际滴定溶液体积/mL				
空白	V_0/mL				
体积校正	温度校正值/mL				
	体积校正值/mL				
	实际体积/mL				

表7-3（续）

记录项目		Ⅰ	Ⅱ	Ⅲ	Ⅳ
结果计算	计算公式				
	化学需氧量/(mg·L^{-1})				
	平均值				
	绝对差值				
标准规定平行测定结果绝对差值		≤0.5 mg/L	本次测定偏差是否符合要求		

注意：

（1）加热完毕后，溶液应仍保持淡红色，如变浅或全部褪去，则说明高锰酸钾用量不够，此时应弃样重做（减少取样量）。如水样中氯化物超过 300 mg/L，应采用碱性 $KMnO_4$ 法。

（2）若加热时有沉淀（MnO_2）生成，说明酸度不足，应弃去重做。

（3）在酸性条件下，草酸钠和高锰酸钾反应的温度应为 60~80 ℃，若低于 60 ℃，则反应速度较慢，所以滴定操作必须趁热进行。若温度过低，需适当加热。

（4）试剂应严格按操作程序加入。

【考核标准】

溶液配制操作具体考核细则详见表 2-10，溶液移取操作具体考核细则详见表 2-11，滴定管操作具体考核细则详见表 2-12。

【相关知识】

常用的氧化还原方法为高锰酸钾法、重铬酸钾法和碘量法。

一、高锰酸钾法

1. 基本原理

高锰酸钾法是以高锰酸钾为标准溶液的氧化还原滴定法。高锰酸钾是强氧化剂，它的氧化作用与溶液的酸度有关，在强酸性溶液中，$KMnO_4$ 还原为 Mn^{2+}：

$$MnO_4^- + 8H^+ + 5\bar{e} \rightleftharpoons Mn^{2+} + 4H_2O \qquad \varphi^\theta = 1.51 \text{ V}$$

在中性或弱碱性溶液中，$KMnO_4$ 还原为 MnO_2：

$$MnO_4^- + 2H_2O + 3\bar{e} \rightleftharpoons MnO_2 + 4OH^- \qquad \varphi^\theta = 1.51 \text{ V}$$

因此，高锰酸钾只能在强酸性溶液中进行，以充分发挥其氧化能力。酸度的调节以硫酸为宜，因为硝酸有氧化剂，盐酸中的 Cl^- 具有还原性，可被 $KMnO_4$ 氧化，发生副反应。

有些物质和高锰酸钾在常温下反应较慢，为加快其反应速度，可在滴定前加热或加入催化剂以促进反应速度加快。但有些在空气中易氧化或加热易分解的还原性物质，如亚铁盐、过氧化氢等则不能加热。

高锰酸钾氧化能力强，可以直接、间接地测定多种无机物和有机物；本身有颜色，可作自身指示剂，但标准溶液不太稳定；反应历程比较复杂，易发生副反应，滴定的选择性也较差。但若标准溶液配制、保存得当，滴定时严格控制条件，这些缺点大多可克服。

2. 标准溶液的配制与标定

$KMnO_4$ 性质不稳定，自身能自行分解反应，易受水、空气中还原性物质影响，因此标准溶液的配置只能采用间接法配置，先配置成粗略浓度，经过煮沸，静置过夜，过滤后用基准物标定出准确浓度，在棕色试剂瓶中保存。

标定高锰酸钾溶液的基准物有 $Na_2C_2O_4$、$H_2C_2O_4 \cdot 2H_2O$、As_2O_3 和纯铁等。其中 $Na_2C_2O_4$ 易提纯，性质稳定，不含结晶水，在 105~110 ℃下烘干 2 h 就可以使用，因而最为常用。如下：

$$2MnO_4^- + 5C_2O_4^{2-} + 16H^+ =\!=\!= 2Mn^{2+} + 10CO_2\uparrow + 8H_2O$$

二、重铬酸钾法

1. 基本原理

本法是以 $K_2Cr_2O_7$ 作为氧化剂，在酸性条件下与还原剂作用生成 Cr^{3+}：

$$Cr_2O_7^{2-} + 14H^+ + 6e^- =\!=\!= 2Cr^{3+} + 7H_2O \qquad \varphi^\theta = 1.33 \text{ V}$$

$K_2Cr_2O_7$ 在酸性溶液中的氧化能力不如 $KMnO_4$ 强，应用范围不如 $KMnO_4$ 法广泛。

2. 标准溶液的配制

$K_2Cr_2O_7$ 容易提纯且稳定，在 140~150 ℃ 干燥 2 h，即可直接进行配置。其本身不能作为指示剂，需加入滴定指示剂，常用的有二苯胺磺酸钠和邻苯氨基苯甲酸，二苯胺磺酸钠的还原态为无色，氧化态为紫红色。

三、碘量法

1. 基本原理

碘量法是基于 I_2 氧化性及 I^- 的还原性的分析法。如下：

$$I_3^- + 2e^- =\!=\!= 3I^- \qquad \varphi^\theta = 0.536 \text{ V}$$

碘量法常以淀粉作为指示剂，在少量 I^- 存在下，I_2 与淀粉反应形成蓝色吸附配合物，根据蓝色的出现或消失来指示终点。按原理可分为直接碘量法和间接碘量法。

（1）直接碘量法：直接碘量法是利用 I_2 的氧化性，用 I_2 标准溶液直接滴定还原剂溶液，在酸性条件下，能与较强的还原剂 S^{2-}、SO_3^{2-}、As_2O_3、Sn（Ⅱ）、Sb（Ⅲ）、维生素 C 发生反应。

（2）间接碘量法：间接碘量法是用一定量的氧化剂将 I^- 氧化为 I_2，然后用标准的 $Na_2S_2O_3$ 溶液滴定生成的 I_2，通过 $Na_2S_2O_3$ 消耗的量，求氧化剂的含量。此法只能在中性或弱酸性条件下进行，在强酸溶液中，$Na_2S_2O_3$ 会发生分解，I^- 容易被氧化，在碱性溶液中 I_2 会发生歧化反应。

2. 标准溶液的配制与标定

1) 碘标准溶液的配制与标定

市售的碘不纯，可采用升华法进行纯化，但因其升华会对天平造成腐蚀，故使用间接法配置标准溶液。将固体 I_2 与 KI 一起加水溶解，使 I_2 分子充分溶解，再用水稀释至一定体积，放在棕色瓶中保存，置于暗处。

最常用的基准物为 As_2O_3，其难溶于水，可溶于碱性溶液中，与 NaOH 反应生成亚砷酸钠，再用 I_2 溶液进行滴定。如下：

$$As_2O_3 + 6NaOH \longrightarrow 2Na_3AsO_3 + 3H_2O$$

$$Na_3AsO_3 + I_2 + H_2O \rightleftharpoons Na_3AsO_4 + 2HI$$

由于 As_2O_3 为剧毒物，也可用已知准确浓度的 $Na_2S_2O_3$ 标准溶液标定。

2) $Na_2S_2O_3$ 标准溶液的配制与标定

$Na_2S_2O_3 \cdot 5H_2O$ 容易风化且含有少量杂质，只能配制成近似浓度的溶液再进行标定。常用的基准物有 $K_2Cr_2O_7$、$KBrO_3$、KIO_3 等，一般用 $K_2Cr_2O_7$ 在酸性溶液与过量 KI 反应，析出 I_2，以淀粉为指示剂，用待标定的 $Na_2S_2O_3$ 标准溶液滴定。如下：

$$Cr_2O_7^{2-} + 5I^- + 14H^+ \rightleftharpoons 2Cr^{3+} + 3I_2 + 7H_2O$$

$$I_2 + 2S_2O_3^{2-} \rightleftharpoons S_4O_6^{2-} + 2I^-$$

项目八 配位滴定法

任务一 EDTA标准滴定溶液的标定及硫酸锌含量的测定

【任务分析】

某化工厂购回一批硫酸锌试剂,准备用来加入密闭式循环冷却系统的冷却水中用作水质稳定剂,以确保在循环冷却过程中冷却水对金属不会有腐蚀性和结垢。针对购买的硫酸锌是否符合工厂标准,将交由化验室对硫酸锌试剂中的硫酸锌含量进行测定。本次任务参考高职"工业分析检验"赛项中化学分析操作考核项目,采用配位滴定方法,使用EDTA作为配位滴定的标准溶液,经过ZnO基准试剂对EDTA的标定确定浓度后,再对硫酸锌试样进行滴定,确定硫酸锌的含量。本次任务要求学生掌握配位滴定的基本操作,了解配合物及其类型,熟悉配位滴定的基本原理。技能操作成绩以减量法称量、溶液配制、溶液移取和滴定分析操作的标准评分,塑造学生的工匠精神。

【实验实训】

一、仪器

马弗炉、分析天平(精确至0.0001 g)、酸式/聚四氟乙烯滴定管(50 mL)、锥形瓶(250 mL)、容量瓶(250 mL)、移液管(25 mL)、试剂瓶。

二、试剂

ZnO(基准试剂)、铬黑T指示剂(5 g/L)、EDTA($C_{10}H_{14}N_2Na_2O_8 \cdot 2H_2O$)标准溶液(约0.02 mol/L)、$NH_3$-$NH_4Cl$缓冲溶液(pH=10.0)、$NH_3 \cdot H_2O$溶液(10%)、盐酸溶液(20%)、硫酸锌试液。

三、实验操作

1. 0.02 mol/L EDTA溶液的配制

用分析天平称约4 g乙二胺四乙酸二钠盐(EDTA),用200 mL温水溶解后,转入试剂瓶中,加水至500 mL,充分摇匀,若浑浊,应过滤后使用。

2. EDTA标准溶液的标定

用减量法准确称取两份0.42 g于(800±50)℃马弗炉中灼烧至恒重的工作基准试剂氧化锌于烧杯中,用少量水湿润,逐滴加入20%的盐酸搅拌至完全溶解(约2~3 mL,注意在氧化锌完全溶解的前提下,盐酸用量越少越好),再分别移入两个250 mL的容量瓶中,用去离子水稀释至刻度,摇匀。在每个配制好的锌标准溶液的容量瓶中用移液管分别移取两份25.00 mL于250 mL锥形瓶中,加70 mL水,用10%的氨水调节溶液pH=7~8,加入

10 mL 氨—氯化铵缓冲溶液及 5 滴 5 g/L 的铬黑 T 指示液，用 EDTA 标准溶液滴定至溶液由紫色变为纯蓝色。同时做空白试验。

3. 硫酸锌含量的测定

用差减法准确称取 0.7 g 硫酸锌样品于 250 mL 锥形瓶中，加 70 mL 水，用 10% 的氨水调节溶液 pH＝7~8，加入 10 mL pH＝10 的氨—氯化铵缓冲溶液及 5 滴 5 g/L 铬黑 T 指示液，用配制好的 EDTA 溶液滴定至溶液由紫色变为纯蓝色。平行测定 3 次。

四、结果计算公式

1. EDTA 标准溶液的标定

$$c_{(EDTA)} = \frac{m_{(ZnO)} \times \frac{25.00}{250.0} \times 1000}{M_{(ZnO)} V} \tag{8-1}$$

式中　$c_{(EDTA)}$——EDTA 溶液的物质的量浓度，mol/L；
　　　$m_{(ZnO)}$——基准氧化锌的质量，g；
　　　$V_{(实际)}$——标定 EDTA 溶液中实际消耗 EDTA 溶液的体积，mL；
　　　$M_{(ZnO)}$——氧化锌的摩尔质量，81.39 g/mol。

2. 硫酸锌含量的测定

$$w_{(ZnSO_4)} = \frac{\overline{c}_{(EDTA)} \times V_2 \times 10^3 \times M_{(ZnSO_4)}}{m_{(ZnSO_4)}} \times 100\% \tag{8-2}$$

式中　$w_{(ZnSO_4)}$——硫酸锌的质量分数，%；
　　　$\overline{c}_{(EDTA)}$——EDTA 溶液标定后计算出的物质的量浓度，mol/L；
　　　$V_{2(实际)}$——EDTA 溶液在测定硫酸锌含量测定中的实际消耗体积，mL；
　　　$M_{(ZnSO_4)}$——硫酸锌的摩尔质量，161.4 g/moL；
　　　$m_{(ZnSO_4)}$——称量瓶中敲出的 $ZnSO_4$ 质量，g。

五、数据记录和处理

1. EDTA 标准滴定溶液的标定

EDTA 标准滴定溶液的标定见表 8-1。

表 8-1　EDTA 标准滴定溶液的标定

溶液名称		检测人	
基准物质		审核人	
水温/℃		检测日期	
温度校正系数		指示剂	

表 8-1（续）

	记录项目	I	II	III	IV
称量瓶	倾倒前称量瓶+基准物质量/g				
	倾倒后称量瓶+基准物质量/g				
	称量瓶中敲出的基准物质量/g				
滴定管	滴定前滴定管内的溶液体积/mL				
	滴定后滴定管内的溶液体积/mL				
	实际滴定溶液体积/mL				
空白	V_0/mL				
体积校正	温度校正值/mL				
	体积校正值/mL				
	实际体积/mL				
结果计算	计算公式				
	$c_{(EDTA)}/(\text{mol}\cdot\text{L}^{-1})$				
	$\bar{c}_{(EDTA)}/(\text{mol}\cdot\text{L}^{-1})$				
	相对标准偏差/%				
规定相对标准偏差		≤0.2%		本次测定偏差是否符合要求	

2. 硫酸锌含量的测定

硫酸锌含量的测定见表 8-2。

表 8-2 硫酸锌含量的测定

	样品名称			检测人	
	标准溶液及其浓度			审核人	
	水温/℃			检测日期	
	温度校正系数			指示剂	
	记录项目	I	II	III	IV
称量瓶	倾倒前称量瓶+$ZnSO_4$/g				
	倾倒后称量瓶+$ZnSO_4$/g				
	称量瓶中敲出的 $ZnSO_4$ 质量/g				

表 8-2（续）

记录项目		Ⅰ	Ⅱ	Ⅲ	Ⅳ
滴定管	$V_{(初)}$/mL				
	$V_{(终)}$/mL				
	$V_{(消耗)}$/mL				
空白	$V_{(空白)}$/mL				
体积校正	温度校正值/mL				
	体积校正值/mL				
	$V_{2(实际)}$/mL				
结果计算	计算公式				
	$w_{(ZnSO_4)}$/%				
	$\overline{w}_{(ZnSO_4)}$/%				
	相对标准偏差/%				
规定相对标准偏差		≤0.2%	本次测定偏差是否符合要求		

【考核标准】

减量法称量操作具体考核细则详见表 2-7，溶液配制操作具体考核细则详见表 2-10，溶液移取操作具体考核细则详见表 2-11，滴定管操作具体考核细则详见表 2-12。

【相关知识】

一、配合物的定义及组成

1. 配合物的定义

配位化合物简称配合物，是一类组成比较复杂的化合物，它的存在和应用都很广泛。生物体内的金属元素多以配合物的形式存在。例如叶绿素是镁的配合物，植物的光合作用靠它来完成。又如动物血液中的血红蛋白是铁的配合物，在血液中起着输送氧气的作用；动物体内的各种酶几乎都是以金属配合物的形式存在的。当今配合物广泛地渗透到分析化学、生物化学等领域。其定义可以归纳为：由一个中心元素（离子或原子）和几个配体（阴离子或分子）以配位键相结合形成复杂离子（或分子），通常称这种复杂离子为配离子。由配离子组成的化合物叫配合物。

2. 配合物的组成

例如：在硫酸铜溶液中加入氨水，开始时有蓝色 $Cu_2(OH)_2SO_4$ 沉淀生成，当继续加氨水过量时，蓝色沉淀溶解变成深蓝色溶液。总反应为

$$CuSO_4 + 4NH_3 =\!=\!= [Cu(NH_3)_4]SO_4 （深蓝色）$$

此时在溶液中，除 SO_4^{2-} 和 $[Cu(NH_3)_4]^{2+}$ 外，几乎检查不出 Cu^{2+} 的存在。再如，在 $HgCl_2$ 溶液中加入 KI，开始形成橘黄色 HgI_2 沉淀，当继续加 KI 过量时，沉淀消失，变成无色的溶液。如下：

$$HgCl_2 + 2KI =\!=\!= HgI_2\downarrow + 2KCl \qquad HgI_2 + 2KI =\!=\!= K_2[HgI_4]$$

例如［Cu(NH₃)₄］SO₄ 和 K₂［HgI₄］这类较复杂的化合物就是配合物。

在［Cu(NH₃)₄］SO₄ 中，Cu^{2+} 占据中心位置，称中心离子（或形成体）；中心离子 Cu^{2+} 的周围，以配位键结合着 4 个 NH_3 分子，称为配体；中心离子与配体构成配合物的内界（配离子），通常把内界写在方括号内；SO_4^{2-} 被称为外界，内界与外界之间是离子键，在水中全部离解。如下：

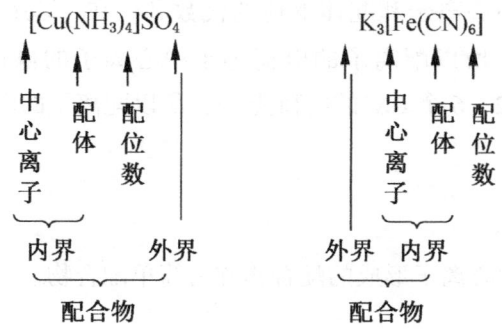

3. 中心离子

配合物的核心，它一般是阳离子，也有电中性原子，如［Ni(CO)₄］中的 Ni 原子。中心离子绝大多数为金属离子，特别是过渡金属离子。

4. 配体和配位原子

配合物中同中心离子直接结合的阴离子或中性分子叫配体，如：OH^-、:SCN^-、:CN^-、:NH_3、H_2O: 等。配体中具有孤电子对并与中心离子形成配位键的原子称为配位原子，上述配体中旁边带有":"号的即为配位原子。

只含有一个配位原子的配体称为单基配体，如 X^-、NH_3、H_2O、CN^- 等。含有两个或两个以上配位原子并同时与一个中心离子形成配位键的配体，称为多基配体，如乙二胺（$H_2NCH_2CH_2NH_2$）（简写作 en）及草酸根等，其配位情况示意图如图 8-1 所示（箭头是配位键的指向）。

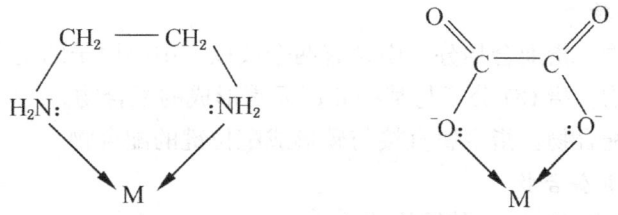

图 8-1 多基配体配位情况示意图

5. 配位数

配合物中直接同中心离子形成配位键的配位原子的总数目称为该中心离子的配位数。一般的简单配合物的配体是单基配体，中心离子配位数即是内界中配体的总数。例如配合物［Co(NH₃)₆］³⁺，中心离子 Co^{3+} 与 6 个 NH_3 分子中的 N 原子配位，其配位数为 6。在配合物［Zn(en)₂］SO₄ 中，中心离子 Zn^{2+} 与两个乙二胺分子结合，而每个乙二胺分子中有两个 N 原子配位，故 Zn^{2+} 的配位数为 4。因此，应注意配位数与配位体数的区别。

在形成配合物时，影响中心离子的配位数是多方面的，在一定范围的外界条件下，某一中心离子有一个特征配位数。多数金属离子的特征配位数是2、4和6。配位数为2的如Ag^+、Cu^+等；配位数为4的如Cu^{2+}、Zn^{2+}、Ni^{2+}、Hg^{2+}、Cd^{2+}、Pt^{2+}等；配位数为6的如Fe^{3+}、Fe^{2+}、Al^{3+}、Pt^{4+}、Cr^{3+}、Co^{3+}等。

6. 配离子的电荷数

配离子的电荷等于中心离子和配体电荷的代数和。在$[Co(NH_3)_6]^{3+}$、$[Cu(en)_2]^{2+}$中，配体都是中性分子，所以配离子的电荷等于中心离子的电荷。在$[Fe(CN)_6]^{4-}$中，中心离子Fe^{2+}的电荷为+2，6个CN^-的电荷为-6，所以配离子的电荷为-4。

二、配合物的类型

（一）简单配合物

由单基配体与一个中心离子形成的配合物称为简单配合物。

（二）螯合物

螯合物是由中心离子与多基配体形成的环状结构配合物，也称为内配合物。例如Cu^{2+}与乙二胺$H_2N—CH_2—CH_2—NH_2$形成螯合物。如下：

$$Cu^{2+}+2\begin{vmatrix}CH_2—NH_2\\CH_2—NH_2\end{vmatrix} \Longleftrightarrow \left[\begin{array}{c}H_2C\overset{H_2N}{\underset{H_2N}{}}\overset{NH_2}{\underset{NH_2}{}}CH_2\\H_2CCuCH_2\end{array}\right]^{2+}$$

螯合物结构中的环称为螯环，能形成螯环的配体叫螯合剂，如乙二胺（en）、草酸根、乙二胺四乙酸（EDTA）、氨基酸等均可作为螯合剂。螯合物中，中心离子与螯合剂分子或离子的数目之比称为螯合比。上述螯合物的螯合比为1:2。螯合物的环上有几个原子称为几圆环，上述螯合物含有两个五圆环。

（三）特殊配合物

（1）多核配合物：指配合物分子中含有两个或以上中心原子的配合物。

（2）羰基配合物：指CO分子与某些d区元素形成的配合物。

（3）有机金属配合物：指金属直接与碳形成配位键的配合物。

（四）EDTA及其螯合物

乙二胺四乙酸简称EDTA，其结构式为：

$$\begin{array}{c}HOOCH_2C\\HOOCH_2C\end{array}\ddot{N}—CH_2—CH_2—\ddot{N}\begin{array}{c}CH_2COOH\\CH_2COOH\end{array}$$

分子中含有2个氨基氮和4个羧基氧，共6个配位原子，可以和很多金属离子形成十分稳定的螯合物。用它作标准溶液，可以滴定几十种金属离子，所以，现在所说的配位滴定一般就是指EDTA滴定。

1. EDTA的性质

从结构式可以看出，EDTA是一个四元酸，通常用符号H_4Y表示。它在水中分四步电离：

$$H_4Y \rightleftharpoons H^+ + H_3Y^- \quad K_{a1} = 1.00 \times 10^{-2}$$
$$H_3Y^- \rightleftharpoons H^+ + H_2Y^{2-} \quad K_{a2} = 2.16 \times 10^{-3}$$
$$H_2Y^{2-} \rightleftharpoons H^+ + HY^{3-} \quad K_{a3} = 6.92 \times 10^{-7}$$
$$HY^{3-} \rightleftharpoons H^+ + Y^{4-} \quad K_{a4} = 5.50 \times 10^{-11}$$

从 EDTA 的四级电离常数来看，它的第一、第二两级电离比较强，第三、第四两级电离比较弱，故具有二元中强酸的性质。由于分步电离，EDTA 在溶液中以多种形式存在。很明显，加碱可以促进它的电离，所以溶液的 pH 值越高，其电离度就越大，当 pH＞10.3 时，EDTA 几乎完全电离，以 Y^{4-} 形式存在。

EDTA 微溶于水（室温下溶解度为 0.02 g/100 g 水），难溶于酸和一般有机溶剂，但易溶于氨水和 NaOH 溶液，并生成相应的盐。所以在实践中，一般用含有 2 分子结晶水的 EDTA 二钠盐（用符号 $Na_2H_2Y \cdot 2H_2O$ 表示），习惯上仍简称 EDTA。室温下它在水中的溶解度约为 11 g/100 g 水，浓度约为 0.3 mol/L，是应用最广的配位滴定剂。

2. EDTA 与金属离子的配位反应特点

（1）普遍性：EDTA 几乎能与所有的金属离子（碱金属离子除外）发生配位反应，生成稳定的螯合物。

（2）组成一定：在一般情况下，EDTA 与金属离子形成的配合物都是 1∶1 的螯合物。这给分析结果的计算带来很大的方便。如下：

$$M^{2+} + H_2Y^{2-} \rightleftharpoons MY^{2-} + 2H^+$$
$$M^{3+} + H_2Y^{2-} \rightleftharpoons MY^- + 2H^+$$
$$M^{4+} + H_2Y^{2-} \rightleftharpoons MY + 2H^+$$

（3）稳定性好：EDTA 与金属离子所形成的配合物一般都具有五圆环的结构，所以稳定常数大，稳定性好。

（4）可溶性：EDTA 与金属离子形成的配合物一般都可溶于水，使滴定能在水溶液中进行。

此外，EDTA 与无色金属离子配位时，一般生成无色配合物，与有色金属离子则生成颜色更深的配合物。例如 Cu^{2+} 显浅蓝色，而 CuY^{2-} 显深蓝色；Ni^{2+} 显浅绿色，而 NiY^{2-} 显蓝绿色。

三、配位滴定法

（一）配位滴定法概述

配位滴定法是以配位反应为基础的滴定分析方法。它是用配位剂作为标准溶液直接或间接滴定被测物质。在滴定过程中通常需要选用适当的指示剂来指示滴定终点。

配位剂分无机和有机两类，但由于许多无机配位剂与金属离子形成的配合物稳定性不高，反应过程比较复杂或找不到适当的指示剂，所以一般不能用于配位滴定。20 世纪 40 年代以来，很多有机配位剂，特别是氨羧配位剂用于配位滴定后，配位滴定得到了迅速的发展，已成为应用最广的滴定分析方法之一。在这些氨羧配位剂中，乙二胺四乙酸最常用。

（二）配位滴定的基本原理

1. 配位滴定曲线

在配位滴定过程中，随着配位剂的加入，溶液中金属离子的浓度会不断减少。从 0.01000 mol/L EDTA 标准溶液滴定 0.01000 mol/L Ca^{2+} 溶液的滴定曲线（图 8-2）中可以看出，在计量点附近，溶液的 pCa 值有一个突跃。一般地说，配位滴定突跃范围的大小主要受配合物的稳定常数、被测金属的浓度和溶液的 pH 值等因素的影响。一般情况下，溶液的 pH 值越高，配合物的稳定常数越大，被测金属初始浓度越高，滴定突跃就越大。

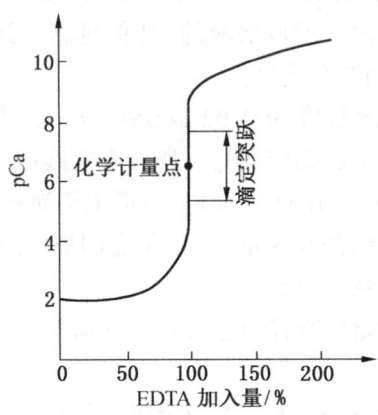

图 8-2　0.01000 mol/L EDTA 滴定 0.01000 mol/L Ca^{2+} 的滴定曲线（pH=12）

2. 金属指示剂

配位滴定和其他滴定分析方法一样，也需要用指示剂来指示终点。配位滴定中的指示剂是用来指示溶液中金属离子浓度的变化情况，所以称为金属离子指示剂，简称金属指示剂。

1) 金属指示剂的变色原理

金属指示剂本身是一种有机配位剂，它能与金属离子生成与指示剂本身的颜色明显不同的有色配合物。当加指示剂于被测金属离子溶液中时，它即与部分金属离子配位，此时溶液呈现该配合物的颜色。若以 M 表示金属离子，In 表示指示剂的阴离子（略去电荷），其反应可表示如下：

$$M + In \rightleftharpoons MIn$$
（甲色）　　（乙色）

滴定开始后，随着 EDTA 的不断滴入，溶液中大部分处于游离状态的金属离子即与 EDTA 配位，至计量点时，由于金属离子与指示剂的配合物（MIn）稳定性比金属离子与 EDTA 的配合物（MY）稳定性差，因此，EDTA 能从 MIn 配合物中夺取 M 而使 In 游离出来。即：

$$MIn + Y \rightleftharpoons MY + In$$
（乙色）　　　　（甲色）

此时，溶液由乙色转变成甲色而指示终点到达。

2) 金属指示剂应具备的条件

金属离子的显色剂很多，但只有具备下列条件的才能用作配位滴定的金属指示剂。

(1) 在滴定的 pH 条件下，MIn 与 In 的颜色应有显著不同，这样终点颜色变化才明显。

(2) MIn 的稳定性要适当（一般要求 $K_{f,MIn} > 10^4$），且其稳定性小于 MY（一般 $\lg K_{f,MY} - \lg K_{f,MIn} \geq 2$）。如果稳定性太差，它的电离度太大，造成终点提前，或颜色变化不明显，终点难以确定。相反，如果稳定性过高，在计量点时，EDTA 难以夺取 MIn 中的 M 而使 In 游离出来，终点得不到颜色的变化或颜色变化不明显。

(3) MIn 应是水溶性的，指示剂的稳定性好，与金属离子的配位反应灵敏性好，并具有一定的选择性。

3) 金属指示剂在使用中存在的问题

(1) 指示剂的封闭现象。某些离子能与指示剂形成非常稳定的配合物，以致在达到计量点后，滴入过量的 EDTA 也不能夺取 MIn 中的 M 而使 In 游离出来，所以看不到终点的颜色变化，这种现象称为指示剂的封闭现象。

例如，Al^{3+}、Fe^{3+}、Cu^{2+}、Ni^{2+}、Co^{2+} 等离子对铬黑 T 指示剂和钙指示剂有封闭作用，可用 KCN 掩蔽 Cu^{2+}、Ni^{2+}、Co^{2+} 和三乙醇胺掩蔽 Al^{3+}、Fe^{3+}。如发生封闭作用的离子是被测离子，一般利用返滴定法来消除干扰。如 Al^{3+} 对二甲酚橙有封闭作用，测定 Al^{3+} 时可先加入过量的 EDTA 标准溶液，使 Al^{3+} 与 EDTA 完全配位后，再调节溶液 pH = 5~6，用 Zn^{2+} 标准溶液返滴定，即可克服 Al^{3+} 对二甲酚橙的封闭作用。

(2) 指示剂的僵化现象。有些金属离子与指示剂形成的配合物溶解度小或稳定性差，使 EDTA 与 MIn 之间的交换反应慢，造成终点不明显或拖后，这种现象叫指示剂的僵化。可加入适当的有机溶剂促进难溶物的溶解，或将溶液适当加热以加快置换速度而消除。

(3) 指示剂的氧化变质现象。金属指示剂多数是具有共轭双键体系的有机物，容易被日光、空气、氧化剂等分解或氧化；有些指示剂在水中不稳定，日久会分解。所以，常将指示剂配成固体混合物或加入还原性物质，或临用时配制。

4) 常用的金属指示剂

(1) 铬黑 T 简称 BT 或 EBT，它属于二酚羟基偶氮类染料。溶液中，随着 pH 值不同而呈现三种不同的颜色：当 pH < 6 时，显红色；当 7 < pH < 11 时，显蓝色；当 pH > 12 时，显橙色。铬黑 T 能与许多二价金属离子如 Ca^{2+}、Mg^{2+}、Mn^{2+}、Zn^{2+}、Cd^{2+}、Pb^{2+} 等形成红色的配合物，因此铬黑 T 只能在 pH = 7~11 的条件下使用，指示剂才有明显的颜色变化（红色→蓝色）。在实际工作中常选择在 pH = 9~10 的酸度下使用铬黑 T，其道理就在于此。铬黑 T 水溶液或醇溶液均不稳定，仅能保存数天。因此，常把铬黑 T 与纯净的惰性盐如 NaCl 按 1:100 的比例混合均匀，研细，密闭保存于干燥器中备用。

(2) 钙指示剂简称 NN 或钙红，它也属于偶氮类染料。钙指示剂的水溶液也随溶液 pH 值不同而呈现不同的颜色：当 pH < 7 时，显红色；当 pH = 8~13.5 时，显蓝色；当 pH > 13.5 时，显橙色。由于在 pH = 12~13 时，它与 Ca^{2+} 形成红色配合物，所以常用作在 pH = 12~13 的酸度下测定钙含量时的指示剂，终点溶液由红色变成蓝色，颜色变化很明显。钙指示剂纯品为紫黑色粉末，很稳定，但其水溶液或乙醇溶液均不稳定，所以一般取固体试剂与 NaCl 按 1:100 的比例混合均匀，研细，密闭保存于干燥器中备用。

(3) 二甲酚橙简称 XO，适宜酸度 pH < 6，自身为亮黄色，在 pH = 5~6 时与 Pb^{2+}、Zn^{2+}、Cd^{2+} 等形成红色配合物。

(4) 磺基水杨酸简称 ssal，适宜酸度 pH=1.5~2.5，自身为无色，在此 pH 范围内与 Fe^{3+} 形成紫红色配合物。

3. 配位滴定中酸度的控制

由于不同金属离子的 EDTA 配合物的稳定性不同，所以滴定时所允许的最低 pH 值（即金属离子能被准确滴定所允许的 pH 值）也不相同；K_f 越大，滴定时所允许的最低 pH 值也就越小。将各种金属离子的 $\lg K_f$ 与其滴定时允许的最低 pH 值作图，得到的曲线称为 EDTA 的酸效应曲线。应用这种酸效应曲线，可以比较方便地解决如下几个问题：

(1) 确定单独滴定某一金属离子时所允许的最低 pH 值。例如，EDTA 滴定 Fe^{3+} 时，pH 应大于 1；滴定 Zn^{2+} 时，pH 应大于 4。由此可见，EDTA 配合物的稳定性较高的金属离子，可以在较高酸度下进行滴定。

(2) 判断在某一 pH 值下测定某种离子，存在什么离子的干扰。例如在 pH=4~6 滴定 Zn^{2+} 时，若存在 Fe^{2+}、Cu^{2+}、Mg^{2+} 等离子，Fe^{2+}、Cu^{2+} 有干扰，而 Mg^{2+} 无干扰。

(3) 判断当有几种金属离子共存时，能否通过控制溶液酸度进行选择滴定或连续滴定。例如，当 Fe^{3+}、Zn^{2+} 和 Mg^{2+} 共存时，由于它们在酸效应曲线上相距较远，我们可以先在 pH=1~2 时滴定 Fe^{3+}，然后在 pH=5~6 时滴定 Zn^{2+}，最后再调节溶液 pH=10 左右滴定 Mg^{2+}。

需要说明的是：酸效应曲线给出的是配位滴定所允许的最低 pH 值（最高酸度）在实践中，为了使配位反应更完全，通常采用的 pH 值要比最低 pH 值略高。但也不能过高，否则金属离子可能水解，甚至生成氢氧化物沉淀。例如，用 EDTA 滴定 Mg^{2+} 时所允许的最低 pH=9.7，实际采用 pH=10，若 pH>12 则生成 $Mg(OH)_2$ 沉淀而不被滴定。

另外，在配位滴定中，我们既要考虑滴定前溶液的酸度，也要考虑滴定过程中溶液酸度的变化。因为在 EDTA 与金属离子反应时，不断有 H^+ 离子释放出来，使溶液的酸度增加，所以，在配位滴定中，常常需要用缓冲溶液来控制溶液酸度。一般在 pH<2 或 pH>12 的溶液中滴定时，可直接用强酸或强碱控制。

任务二　EDTA 标准滴定溶液返滴定测定铝的含量

【任务分析】

某涂料厂购回一批铝粉试剂，准备用来加工用于铁制品表面的保护性涂料，对于铝粉中铝的含量是否符合涂料加工的要求，采购部门将铝粉交由化验室对铝粉试剂中的铝含量进行测定。本次任务采用 EDTA 返滴定法，经过 ZnO 基准试剂对 EDTA 的标定确定浓度后，再将铝试样中加入过量的 EDTA，等反应完全后使用锌标准液对过量的 EDTA 进行滴定，确定铝的含量。本次任务要求学生掌握配位返滴定的基本操作，熟悉返滴定的基本原理技能。操作成绩以直接称量、减量法称量、溶液配制、溶液移取和滴定分析操作的标准评分，塑造学生的工匠精神。

【实验实训】

一、仪器

马弗炉、分析天平（精确至 0.0001 g）、酸式/聚四氟乙烯滴定管（50 mL）、锥形瓶

(250 mL)、容量瓶（250 mL）、移液管（25 mL）、试剂瓶。

二、试剂

ZnO（基准试剂）、EDTA（$C_{10}H_{14}N_2Na_2O_8 \cdot 2H_2O$）标准溶液（约 0.02 mol/L）、$NH_3 \cdot H_2O$ 溶液（6 mol/L）、盐酸溶液（20%）、六亚甲基四胺（20%）、二甲酚橙指示剂（0.2%）、百里酚蓝（0.1%的20%乙醇溶液）、待测铝试样。

三、实验步骤

1. 0.02 mol/L EDTA 溶液的配制

用分析天平称约 4 g EDTA，用 200 mL 温水溶解后，转入试剂瓶中，加水至 500 mL，充分摇匀，若浑浊，应过滤后使用。

2. 锌标准溶液的配制

准确称取两份 0.42 g 在（800±50）℃马弗炉中灼烧至恒重的工作基准试剂氧化锌，于烧杯中，用少量水湿润，逐滴加入 20% 的盐酸搅拌至完全溶解（约 2~3 mL，注意在氧化锌完全溶解的前提下，盐酸用量越少越好），再分别移入两个 250 mL 的容量瓶中，用去离子水稀释至刻度，摇匀。

$$c_{(Zn^{2+})} = \frac{m_{(ZnO)}}{M_{(ZnO)} \times 250.0} \times 1000$$

3. EDTA 标准滴定溶液的标定

用移液管分别移取两份 25.00 mL 锌标准溶液于 250 mL 锥形瓶中，加入 1~2 滴二甲酚橙指示剂，滴加六亚甲基四胺缓冲溶液至呈现稳定的紫红色后，再过量 5 mL，用 EDTA 标准溶液滴定至溶液由紫红色变为亮黄色即为终点。记下所消耗 EDTA 的体积，重复平行滴定三次，计算 EDTA 标准溶液浓度。

4. 返滴定法测定试样中铝的含量

用电子天平准确称取铝试样 0.3~0.4 g 于 100 mL 小烧杯中，加入 20% 的盐酸溶液 2 mL 溶解后，定量转移至 250 mL 容量瓶中，用去离子水冲洗烧杯数次，一并转入容量瓶中，加去离子水稀释至刻度线，充分摇匀。

用移液管准确移取样品溶液 25.00 mL 于 250 mL 锥形瓶中，用移液管加入 0.02 mol/L EDTA 溶液 25.00 mL，加入百里酚蓝指示剂 3~5 滴（调节 pH 值在 3.5 左右），用 6 mol/L $NH_3 \cdot H_2O$ 调节溶液由红色变为黄色，将溶液煮沸 1~2 min（铝与 EDTA 络合完全），冷却，加入 20% 六亚甲基四胺溶液 10 mL，再加入二甲酚橙指示剂 2~3 滴，此时溶液应呈黄色（如不呈黄色，可用 HCl 调至黄色），然后用锌标准溶液滴定至溶液由黄色变为紫红色即为终点。记下所消耗锌标准溶液的体积，重复平行测定 3 次，计算试样中铝的含量。

四、结果计算

1. EDTA 标准滴定溶液的标定

$$c_{(EDTA)} = \frac{m_{(ZnO)} \times \dfrac{25.00}{250.0} \times 1000}{M_{(ZnO)} \ V}$$

式中　$c_{(EDTA)}$——EDTA 溶液的物质的量浓度，mol/L；

　　　$m_{(ZnO)}$——基准氧化锌的质量，g；

　　　V——标定 EDTA 溶液中实际消耗 EDTA 溶液的体积，mL；

　　　$M_{(ZnO)}$——氧化锌的摩尔质量，81.39 g/mol。

2. 铝含量的测定

$$w_{(Al)} = \frac{[\bar{c}_{(EDTA)} \times V_{(EDTA)} - c_{(Zn^{2+})} \times V_{Zn}] \times M_{Al} \times 250.0}{V_{(Al^{3+})} \times m_{(Al)} \times 1000} \times 100\%$$

式中　$w_{(Al)}$——铝试样的质量分数，%；

　　　$\bar{c}_{(EDTA)}$——计算所得 EDTA 溶液的物质的量浓度，mol/L；

　　　$V_{(EDTA)}$——在铝试样中加入 EDTA 溶液的体积（本次是 25.00），mL；

　　　$c_{(Zn^{2+})}$——锌标准溶液的物质的量浓度，mol/L；

　　　V_{Zn}——返滴定消耗的锌标准溶液的实际体积，mL；

　　　$M_{(Al)}$——铝的摩尔质量，26.98 g/moL；

　　　$V_{(Al^{3+})}$——移取的铝样品溶液的体积，mL；

　　　$m_{(Al)}$——准确称量的铝试样的质量，g。

五、数据记录和处理

1. EDTA 标准滴定溶液的标定

EDTA 标准滴定溶液的标定见表 8-3。

表 8-3　EDTA 标准滴定溶液的标定

	溶液名称		检测人	
	基准物质		审核人	
	水温/℃		检测日期	
	温度校正系数		指示剂	
	记录项目	Ⅰ	Ⅱ	Ⅲ	Ⅳ
称量瓶	倾倒前称量瓶+基准物质量/g				
	倾倒后称量瓶+基准物质量/g				
	称量瓶中敲出的基准物质量/g				
滴定管	滴定前滴定管内的溶液体积/mL				
	滴定后滴定管内的溶液体积/mL				
	实际滴定溶液体积/mL				

表 8-3（续）

	记录项目	I	II	III	IV
空白	V_0/mL				
体积校正	溶液温度校正值/mL				
	体积校正值/mL				
	实际体积/mL				
结果计算	计算公式				
	$c_{(EDTA)}/(mol \cdot L^{-1})$				
	$\bar{c}_{(EDTA)}/(mol \cdot L^{-1})$				
	相对标准偏差/%				
	规定相对标准偏差	≤0.2%	本次测定偏差是否符合要求		

2. 铝含量的测定

铝含量的测定见表 8-4。

表 8-4 铝含量的测定

样品名称			检测人		
标准溶液及其浓度			审核人		
水温/℃			检测日期		
温度校正系数			指示剂		
	记录项目	I	II	III	IV
称量瓶	倾倒前称量瓶+铝试样/g				
	倾倒后称量瓶+铝试样/g				
	称量瓶中敲出的 $m_{(Al)}$/g				
移液管	$V_{(Al^{3+})}$/mL				
	$V_{(EDTA)}$/mL				
滴定管	滴定前滴定管内的溶液体积/mL				
	滴定后滴定管内的溶液体积/mL				
	实际滴定溶液体积/mL				
空白	V_0/mL				
体积校正	温度校正值/mL				
	体积校正值/mL				
	实际体积/mL				

表 8-4（续）

记录项目		I	II	III	IV
结果计算	$c_{(Zn^{2+})}$ 计算公式				
	计算公式				
	$w_{(Al)}/\%$				
	$\overline{w}_{(Al)}/\%$				
	相对标准偏差/%				
规定相对标准偏差		≤0.2%		本次测定偏差是否符合要求	
结果绝对差值					

【考核标准】

直接称量操作具体考核细则详见表 2-6，减量法称量操作具体考核细则详见表 2-7，溶液配制操作具体考核细则详见表 2-10，溶液移取操作具体考核细则详见表 2-11，滴定分析操作具体考核细则详见表 2-12。

【相关知识】

一、EDTA 标准溶液的配制和标定

（1）通常使用乙二胺四乙酸的二钠盐配制溶液。

（2）标准溶液浓度一般为 0.01~0.05 mol/L。

（3）水及其他试剂中常含金属离子，不能直接配制，一般用间接法配制，故需要标定其浓度，标定常用的基准物质有 Cu、Zn、ZnO、$CaCO_3$、$MgSO_4 \cdot 7H_2O$ 等。

（4）储存在聚乙烯塑料瓶中或硬质玻璃瓶中。

二、配位滴定方式和应用示例

1）直接滴定法

用 EDTA 进行水中钙、镁及总硬度测定，可先测定钙量，再测定钙、镁的总量，用钙、镁总量减去钙的含量即得镁的含量；再由钙、镁总量换算成相应的硬度单位即为水的总硬度。

（1）钙含量的测定：在水样中加入 NaOH 至 pH≥12，Mg^{2+} 生成 $Mg(OH)_2$，不干扰 Ca^{2+} 的滴定。再加入少量钙指示剂，溶液中部分 Ca^{2+} 与指示剂配位生成配合物，溶液呈红色。当滴定开始后，不断滴入的 EDTA 首先与游离的 Ca^{2+} 配位，至计量点时，则夺取与钙指示剂结合的 Ca^{2+}，使指示剂游离出来，溶液由红色变为纯蓝色，从而指示终点的到达。

（2）钙、镁总量的测定：在 pH=10 时，于水样中加入铬黑 T 指示剂，然后用 EDTA 标准溶液滴定。由于铬黑 T 与 EDTA 分别都能与 Ca^{2+}、Mg^{2+} 生成配合物，其稳定次序为：CaY＞MgY＞MgIn＞CaIn。由此可知，加入铬黑 T 后，它首先与 Mg^{2+} 结合，生成红色的配合物（MgIn）。滴入 EDTA 时，首先与之配位的是游离的 Ca^{2+}，其次是游离的 Mg^{2+}，最后夺取与铬黑 T 配位的 Mg^{2+}，使铬黑 T 的阴离子游离出来，此时溶液由红色变为蓝色，从而指示终点的到达。

当水样中的 Mg^{2+} 极少时，加入的铬黑 T 除了与 Mg^{2+} 配位外还与 Ca^{2+} 配位，但 Ca^{2+} 与铬黑 T 的显色灵敏度比 Mg^{2+} 低得多，所以当水中含 Mg^{2+} 极少时，用铬黑 T 作指示剂往往得不到敏锐的终点。要克服此缺点，可在 EDTA 标准溶液中加入适量的 Mg^{2+}（要在 EDTA 标定之前加入，这样并不影响 EDTA 与被测离子之间滴定的定量关系），或者在缓冲溶液中加入一定量的 Mg-EDTA 盐。溶液中如有 Fe^{3+}、Al^{3+} 等干扰离子，可用三乙醇胺掩蔽；如存在 Cu^{2+}、Pb^{2+}、Zn^{2+} 等干扰离子，可用 KCN、Na_2S 等掩蔽。

水硬度的表示法有三种，但常用德国度（符号°H）表示。这种方法是将水中所含的钙镁离子都折合为 CaO 来计算，然后以每升水含 10 mg CaO 为 1°H。

水中钙、镁离子含量和总硬度由下式计算：

$$钙含量（mg/L）= \frac{c_{EDTA} \cdot V_1 \cdot M_{Ca}}{V_水} \times 1000$$

$$镁含量（mg/L）= \frac{c_{EDTA}(V-V_1) \cdot M_{Mg}}{V_水} \times 100$$

$$总硬度（°H）= \frac{c_{EDTA} \cdot V \cdot M_{CaO}}{V_水} \times 100$$

式中　c_{EDTA}——EDTA 标液的浓度；

　　　V、V_1——滴定同体积水样中的钙、镁总量和钙含量时消耗 EDTA 标液的体积，mL；

　　　$V_水$——水样的体积，mL。

2）返滴定法——铝盐的测定

由于铝盐与 EDTA 配位反应较慢，常加入过量的 EDTA，然后用 Zn^{2+} 标准溶液返滴定过量的 EDTA。Ba^{2+} 的测定也常采用此法。

3）置换滴定法

如 Ag^+ 的测定，Ag^+ 与 EDTA 配合物稳定性不好，常采用加入过量的 $[Ni(CN)_4]^{2-}$ 于其中，定量置换出 Ni^{2+}：

$$2Ag^+ + [Ni(CN)_4]^{2-} = 2[Ag(CN)_2]^- + Ni^{2+}$$

4）间接滴定法——硫酸盐的测定

SO_4^{2-} 是非金属离子，不能和 EDTA 直接配位，因此不能用直接法滴定。但可采用加入过量的已知准确浓度的 $BaCl_2$ 溶液，使 SO_4^{2-} 与 Ba^{2+} 生成 $BaSO_4$ 沉淀，再用 EDTA 标准溶液滴定剩余的 Ba^{2+}，从而间接测定试样中 SO_4^{2-} 的含量。

项目九 沉淀滴定与重量分析法

任务一 氯化物中氯离子含量的测定

【任务分析】

在工业分析中,可溶性氯化物中氯离子含量的控制和测定极其重要。如肥料中氯离子含量的高低会直接影响施肥的效果,氯离子含量高会直接影响植物生长,大大减少农林作物的单产量;饮用水中氯离子的含量达到 250 mg/L 时,会感觉到苦涩;化工生产所用工艺水中氯离子的含量对生产的稳定性、生产过程参数的调节都会产生影响。

氯化物中氯离子含量的测定方法主要有莫尔法、佛尔哈德法、电位滴定法和离子色谱法。电位滴定法和离子色谱法测试设备昂贵,氯化银沉淀速度慢;佛尔哈德法常用于直接测定银合金和矿石中的银的含量;莫尔法最为常用,适用于天然水及经过预处理除去干扰物的生活污水或工业废水中氯含量的测定。

本次任务参考《水质 氯化物的测定 硝酸银滴定法》(GB/T 11896—1989),采用莫尔法测定试样中氯离子的含量,要求学生掌握莫尔法测定氯离子的方法原理。操作成绩以直接称量和滴定分析操作的标准评分,塑造学生的工匠精神。

【实验实训】

一、方法原理

本方法以铬酸钾为指示剂,在中性或弱碱性范围内(pH = 5~9)用 $AgNO_3$ 标准滴定溶液直接滴定。硝酸银与氯化物作用生成白色的 AgCl 沉淀,反应完全后稍过量的 $AgNO_3$ 标准滴定溶液便与铬酸钾指示剂反应,生成砖红色的铬酸银沉淀,表示反应达到终点。如下:

$$Ag^+ + Cl^- \longrightarrow AgCl\downarrow \text{(白色)}$$
$$2Ag + CrO_4^{2-} \longrightarrow Ag_2CrO_4\downarrow \text{(砖红色)}$$

二、试剂

硝酸银标准滴定溶液 [$c_{(AgNO_3)}$ = 0.0100 mol/L]、铬酸钾指示剂(50 g/L)、硝酸溶液(1:300)、氢氧化钠溶液(2 g/L)、酚酞指示剂(10 g/L 乙醇溶液)。

三、仪器与材料

棕色酸式滴定管(50 mL)、25 mL 移液管、白色瓷板、250 mL 三角瓶。

四、测定步骤

1. 试样溶液的制备

迅速称取约 0.2 g 试样,精确至 0.0002 g,置于 100 mL 烧杯中,以 10 mL 水溶解。加入 1 mL 100 g/L 氢氧化钠和 5 mL 30%过氧化氢,在水浴上蒸干。加水约 50 mL 溶解。

2. 试样测定

将试样溶液转移至 250 mL 锥形瓶中,加入 2 滴酚酞指示剂,用 2 g/L 氢氧化钠溶液及 1:300 硝酸溶液调节水样 pH 值,使红色刚好变为无色。加入 1.0 mL 铬酸钾指示剂,在不断摇动的情况下,用硝酸银标准滴定溶液滴定,直至出现砖红色沉淀为止。记下所消耗的硝酸银标准滴定溶液的体积 V_1,同时做空白试验,记下消耗的硝酸银标准滴定溶液的体积 V_0。

五、数据处理

用%表示的氯离子含量 X_2 按下式计算:

$$X_2(\%) = c_{(AgNO_3)}(V_1-V_0) \times 0.03545 \times \frac{100\%}{m} \tag{9-1}$$

式中　　V_1——滴定水样试验消耗的硝酸银标准滴定溶液的体积,mL;

　　　　V_0——空白试验时消耗的硝酸银标准滴定溶液的体积,mL;

　　　　m——所取试样的质量,g;

　　　　$c_{(AgNO_3)}$——$AgNO_3$ 标准滴定溶液的浓度,moL/L;

　　　　0.03545——氯离子(Cl^-)毫摩尔质量,g/mmoL。

氯离子含量的测定见表 9-1。

表 9-1　氯离子含量的测定

试样名称			检测人		
标准溶液及其浓度			审核人		
水温/℃			检测日期		
温度校正系数			指示剂		
记录项目		I	II	III	IV
样品移取	m/g				
滴定管	滴定前滴定管内的溶液体积/mL				
	滴定后滴定管内的溶液体积/mL				
	实际滴定溶液体积/mL				

表 9-1（续）

记录项目		I	II	III	IV
空白	V_0/mL				
体积校正	温度校正值/mL				
	体积校正值/mL				
	实际体积/mL				
结果计算	计算公式				
	氯离子含量 X_2/%				
	平均值				
	绝对差值/%				
规定相对标准偏差		≤0.2%	本次测定偏差是否符合要求		

【考核标准】

直接称量操作具体考核细则详见表 2-6，滴定管操作具体考核细则详见表 2-12。

【相关知识】

一、沉淀和溶解平衡

沉淀反应主要讨论难溶电解质在水中的沉淀溶解情况。一般把溶解度小于 0.01 g/100 g 水的电解质称为难溶电解质。任何难溶电解质在水中都会发生溶解和沉淀两个过程，如在一定温度下，将过量 AgCl 固体投入水中，Ag^+ 和 Cl^- 离子在水分子的作用下会不断离开固体表面而进入溶液，形成水合离子，这是 AgCl 的溶解过程。同时，已溶解的 Ag^+ 和 Cl^- 离子又会因固体表面的异号电荷离子的吸引而回到固体表面，这就是 AgCl 的沉淀过程。当沉淀与溶解两个过程达到平衡时，此时的状态称为沉淀溶解平衡。如下：

$$AgCl(s) \rightleftharpoons Ag^+(aq) + Cl^-(aq)$$

在化工生产中，常利用沉淀反应来进行物质的分离、提纯或鉴定。以沉淀溶解平衡反应为基础，便形成了沉淀滴定法。

二、溶解度和溶度积

一般来说，物质的溶解度是指在一定温度下，一定量溶剂中含有溶质的质量，能够表示物质在水中的溶解程度，通常用符号 S 表示。根据水中溶解度的大小，可将物质分为易溶物、可溶物、微溶物和难溶物四类。

难溶电解质的溶解过程是一个可逆过程，其溶解沉淀平衡式可表示为

$$A_nB_m(s) \rightleftharpoons nA^{m+}(aq) + mB^{n-}(aq)$$

该溶解反应的标准平衡常数为

$$K_{sp}^{\theta} = \left[\frac{c_{(A^{m+})}}{c^{\theta}}\right]^n \cdot \left[\frac{c_{(B^{n-})}}{c^{\theta}}\right]^m \tag{9-2}$$

式（9-2）表明：在一定温度时，在难溶电解质的饱和溶液中，各离子浓度幂次方的乘积为常数，该常数称为溶度积常数，简称溶度积，用符号 K_{sp}^{θ} 表示。K_{sp}^{θ} 的大小反映了难

溶电解质溶解能力的大小。K_{sp}^{θ} 越小,则该难溶电解质的溶解度越小,其值只与温度有关,而与难溶电解质的质量无关。

三、沉淀生成的条件

在一定温度下,对于难溶电解质的沉淀是否生成或溶解,可以根据溶度积规则来判断。在难溶电解质溶液中,其离子浓度幂的乘积被称为离子积,用 Q_i 表示,对于 A_nB_m 型难溶电解质,则

$$K_{sp}^{\theta} = [c_{(A^{m+})}]^n \cdot [c_{(B^{n-})}]^m \tag{9-3}$$

在溶液中,溶度积 K_{sp}^{θ} 与离子积 Q_i 之间可能存在以下三种关系:

(1) 当 $Q_i > K_{sp}^{\theta}$ 时,溶液对于有关离子而言是过饱和的,则有沉淀生成,直至 $Q_i = K_{sp}^{\theta}$,即达到饱和状态为止。所以 $Q_i > K_{sp}^{\theta}$ 是沉淀生成的条件。

(2) 当 $Q_i = K_{sp}^{\theta}$ 时,溶液对于有关离子而言是饱和的,则溶液处于平衡状态。

(3) 当 $Q_i < K_{sp}^{\theta}$ 时,溶液对于有关离子而言是未饱和的,则没有沉淀生成。

以上 3 种情况所述的规则称为溶度积规则,它可以判断沉淀是否生成或溶解。

利用溶度积规则,不仅可判断沉淀是否生成,还可以判断沉淀是否完全,能否实现分步沉淀或沉淀的转化。

四、沉淀滴定法

沉淀滴定法是以沉淀反应为基础的滴定分析方法。能用于沉淀滴定法的沉淀反应应具备下列条件:

(1) 反应必须按一定的化学反应式定量地进行,生成沉淀的溶解度要小。
(2) 沉淀反应要速度。
(3) 能够用适当的指示剂或其他方法确定滴定的终点。
(4) 沉淀的共沉淀现象不妨碍滴定结果。

虽然沉淀反应很多,但由于这些条件的限制,能应用于滴定分析法的沉淀反应并不多。常用的沉淀滴定法有生成难溶银盐的银量法。银量法根据测定条件及选用指示剂的不同,可分为莫尔法、佛尔哈德法及法扬司法。

五、沉淀滴定法标准溶液的配制和标定

沉淀滴定法所用到的标准溶液主要有 $AgNO_3$(硝酸银)标准溶液和 NH_4SCN(硫氰酸铵)标准溶液。

1. $AgNO_3$ 标准溶液的配制与标定

$AgNO_3$ 标准溶液可以直接用经过预处理的基准试剂 $AgNO_3$ 配制。但市售的硝酸银常含有杂质,如金属银、氧化银、游离硝酸、亚硝酸盐等。因此,配制成溶液后,必须用基准物质标定,且配制 $AgNO_3$ 溶液所用的蒸馏水应不含 Cl^- 离子。

(1) 配制 0.1 mol/L $AgNO_3$ 溶液:称量在 105 ℃下烘过的硝酸银 17.5 g,用去离子水使之完全溶解,在容量瓶中稀释至 1000 mL,摇匀即可。

(2) 标定 $AgNO_3$ 溶液。

（3）准确称取恒重后的基准物 NaCl 0.2 g，加不含 Cl⁻ 离子的 50 mL 水溶解，加入 5% K_2CrO_4 溶液 1 mL，用 $AgNO_3$ 溶液滴至砖红色出现为终点，根据 $AgNO_3$ 溶液的消耗量和基准氯化钠的取用量，计算出硝酸银标准溶液的浓度。

2. NH_4SCN 标准溶液的配制与标定

市售硫氰酸铵常含有硫酸盐、氯化物等杂质，纯度仅在 98% 以上，应配制成近似浓度的溶液后，再进行标定。

称取 NH_4SCN 8.0 g，加水适量定容于 1000 mL 容量瓶中，摇匀即可。准确量取 25 mL 硝酸银标准溶液，加水 50 mL、硝酸 2 mL 与硫酸铁指示液 2 mL，用 NH_4SCN 溶液滴定至溶液微显淡棕色；经过剧烈振摇后仍不褪色，即为终点。

任务二　硫酸根离子含量的测定

【任务分析】

重量分析是定量分析方法之一，它的优点是准确度高，不需要标准试样或基准物质进行比较，故又称为仲裁分析。重量法既可用于测定 Ba^{2+} 的含量，也可用于测定 SO_4^{2-} 的含量。

本节任务参考国标《工业循环冷却水和锅炉用水中硫酸盐的测定》（GB/T 6911—2007）中硫酸盐的测定——重量法，采用重量分析法测定硫酸根离子的含量，要求学生掌握重量分析法的原理及测定方法，学习沉淀的制备、过滤、洗涤等基本操作技能。

【实验实训】

一、适用范围

本标准适用于工业循环冷却水和锅炉用水中含量不小于 10 mg/L 硫酸盐（SO_4^{2-} 计）的测定。本标准不适用于使用钡盐阻垢分散剂的工业循环冷却水中硫酸根的测定。

二、方法原理

在酸性条件下硫酸盐（可溶性）与氯化钡反应，生成硫酸钡沉淀，经过滤、洗涤、灼烧并恒重后，可称出 $BaSO_4$ 重量，根据 $BaSO_4$ 重量可求出 SO_4^{2-} 含量。如下：

$$Ba^{2+} + SO_4^{2-} \longrightarrow BaSO_4 \downarrow$$

三、试剂

盐酸溶液（1:1）、100 g/L 氯化钡（$BaCl_2 \cdot 2H_2O$）溶液、硝酸银溶液（17 g/L）、1 g/L 甲基橙指示剂（称取 0.1 g 溶于 100 mL 60% 乙醇溶液中）。

四、仪器与材料

一般实验室仪器和马弗炉。

五、分析步骤

（1）用慢速滤纸过滤试样。用移液管移取 100～500 mL 过滤后的水样（含 SO_4^{2-} 约 10～

40 mg），置于 500 mL 烧杯中，加入 2 滴甲基橙指示剂，滴加盐酸溶液至红色并过量 2 mL，加水至总体积为 200 mL 煮沸 5 min，搅拌下缓慢加入 10 mL 热的（约 80 ℃）氯化钡溶液，于 80 ℃水浴中（不能煮沸）放置 2 h，使 $BaSO_4$ 沉淀陈化。

（2）用慢速定量滤纸过滤。用热水洗涤沉淀，直至滤液中无氯离子为止（用 $AgNO_3$ 溶液检验无浑浊）。

（3）将滤纸和沉淀放在已于 800~850 ℃灼烧至恒重的瓷坩埚内，于低温电炉上小心灰化，然后移入高温炉内，于 800~850 ℃灼烧 1 h。

（4）取出坩埚，稍冷 5 min，放入干燥器内冷至室温后称量。重复上述操作，至恒重。

六、数据处理

以 mg/L 表示的硫酸盐含量（以 SO_4^{2-} 计）按下式计算：

$$SO_4^{2-}(mg/L) = \frac{(m-m_0) \times 0.4116 \times 10^6}{V} \tag{9-4}$$

式中　　m——坩埚式过滤器和沉淀的质量，g；

　　　　m_0——坩埚式过滤器的质量，g；

　　　　V——所取试样溶液的体积，mL；

　　0.4116——硫酸钡沉淀换算为 SO_4^{2-} 的系数。

硫酸根离子含量的测定见表 9-2。

表 9-2　硫酸根离子含量的测定

	试样名称			检测人	
	检测日期			审核人	
	记录项目	Ⅰ	Ⅱ	Ⅲ	Ⅳ
样品移取	V/mL				
坩埚式过滤器	坩埚式过滤器的质量/m				
	坩埚式过滤器和沉淀的质量/m				
结果计算	计算公式				
	SO_4^{2-} 离子含量 X_2/mg·L^{-1}				
	平均值				
	绝对差值/mg·L^{-1}				
标准规定平行测定结果绝对差值		≤0.5 mg/L		本次测定偏差是否符合要求	

注意:

(1) 当水样中聚磷酸盐或正磷酸盐存在时,会产生相应的钡盐沉淀,含量大于 10 mg/L 时,会使测定结果偏高,宜采用 EDTA 配位滴定法。

(2) SO_4^{2-} 的沉淀产物 $BaSO_4$ 的洗涤是本法准确与否的关键所在,应严格按照分析步骤进行操作,务必使水样中的 SO_4^{2-} 完全沉淀并使生成的 $BaSO_4$ 彻底清洗干净。

【考核标准】

重量分析法操作具体考核细则见表 9-3。

表 9-3 考核细则(重量分析法操作)

	考核项目及标准		分值	考核评价	
				扣分	得分
实验操作过程评价(共100分)	实验操作	1. 着装符合实验室相关要求	3		
		2. 规范洗涤实验所需仪器	5		
		3. 瓷坩埚的预处理和使用操作规范	5		
		4. 移液管吸液和放液操作规范	3		
		5. 酒精灯使用规范安全	5		
		6. 熟练规范使用滴管	3		
		7. 熟练采用过滤法进行沉淀的常压过滤的规范操作	5		
		8. 熟练溶液配制的规范操作	3		
		9. 规范进行沉淀的洗涤操作	3		
		10. 规范使用马弗炉	5		
		11. 沉淀的灼烧和恒重操作规范	3		
		12. 清理工作台面,试剂归位,仪器洗涤干净,摆放整齐	5		
	原始记录	1. 规范填写数据记录表	5		
		2. 数据真实、无涂改	5		
		3. 实验读数必须由同组同学读取后方为有效,否则数据无效	5		
	数据处理	1. 计算公式正确	2		
		2. 计算结果正确	4		
		3. 有效数字正确	5		
		4. 数据记录格式规范	3		
		5. 数据推导过程完整	3		
	结果	1. 平行测定绝对差值<0.5 mg/L	10		
		2. 结果准确度在允许范围内	10		
成绩:					

【相关知识】

一、重量分析法

重量分析法是通过称量被测组分的质量来确定被测组分百分含量的分析方法。
根据被测组分与其他成分分离方法的不同，可分为以下几类：

1. 沉淀法

沉淀法是重量分析的主要方法。这种方法是将被测组分形成难溶化合物沉淀，经过过滤、洗涤、烘干及灼烧（有些难溶化合物不需要灼烧），最后称重，由所得重量计算被测组分的含量。

2. 汽化法

汽化法是通过加热或用其他方法使样品中某种挥发性组分逸出，然后根据样品减轻的重量计算该组分的含量；或者当挥发性组分逸出时，选一种吸收剂将它吸收，然后根据吸收剂增加的重量计算该组分的含量。

3. 电解法

电解法是利用电解原理，使金属离子在电极上析出，然后称重，计算其含量。

二、重量分析法对沉淀剂的选择

（1）沉淀剂应为易挥发或易分解的物质，在灼烧时，可自沉淀中将其除去。
（2）沉淀剂应具有特效性或良好的选择性。这就是说，沉淀剂只能和被测组分生成沉淀，或在一定条件下只和被测组分生成沉淀。

三、影响沉淀溶解度的因素

重量分析中，通常要求被测组分在溶液中的溶解量不超过称量误差（即 0.2 mg），此时即可认为沉淀已完全，但是很多沉淀不能满足此要求。因此必须了解影响沉淀溶解度的因素，以便控制沉淀反应的条件，使沉淀达到重量分析的要求。影响沉淀溶解度的因素有：

1. 同离子效应

组成沉淀的离子称为构晶离子，在难溶电解质的饱和溶液中，如果加入含有某一构晶离子的溶液，则沉淀的溶解度减少，这一效应称为同离子效应。例如，在 $BaCl_2$ 溶液中，加入过量的沉淀剂 H_2SO_4，则可使 $BaSO_4$ 沉淀的溶解度大为减小，达到实际上完全。但不能片面理解沉淀剂加得越多越好，因为沉淀剂过量太多，可引起盐效应、配位效应等，使沉淀的溶解度增大。

2. 盐效应

在难溶电解质的饱和溶液中，加入其他易溶的强电解质，使难溶电解质的溶解度比同温度时在纯水中的溶解度增大，这种现象称为盐效应。

3. 酸效应

溶液的酸度对沉淀溶解度的影响称为酸效应。若沉淀是强酸盐（如 $BaSO_4$、$AgCl$ 等）影响不大，但对弱酸盐（如 CaC_2O_4、ZnS 等）影响就较大。例如 CaC_2O_4 沉淀，在酸性较强溶液中，由于生成了 $HC_2O_4^-$ 或 $H_2C_2O_4$ 而溶解。

4. 络合效应（配位效应）

当溶液中存在能与沉淀的构晶离子形成配合物的配位剂时，则沉淀的溶解度增大，称为配位效应。例如，用 HCl 沉淀 Ag^+ 时，生成 AgCl 沉淀，若 HCl 太过量，则会形成 $AgCl_2^-$、$AgCl_3^{2-}$ 等配合物，使 AgCl 溶解度增加。所以，沉淀剂不能过量太多，既要考虑同离子效应，也要考虑盐效应和配位效应。

第三部分　仪器分析技术

项目十 紫外-可见分光光度法

任务一 紫外-可见分光光度计的操作

【任务分析】

紫外-可见分光光度法是仪器分析中应用最为广泛的分析方法之一。它具有较高灵敏度，适用于微量组分的测定，广泛应用在化工、环境、医药、食品等领域。本次任务参考国标《紫外、可见、近红外分光光度计》（JJG 178—2007）中对紫外分光光度计检定规程，是以上海美谱达 UV 1800 紫外分光光度计为例，要求学生掌握仪器的基本操作，了解仪器的基本组成部分与各部分的作用，在此基础上能对仪器进行日常维护与保养。

【技能训练】

一、美谱达 UV-1800 紫外分光光度计的使用（图 10-1）

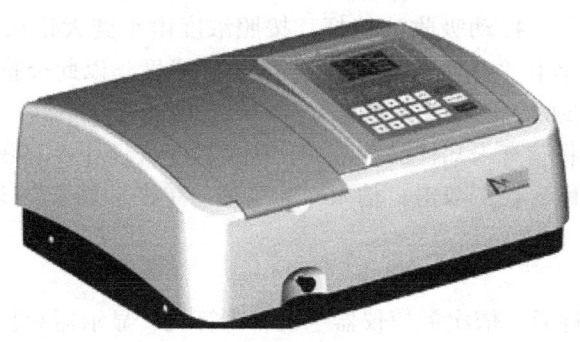

图 10-1 美谱达 UV-1800 紫外-可见分光光度计

1. 开机

依次打开仪器电源、电脑主机、显示器和打印机。

2. 自检

仪器进行自检，大约 3 min 完成。自检完成后进入预热状态，若要精确测量，预热时间需在 20 min 以上。

3. 校准

仪器主界面上，通过上下键选择"系统应用"后按"ENTER"进入。通过上下键选择"暗电流校准"，后按"ENTER"进入，进行暗电流校准；通过上下键选择"波长校正"后按"ENTER"进入，进行波长校正，完成后按"RETURN"回到主界面。

4. 光谱扫描

（1）参数设置。双击电脑桌面上"M. Wave"图标，打开应用软件，单击"脱/联机"按钮，进行联机操作。当仪器主界面显示"联机中"，说明进入联机状态。单击"光谱扫描"，进入光谱扫描的工作界面，单击"操作"菜单下"设置"设置光谱扫描参数，具体输入：①相应扫描波长范围；②扫描波长间隔（一般为2 nm）；③相应模式（一般设定为"正常模式"），点击"确定"完成参数设置。

（2）基线校准。将装有参比溶液的比色皿和装有被测物质溶液的比色皿放入样品室中，调节吸收池拉杆，使装有参比溶液的比色皿置于光路中，单击"操作"菜单下"校正背景"，扫描基线。

（3）扫描光谱。将装有被测物质溶液的比色皿放入样品室中，拉动吸收池拉杆，使待测溶液置于光路中，单击"操作"菜单下"开始"，扫描光谱图；扫描完光谱图后，单击"峰高"按钮，可查看最大吸收波长。

5. 定量分析

（1）参数设置。单击"定量分析"进入定量分析界面，单击"操作"菜单下"设置"设置定量分析参数，具体输入：①若使用单波长分析法，测量波长一般为最大吸收波长；②溶液浓度单位；③拟合方式（可设为一阶）；④标准样品个数和相应浓度，点击"确定"完成设置。

（2）调零。将装有不同浓度被测溶液的比色皿放入样品室，调节拉杆，使参比溶液的比色皿置于光路中，单击"操作"菜单下"校正背景"，进行调零。

（3）测量标准样品。拉动吸收池拉杆，按照浓度由小到大依次将标准溶液置于光路中，单击"操作"菜单下"开始"，测定标准溶液吸光度，以此类推将所配标准样品完成测量后，检查标准曲线的线性相关系数。

（4）样品测定。将装有未知样品溶液的比色皿置于光路中，将鼠标移动到未知样品测量窗口，在"样品名称"栏下双击，输入样品名称。单击"操作"菜单下"开始"，即可得到未知样品的浓度。

6. 关机

退出系统应用软件后，依次关掉仪器主机、计算机、显示器和打印机电源。

二、吸收池配套性检查

1. 国家标准

根据《紫外、可见、近红外分光光度计》（JJG 178—2007）规定，石英吸收池在220 nm处装蒸馏水；玻璃吸收池在440 nm处装蒸馏水。以一个吸收池为参比，调节透射比T为100%，测量其他各池的透射比，透射比的偏差小于0.5%的吸收池可配成一套。

2. 配套性检查操作

（1）可在脱机状态，在仪器主界面通过上下键选择"光度测量"后按"ENTER"进入。

（2）按"SET"键设置测量模式，上下键选择"透射比"模式，"ENTER"确认。

（3）按"GOTOλ"设置波长进入，数字键输入波长值，"ENTER"确认设定的波长值。

(4) 将在参比位置上吸收池推入光路,按调零键"ZERO"调至 $T=100\%$,可反复几次直至稳定。

(5) 拉动吸收池拉杆,依次将被测溶液推入光路,读取相应的透射比。若所测各吸收池透射比偏差小于 0.5%,则这些吸收池可配套使用,否则不能配套使用。

【相关知识】

一、紫外分光光度计的组成

紫外分光光度计是指在紫外及可见光区用于测定溶液吸光度的分析仪器,基本是由光源、单色器、吸收池、检测器和信号显示系统五大部分组成(图10-2)。

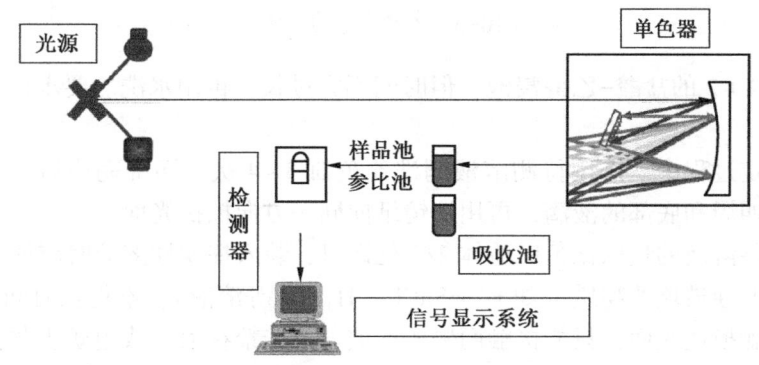

图 10-2 分光光度计组成图

1. 光源

光源的作用是提供入射光,使待测分子产生吸收。基本要求是:在波长使用范围内提供具有足够强度的连续光谱,有良好的稳定性,使用寿命长。实际应用光源一般分为紫外光光源和可见光光源。可见光光源常用的是钨灯和卤钨灯,可提供 320~1000 nm 的连续光谱。紫外光光源应用最多的是氢灯和氘灯,其波长范围为 185~375 nm。美谱达 UV-1800 紫外-可见分光光度计光源是氘灯和钨灯。

2. 单色器

单色器的作用是把光源分解为按波长顺序排列的单色光,并通过出射狭缝分离出所需波长,是分光光度计的心脏部分。它包括狭缝、色散元件和透镜。其中色散元件是单色器核心部件,一般是棱镜和反射光栅或两者的组合。

3. 吸收池

吸收池是光源与试样相互作用的场所。吸收池又称为比色皿,是用于盛放待测试液和决定透光厚度的容器。一般为长方体,其底部和两侧为毛玻璃,另两面为光面。

(1) 材质。根据光学透光面的材质,吸收池有石英比色皿和玻璃比色皿两种。玻璃比色皿适用于可见和近红外光区。石英比色皿适用于紫外和可见光区。

(2) 规格。紫外分光光度计常用吸收池规格(图 10-3)有:0.5 cm、1.0 cm、2.0 cm、3.0 cm、5.0 cm 等,其中 1.0 cm 吸收池最为常见,规格是光程的标志。

(3) 操作方法和注意事项:

①使用前和使用后要彻底清洗比色皿。可先用自来水、蒸馏水洗涤干净。若洗不净,

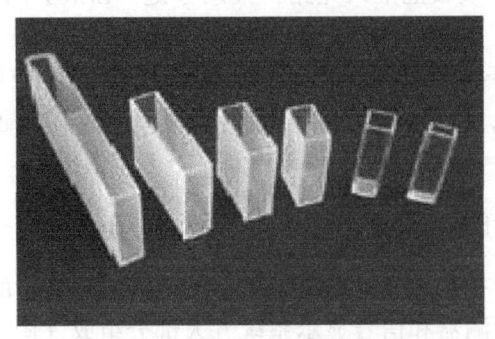

图 10-3 各种型号的吸收池

可用体积比为 1∶2 的盐酸-乙醇浸泡，但时间不宜过长，再用水洗。要求比色皿池壁不挂水珠。

②实际测定过程中，需用待测溶液润洗比色皿 3~4 次。润洗完毕后，一定要用滤纸先吸干比色皿四周和底部的液滴，再用擦镜纸向同一方向擦拭光面。

③装入样品溶液的量以比色皿池体 2/3 处即可，装入挥发性溶液时应加盖。

④凡含有腐蚀玻璃的物质（如 F^-、$SnCl_2$、H_3PO_4 等溶液），不得长时间盛放在吸收池中，严禁用手触摸透光面，只能接触两侧的毛玻璃。严禁在火焰或电炉上加热或烘烤吸收池。急用时可用酒精荡洗后用冷风吹干，绝不可用超声波清洗器清洗。

4. 检测器

检测器是将光信号转变为电信号的装置，作用是对透过吸收池的光做出响应，并把接收到的光信号转变成电信号输出。常用检测器有光电池、光电管及光电倍增管等，目前紫外分光光度计广泛使用光电倍增管作检测器。它是检测弱光最常用的光电元件，不仅响应速度快，而且灵敏度高。

5. 信号显示系统

信号显示系统的作用是放大信号并以适当方式指示或记录下来。新型紫外-可见分光光度计多通过计算机完成数据采集、信号处理、数据分析、结果打印，仪器控制（工作站）软件系统。

二、仪器维护和日常保养

分光光度计属于精密光学仪器，正确使用和日常保养对仪器保持良好的性能和测试准确度具有重要作用。

1. 环境要求

（1）仪器应安放在干燥的房间内，使用温度为 5~35 ℃，相对湿度不超过 85%。

（2）仪器应放置在坚固平稳的工作台上，且避免强烈的振动或持续的振动。

（3）室内照明不宜太强，且应避免直射日光的照射。

（4）如实训室装有空调或电扇，则不宜直接向仪器吹风，以防止光源灯因发光不稳定而影响仪器的正常使用。

（5）尽量远离高强度的磁场、电场及发生高频波的电器设备。

（6）供给仪器的电源电压为（220±22）V，频率为（50±1）Hz，并必须装有良好的接地线。推荐使用功率为 1000 W 以上的电子交流稳压器或交流恒压稳压器，以加强仪器的抗干扰性能。

（7）避免在有硫化氢等腐蚀性气体的场所使用。

2. 维护保养

（1）光源的寿命有限，为了延长光源的使用寿命，应尽量减少开关光源灯的次数。短时间的工作间隔内可以不关灯，刚关闭的光源不能立即重新开启。仪器连续使用时间不应超过 3 h。若需长时间使用，最好间歇 30 min。如果光源灯亮度明显减弱或不稳定，应及时更换新灯。更换后要调节好灯丝位置，不要用手直接接触窗口或灯泡，避免油污沾附。若不小心接触，要用无水乙醇擦拭。

（2）必须正确使用吸收池，应特别注意保护吸收池的两个光学面。

（3）检测器为光电转换元件，不能长时间曝光，且应避免强光照射或受尘。

（4）当仪器停止工作时，必须切断电源。

（5）为了避免仪器积灰和沾污，在停止工作时，应盖上防尘罩。

（6）仪器若暂时不用要定期通电，每次不少于 20~30 min，以保持整机呈干燥状态，维持电子元器件的性能。

三、光谱分析法概述

光谱分析法是利用光谱学的原理和实验方法以确定物质的结构和化学成分的分析方法。各种结构的物质都具有自己的特征光谱，光谱分析法就是利用特征光谱研究物质结构或测定化学成分的方法。

1. 光谱分析法分类

光谱分析法主要有原子发射光谱法、原子吸收光谱法、紫外-可见吸收光谱法、红外光谱法等。根据电磁辐射的本质，光谱分析又可分为分子光谱和原子光谱。

2. 光谱分析法应用

物质吸收波长范围在 200~780 nm 区间的电磁辐射能而产生的分子吸收光谱称为该物质的紫外-可见吸收光谱，利用紫外-可见吸收光谱进行物质的定性、定量分析的方法称为紫外-可见分光光度法。其光谱是由于分子中价电子的跃进而产生的，因此这种吸收光谱取决于分子中价电子的分布和结合情况。其在饲料加工分析领域应用相当广泛，特别是在测定饲料中的铅、铁、铅、铜、锌等离子的含量中的应用。荧光分析也是近年来发展迅速的痕量分析方法，该方法操作简单、快速、灵敏度高，精密度和准确度高，并且线性范围宽，检出限低。

四、吸光光度法概述

吸光光度法是通过利用被测物质在特定波长处或一定波长范围内对光具有选择性吸收，从而对该物质进行定性和定量分析的方法。

1. 吸光光度法分类

吸光光度法中，按所吸收光的波长范围不同又可分为可见分光光度法（400~780 nm）、紫外分光光度法（200~400 nm）和红外吸收光谱法（3×10^3~3×10^4 nm）。其中可见分光光度法常用于有色物质分析，其和紫外分光光度法合称为紫外-可见分光光度法（UV-Vis）。

2. 吸光光度法特点

与化学分析方法相比，吸光光度法具有以下特点：

（1）仪器操作简便，测定速率快。

（2）灵敏度高。主要用于测定试样中微量或痕量组分的含量，测定物质浓度下限一般可达到 $10^{-6} \sim 10^{-5}$ mol/L。

（3）准确度较高。测定的相对误差一般为 1%~3%，完全可以满足微量组分测定的准确度要求。

（4）应用广泛。吸光光度法能测定许多无机离子和有机化合物，既可测定微量组分的含量，也可用于一些物质的反应机理及化学平衡研究，如测定配合物的组成和平衡常数等。

任务二　紫外分光光度法测定饮料中的防腐剂——苯甲酸

【任务分析】

为了防止食品在储存、运输过程中发生腐败、变质，常在食品中添加少量防腐剂。防腐剂使用的品种和用量在食品卫生标准中都有严格的规定，苯甲酸及其钠盐、钾盐是食品卫生标准允许使用的主要防腐剂之一。苯甲酸具有芳香结构，在波长 225 nm 和 272 nm 处有强吸收。测定雪碧中苯甲酸，含有人工合成色素、甜味剂等，但一般在紫外区无吸收，故不干扰测定，样品不用处理，苯甲酸（钠）在 225 nm 处有最大吸收，可在 225 nm 波长处测定及样品溶液的吸光度，绘制标准曲线法，可求出样品中苯甲酸的含量。通过本次实验任务要求学生掌握吸收曲线、标准工作曲线的绘制和物质测量条件的选择。以及相应数据处理。以小组团队协作方式进行实验，培养学生的团队合作意识。技能操作成绩以紫外分光光度计操作的考核细则为标准进行评分，塑造学生的工匠精神。

【实验实训】

一、实验仪器与试剂

1. 仪器

上海美谱达 UV-1800 紫外分光光度计、1 cm 石英比色皿、超声清洗仪、吸量管、容量瓶。

2. 试剂

苯甲酸（AR）、雪碧汽水。

二、实验准备工作

（1）按仪器使用说明书检查仪器。开机预热 20 min，并调试至工作状态。

(2) 检查比色皿的配套性。

三、实验步骤

(1) 苯甲酸标准储备液 (1.000 mg/mL) 配制：称取 0.1000 g 苯甲酸于 50 mL 烧杯中，加入少量蒸馏水直至完全溶解，然后把溶液转移到 100 mL 容量瓶中，用水稀释到刻度，摇匀备用。

(2) 苯甲酸标准使用液配制 (100.0 μg/mL)：准确吸取上述苯甲酸标准储备液 10.00 mL 于 100 mL 容量瓶中，用蒸馏水定容至刻度，摇匀备用。

(3) 苯甲酸标准溶液系列配制：准确吸取苯甲酸标准使用液 0 mL、1.00 mL、2.00 mL、4.00 mL、6.00 mL、8.00 mL、10.00 mL，分别置于 100 mL 容量瓶中，用蒸馏水溶液稀释至刻度。

(4) 绘制吸收曲线和标准工作曲线：以蒸馏水为参比溶液，扫描其中 5 号标准溶液的紫外可见吸收光谱（测定波长范围为 200~350 nm），选取合适的测定波长（一般为 λ_{max}），然后在测定波长下测定 7 个标准溶液的吸光度 A。

(5) 样品处理和测定：通过超声脱气 10 min 除去雪碧饮料二氧化碳后，准确移取 2.5 mL 于 100 mL 容量瓶中，用蒸馏水定容，再测定波长处测定吸光度。

四、数据记录及处理

(1) 比色皿配套性检验：$A_1 = 0.000$；$A_2 =$ _____。

(2) 将苯甲酸标准溶液系列的吸光度值记录于表 10-1，然后以吸光度为纵坐标，质量浓度为横坐标绘制标准曲线，并记录回归方程和相关系数（表 10-1）。

(3) 测量样品处理溶液的吸光度，从上述苯甲酸标准曲线上找出相应的苯甲酸浓度 C_x，样品处理经过稀释，需乘上相应的倍数。《食品安全国家标准 食品添加剂使用标准》(GB 2760—2014) 规定了苯甲酸（盐）在碳酸饮料中最大使用量为 0.2 g/kg，设雪碧的密度 ρ 约等于 1 g/mL，国家标准中规定最大使用量为 200 μg/mL（表 10-2）。

表 10-1 苯甲酸标准曲线测定记录表

溶液名称				测定人	
标准曲线绘制日期				审核人	
记录项目	加入苯甲酸标准使用液的体积/mL	容量瓶体积/mL	标准系列苯甲酸浓度/(μg·mL^{-1})	吸光度值 A	
苯甲酸溶液标准曲线					
标准曲线方程			曲线线性相关系数		

表 10-2 测定样品中苯甲酸含量原始记录表

样品名称			测定人		
检测波长			审核人		
吸取雪碧样品体积/mL			配制样品容量瓶体积/mL		
稀释倍数			检测日期		
记录项目		Ⅰ	Ⅱ	Ⅲ	Ⅳ
样品	吸光度				
	通过标准曲线查的样品含量/($\mu g \cdot mL^{-1}$)				
结果计算	计算公式				
	原始样品苯甲酸含量/($\mu g \cdot mL^{-1}$)				
	平均值/($\mu g \cdot mL^{-1}$)				
	相对标准偏差/%				

【考核标准】
紫外分光光度计操作技能考核细则见表 10-3。

表 10-3 紫外分光光度计操作技能考核细则

考核项目	不 规 范 操 作 项 目	配分	最后得分
玻璃器皿洗涤（8分）	容量瓶未用蒸馏水清洗	2	
	容量瓶未进行试漏	2	
	移液管未用蒸馏水清洗	2	
	移液管未用溶液润洗	2	
移液管移取溶液（8分）	溶液移取未用移液管	2	
	放液时移液管不垂直	2	
	放液时移液管不靠壁	2	
	移取溶液动作不规范（持握移液管和洗耳球）	2	
容量瓶定容操作（10分）	移取溶液时未用玻璃棒引流	2	
	当转移的溶液距离容量瓶的刻度线 2~3 cm 时，未用胶头滴管滴加	2	
	2/3 处不进行水平摇动	1	
	稀释至刻线不准确（视线和溶液凹液面相平）	2	
	摇匀动作不正确（翻转）	1	
	重新配制溶液	2	
标准溶液配制过程（10分）	标准溶液系列浓度配错 1 个扣全分	2	
	溶液重配，每重配 1 个扣 2 分	2	
	未能按正确的方法和顺序测定标准溶液	2	
	未能正确绘制工作曲线	2	
	试样吸光度未在工作曲线的中间位置	2	

表10-3（续）

考核项目	不 规 范 操 作 项 目	配分	最后得分
紫外分光光度计仪器操作（28分）	紫外分光光度计未预热20~30 min	4	
	未进行波长校准、电流校准	4	
	未进行比色皿配对实验操作	4	
	未正确选择制作吸收曲线的波长范围，或吸收曲线图形不全	4	
	未正确选择参比溶液	4	
	未正确选择测量波长	4	
	测量数据不进行保存、打印	4	
记录过程（10分）	项目记录内容不及时、不规范、不齐全	2	
	原始记录每修改一处扣2分	2	
	计量单位使用不规范	2	
	实验读数必须由裁判读取后方为有效，否则数据无效	2	
	计算结果不完全正确	2	
文明操作（10分）	实验结束后，紫外光谱仪未关机	2	
	未填写实验仪器记录	2	
	实验结束后，玻璃仪器未清洗	2	
	实验过程中，废纸、废液未按规定处理	2	
	实验结束后，工作台未整理	2	
工作曲线线性（10分）	相关系数≥0.9999	10	
	0.9999>相关系数≥0.9995	8	
	0.9995>相关系数≥0.9990	5	
	相关系数<0.9990	0	
样品测定结果的精密度（6分）	A值相差≤0.003	6	
	A值相差=0.004	4	
	A值相差=0.005	2	
	A值相差>0.005	0	
损坏仪器	每损坏一件仪器扣5分，在总分中扣除		
否决项	吸光度读数未经裁判同意更改者，或抄袭其他同学数据者，以作弊、伪造数据论处		
满分	100	成绩	

【相关知识】

一、光的基本性质和种类

1. 光的波粒二象性

光是一种电磁波，它具有波动性和微粒性。光既能像波一样向前传播，因而它具有有波长（λ）和频率（v）；同时光又是一种粒子，所以它具有能量（E）。能量、波长与频率之间的关系如式（10-1）所示：

$$E = h\nu = h \times (c/\lambda) \tag{10-1}$$

式中　h——普朗克常数，6.62×10^{-34} J/s；

　　　c——光速，真空中约为 3×10^{10} cm/s。

从式（10-1）中可知，光子的能量与它的频率成正比，与波长成反比。波长越长（或频率越低），光子具有的能量越低。将各种电磁波（光）按其波长或频率大小顺序排列，便得到电磁波谱，如图10-4所示。

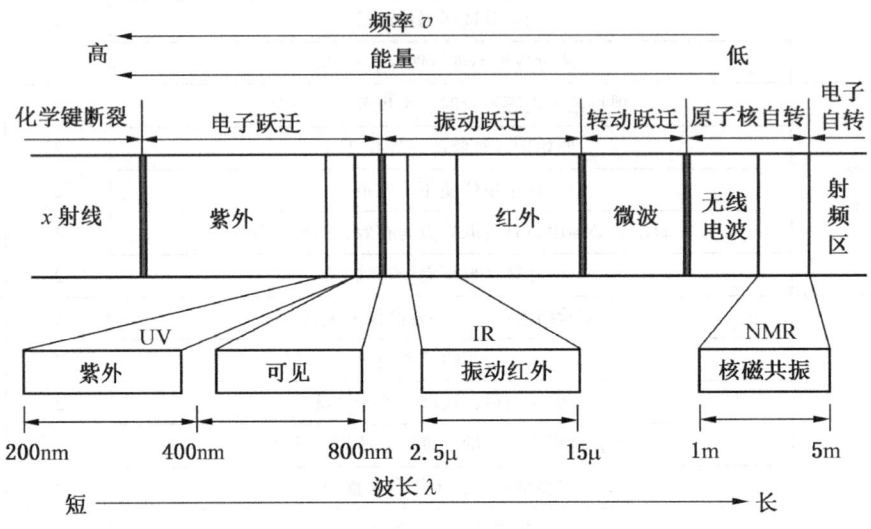

图10-4　电磁波谱图

2. 单色光、复合光和互补色光

具有同一波长的光称为单色光，而由不同波长的光组成的光称为复合光，人们日常所看到的太阳光、日光灯、白炽灯光等白光都是复合光。

凡是能被肉眼感受到的光称为可见光，可见光的波长范围为 400~780 nm。凡是超出此范围的光，人的眼睛感觉不到。可见光范围内，不同波长光会让人感觉到不同的颜色。如日光，它是由红、橙、黄、绿、青、蓝、紫等各种颜色光按一定比例混合而成。如果两种光按一定强度比例混合可得到白光，则这两种颜色的光被称为互补色光。图10-5 为互补色光示意图。图中处于对角线上的两种单色光为互补色光，如蓝色光和黄色光、绿色光和紫红色光互补等，它们按一定强度比例混合都可以得到白光。

二、物质对光的选择性吸收

1. 物质颜色的产生

物质有色是因其分子对不同波长的光选择性吸收而产生。即溶液若是选择吸收了可见光区某波长的光，则该溶液呈现出被吸收光的互补色光的颜色。例如当一束白光通过 $KMnO_4$ 溶液时，该溶液选择性地吸收了 500~560 mm 的绿色光，而将其他的色光两两互补成只剩下紫红色光未被互补，所以高锰酸钾溶液呈紫红色。表10-4列出了物质颜色和吸收光颜色之间的关系。

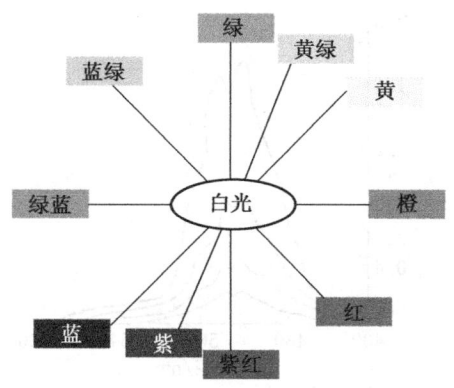

图 10-5 互补色光示意图

表 10-4 物质颜色和吸收光颜色的关系

λ/nm	吸收光的颜色	物质颜色
400~450	紫	黄绿
450~480	蓝	黄
480~490	绿蓝	橙
490~500	蓝绿	红
500~560	绿	紫红
560~580	黄绿	紫
580~600	黄	蓝
600~650	橙	绿蓝
650~760	红	蓝绿

2. 物质对光吸收常见的 3 种情况

当白光通过某一均匀溶液时,如果各种波长光几乎全部被吸收,则溶液呈黑色;如果该溶液对可见光各波长的光都不吸收,则溶液无色透明;如果只对某种色光产生选择性吸收,则溶液呈现透射光的颜色,即溶液呈现的是它吸收光的互补色光的颜色。不同的物质之所以吸收不同波长的光线,是由物质的本质决定的,即取决于物质的组成和结构。所以,利用物质对光的选择性吸收,可以作为分析鉴定物质的依据。

3. 吸收曲线

若要更精确地说明物质对各种波长的光选择性吸收的情况,则必须用吸收曲线来描述。为了测定某种物质对不同波长单色光的吸收程度(即吸光度 A),以波长为横坐标,吸光度为纵坐标作图,所得 A-λ 曲线称为吸收曲线。图 10-6 是 4 种不同浓度 $KMnO_4$ 水溶液的吸收曲线。由图 10-6 可见:

(1) 同一物质对不同波长的光吸收程度不同。吸光度最大处对应的波长称为最大吸收波长(λ_{max})。

(2) 同一物质浓度不同,其吸收曲线形状相似,λ_{max} 不变。但在同一波长处的吸光度随着溶液的浓度增加而增大,这个特性可作为物质定量分析的依据。

(3) 在 λ_{max} 处,吸光度 A 随浓度变化幅度最大,所以灵敏度最高。吸收曲线是定量分析中选择入射光波长的重要依据。

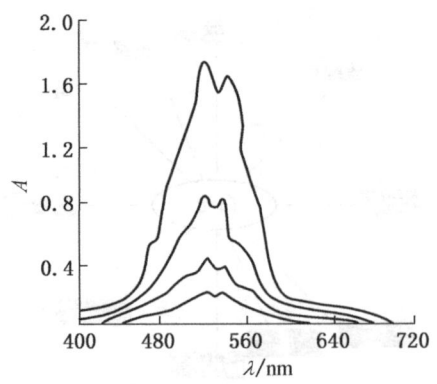

图 10-6 高锰酸钾吸收曲线

（4）不同物质吸收曲线的形状和最大吸收波长各不相同。吸收曲线可以提供物质的结构信息，并作为物质定性分析的依据之一。

三、光吸收的基本定律——朗伯-比尔定律

1. 透射比和吸光度

当一束平行单色光透过一有色的溶液后，其中有色物质吸收了光能，光的强度会减弱。如图 10-7 所示。

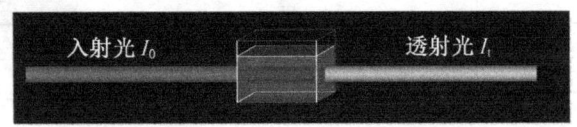

图 10-7 单色光透过盛有溶液的吸收池示意图

设射光强度为 I_0，透过溶液的光强度为 I_t，则 I_t 与 I_0 的比值称为透射比（也称为透光率、透射率、透光度），用 T 表示。

$$T = \frac{I_t}{I_0} \tag{10-2}$$

T 的取值范围为 $0 \sim 1.0$。T 越大，表明物质对光的吸收越弱；T 越小，表明物质对光的吸收越强。$T=0$ 表示光全部被吸收；$T=1.0$ 表示光全部透过。一般透射比用百分数表示。

溶液对光的吸收程度还可用吸光度 A 表示：

$$A = -\lg T = \lg \frac{I_0}{I_t} \tag{10-3}$$

A 的取值范围为 $0.00 \sim \infty$。A 越小，表明物质对光的吸收越弱；A 越大，表明物质对光的吸收越强。$A=0$ 表示光全部透过；$A \to \infty$ 表示光全部被吸收。

2. 朗伯-比尔定律

当一束平行单色光垂直照射到一定浓度的均匀透明溶液时，溶液的吸光度（A）与溶液的浓度（c）及液层厚度（b）的乘积成正比。

$$A = Kcb \tag{10-4}$$

式（10-4）称为朗伯-比尔（Lambert-Beer）定律。朗伯-比尔定律是光吸收的基本定律，是吸光光度法进行定量分析的理论基础，适用于可见光、紫外光、红外光和均匀非散射的液体、气体及透光固体。但是，朗伯-比尔定律成立是有条件的：一是入射光必须是单色光；二是吸收发生在均匀的介质中；三是吸收过程中，吸收物质互不发生作用。

式（10-4）中的比例常数 K 称为吸光系数，其物理意义为：单位浓度的溶液液层厚度为 1 cm 时，在一定波长下测定的吸光度。K 值的大小取决于吸光物质的性质、入射光的波长、溶液温度和溶剂性质等，与吸光物质浓度大小和液层厚度无关。且 K 值大小因溶液浓度所采用的单位的不同而异。一般吸光系数 K 有两种表示方法，即质量吸光系数 a 和摩尔吸光系数 ε（表10-5）。

表10-5　吸光系数与浓度单位之间的变化关系

名称	符号	c 的单位	K 的单位	朗伯-比尔公式	定量关系
质量吸光系数	a	g/L	L/(g·cm)	$A=acb$	$\varepsilon=aM$（M 为物质的相对分子质量）
摩尔吸光系数	ε	mol/L	L/(mol·cm)	$A=\varepsilon cb$	

吸光系数具有以下特点：

(1) 不随浓度和液层厚度的改变而改变。在温度和波长等条件一定时，吸光系数仅与吸收物质本身的性质有关，与被测物浓度无关，因此吸光系数可作为定性鉴别参数。

(2) 同一吸收物质在不同波长下的值是不同的。在最大吸收波长 λ_{max} 处的摩尔吸光系数，常用 ε_{max} 表示。ε_{max} 表明了该吸收物质最大限度的吸光能力，也反映了光度法测定该物质可能达到的最大灵敏度。ε_{max} 越大表明该物质的吸光能力越强，用光度法测定该物质的灵敏度也就越高。一般 ε_{max} 在 $10^4 \sim 10^5$ L/(mol·cm) 灵敏度较高。

需要注意的是：在某些情况下，$A \sim c$ 并不严格遵守朗伯-比尔定律，这种现象称为偏离朗伯-比尔定律。如图10-8所示，当吸收池的厚度恒定时，以吸光度对浓度作图应得到一条通过原点的直线。当吸光物质浓度较高时，明显地看到通过原点向浓度轴弯曲的现象（个别情况向吸光度轴弯曲）。若在曲线弯曲部分进行定量，将会引起较大的误差。引起偏离朗伯-比尔定律的主要原因如下：

(1) 非单色光引起的偏离。朗伯-比尔定律只适用于单色光，但实际上用各种分光方法所得的入射光都具有一定的带宽，因而导致实际测量值与朗伯-比尔定律偏离。为尽量避免由于非单色光引起的对吸收定律的偏离，一般选择被测物质的最大吸收波长 λ_{max} 作为入射波长进行测量。

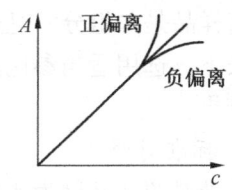

图10-8　偏离朗伯-比尔定律

(2) 溶液化学反应引起的偏离。溶液对光的吸收程度决定于吸光物质的性质和数目，溶液中的吸光物质常因解离、缔合、形成新的化合物或互变异构体等化学变化而改变溶液中吸光物的浓度，因而导致偏离。因此为了减少或避免这类偏离，应严格控制显色剂的用量。

（3）朗伯-比尔定律的局限性。朗伯-比尔定律是一个有限制性的定律，它假定吸光质点（分子或离子）之间是无相互作用的，因此仅在稀溶液的情况下才适用，在高浓度（通常 $c>0.01$ mol/L）时，由于吸光质点间的平均距离缩小，使相邻的吸光质点的电荷分布互相影响，从而改变了它对光的吸收能力，因而导致了 A 与 c 之间线性关系的偏离。因此在实际工作中，溶液浓度应控制在 0.01 mol/L 以下。

四、目视比色法

目视比色法是用眼睛观察、比较溶液颜色深度以确定物质含量的方法（图10-9）。

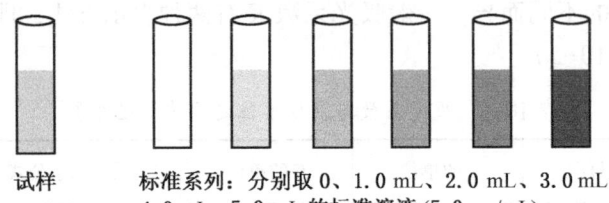

试样　　标准系列：分别取 0、1.0 mL、2.0 mL、3.0 mL、
　　　　4.0 mL、5.0 mL 的标准溶液 (5.0 μg/mL)

图 10-9　目视比色法

一般采用标准系列法。即在一套等体积的比色管中配置一系列浓度不同的标准溶液，并按同样的方法配置待测溶液，待显色反应达到平衡后，从管口垂直向下观察（对于高含量的试样，也可从管侧面观察），比较待测溶液与标准系列中哪一个标准溶液的颜色相同，便表明二者浓度相等。如果待测试液的颜色介于某相邻两标准溶液之间，则待测试样的含量可取两标准溶液含量的中间值。优点是操作简便，适用于野外或现场快速测定，可在复合光-白光下进行测定，某些不符合朗伯-比尔定律的显色反应，仍可用该法进行测定。缺点是准确度不高，标准系列不能久存，需要在测定时临时配制。

五、吸光光度法的定量方法

吸光光度法最重要的用途就是依据朗伯-比尔定律进行定量分析，主要应用于微量和痕量组分的测定，也用于某些高含量组分或多组分的测定。下面介绍常用的定量分析方法。

（一）单组分分析

若样品是单组分，且遵守吸收定律。在这种情况下，通常均选择在待测物质的最大吸收波长下，选用适当参比溶液，测量试液吸光度，然后再用标准对照法或标准曲线法得到分析结果。

1. 标准对照法

标准对照法又称为比较法。此法是指在相同条件下，测得样品溶液和浓度已知的该物质的标准溶液的吸光度为 A_x 和 A_s，由标准溶液的浓度 c_s 可计算出样品中被测物的浓度 c_x。即 $A_x = \varepsilon c_x b$，$A_s = \varepsilon c_s b$，则

$$c_x = \frac{c_s A_x}{A_s} \tag{10-5}$$

该法比较简单，但误差较大。只有在测定的浓度区间内溶液完全遵守朗伯-比尔定律，并且 c_s 和 c_x 很接近时，才能得到较为准确的结果。此法适用于个别样品的测定。

2. 标准曲线法（工作曲线法）

标准曲线法又称为工作曲线法。它准备简便，尤其适用于批量试样的分析，是实际工作中使用最多的一种定量方法。

标准曲线法测定时，通常先配制一系列不同浓度的标准溶液，以不含试样的空白溶液作参比，在选定的波长下，分别测量标准溶液的吸光度，绘制吸光度-浓度曲线，如图 10-10 所示，此曲线称为标准曲线或工作曲线。然后在同样条件下测定试样溶液的吸光度，再由标准曲线上求出被测元素的含量。

工作曲线的线性好坏可用线性相关系数 r 来表示，r 越接近于 1，说明线性越好。吸光光度法一般要求 $r >$ 0.999。实际工作中，为了避免使用时出差错，在所做的工作曲线上还必须标明标准曲线的名称、所用标准溶液名称和浓度、坐标分度和单位、测量条件（仪器型号、入射光波长、吸收池厚度、参比溶液名称）以及制作日期和制作者姓名。

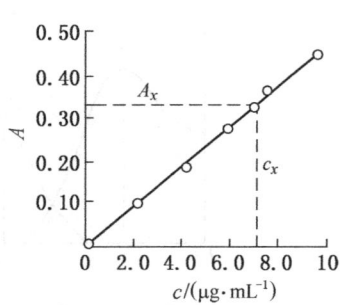

图 10-10 标准曲线

为了保证测定准确度，制作标准曲线还有以下要求：

（1）要求标样与试样溶液的组成保持一致。

（2）待测试液的浓度应在工作曲线线性范围内，最好在曲线中部。

（3）工作曲线应定期校准，如果存在更换标准溶液、所用试剂重新配制、仪器经过修理、更换光源等情况，工作曲线应重新绘制；如果实验条件不变，那么每次测量只要带一个标样，校验一下实验条件是否符合，就可直接用此工作曲线测量试样的含量。

3. 示差吸光光度法

吸光光度法一般适用于含量为 $10^{-6} \sim 10^{-2}$ mol/L 浓度范围的测定。当待测组分含量较高，溶液浓度较大时，其吸光度值往往超出适宜的读数范围，引起较大的测量误差，甚至无法直接测定。此时可采用示差吸光光度法。

采用示差吸光光度法测定常量组分时，用一个比待测试液浓度稍低的标准溶液作为参比溶液进行测量。设标准溶液浓度为 c_s，待测试液浓度为 c_x，且 $c_x > c_s$。示差法测定时，首先用标准溶液 c_s 作参比调节仪器 $T = 100\%$（$A = 0$），然后测定待测溶液的吸光度，该吸光度为 ΔA，根据朗伯-比尔定律得到：

$$A_x = \varepsilon c_x b \qquad A_s = \varepsilon c_s b$$
$$\Delta A = A_x - A_s = \varepsilon b c_x - \varepsilon b c_s = \varepsilon b \Delta c \tag{10-6}$$

由式（10-6）可知，吸光度差值 ΔA（称为相对吸光度）与浓度差值 Δc 成正比关系，这是示差吸光光度法的基本关系式。以浓度为 c_s 的标准溶液作参比溶液，测定一系列浓度已知的标准溶液的相对吸光度 ΔA，作 ΔA-Δc 工作曲线，由待测试液的 ΔA_x，在工作曲线上查出相应的 Δc，则

$$c_x = c_s + \Delta c \tag{10-7}$$

（二）多组分分析

对于多组分体系，若体系中各组分之间不存在相互作用，则该溶液在某一波长下的总吸光度等于各组分的吸光度之和，即吸光度具有加和性，是进行多组分混合物定量分析的依据，可表示为

$$A = A_1 + A_2 + A_3 + \cdots + A_n = \varepsilon_1 b c_1 + \varepsilon_2 b c_2 + \varepsilon_3 b c_3 + \cdots + \varepsilon_n b c_n \tag{10-8}$$

（1）吸收光谱不重叠（图10-11）。两组分在各自 λ_{max} 下不重叠，则可分别在 λ_{max} 处用单组分含量测定法测定组分 A 和组分 B。

（2）吸收光谱重叠（图10-12）。可选定两个波长 λ_1、λ_2 处测出 a、b 两组分的总吸光度 A_1 和 A_2，然后根据吸光度的加和性列联立方程：

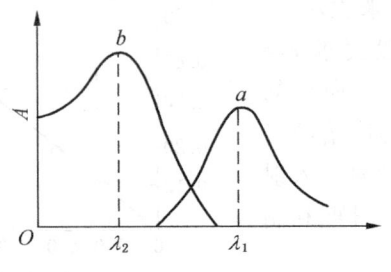
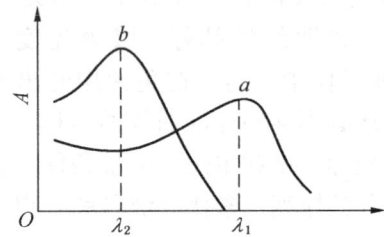

图10-11 吸收光谱不重叠　　　　图10-12 吸收光谱重叠

在 λ_1 处，　　　　　　　$A_1 = \varepsilon_{a1} b c_a + \varepsilon_{b1} b c_b$ 　　　　　　　　（10-9）

在 λ_2 处，　　　　　　　$A_2 = \varepsilon_{a2} b c_a + \varepsilon_{b2} b c_b$ 　　　　　　　　（10-10）

式中　ε_{a1}、ε_{b1}——a 组分和 b 组分在波长 λ_1 处的摩尔吸光系数；

ε_{a2}、ε_{b2}——a 组分和 b 组分在波长 λ_2 处的摩尔吸光系数；

c_a、c_b——a 组分和 b 组分的浓度。

用这种方法虽可以用于溶液中两种以上组分的同时测定，但组分数 $n > 3$ 时结果误差增大，可以应用计算机来处理更多组分的测定结果。

任务三　紫外分光光度法测定水中铁含量

【任务分析】

分光光度法测定无机离子一般要对离子进行显色反应。水样中的铁可以是二价，也可以是三价。一般地表水含铁不高，但若是酸性水样，则可能含有较大量的铁离子。近中性的水样，铁以氢氧化物形式沉淀，因而铁离子含量极小，但有时会存在于胶体或悬浮物中，或与有机酸生成可溶性有机盐。铁含量较高（> 0.3 mg/L）的水样略带黄色并有铁腥味，会影响印染、纺织、造纸等工业产品的质量，因而是水质控制指标之一。用分光光度法测定微量铁，常采用邻菲罗啉分光光度法。该法具有灵敏可靠、干扰小、配合物稳定等优点，而且可分别测定二价铁和三价铁，因而被广泛应用。测定水中微量铁时，先用酸将以氢氧化物存在的铁溶解，并用还原剂（盐酸羟胺）把 Fe^{3+} 还原成 Fe^{2+}，加入 1,10-邻菲罗啉显色剂，并加入 NaAc-HAc 缓冲溶液，pH 约为 4.0~6.0，显色 5~10 min 后，Fe^{2+} 与显色剂生成橘红色的配合物。如下：

$$Fe^{2+} + 3 \text{ phen} \longrightarrow [Fe(\text{phen})_3]^{2+}$$

此有色配合 pH 为 5.5~6 时,颜色最深,在避光时,可稳定数月之久,其最大吸收波长为 510 mm,以试剂溶液为参比液,通过标准曲线可得样品含量。本法适用于地表水和废水中铁的测定,测定结果是亚铁和高铁的总量。如若要测亚铁的含量,则不必加还原剂,而其他条件相同。

本次任务参考《工业循环冷却水中铁含量的测定(邻菲罗啉分光光度法)》(HG/T 3539—2012),使学生掌握紫外可见分光光度法的显色条件、测量条件选择方法。以小组团队协作方式进行实验,培养学生的团队合作意识。技能操作成绩以紫外分光光度计操作的考核细则为标准进行评分,塑造学生的工匠精神。

【实验实训】

一、实验仪器与试剂

1. 仪器

上海美谱达 UV-1800 紫外分光光度计、1 cm 石英比色皿、超声清洗仪、吸量管、容量瓶。

2. 试剂

(1) 铁标准溶液 I (100.0 μg/mL):准确称取 0.8634 g $NH_4Fe(SO_4)_2 \cdot 12H_2O$,置于烧杯中,加入 20 mL(1+1) 的 HCl 溶液和少量水,溶解后转移至 1000 mL 容量瓶中,用水稀释至刻度,摇匀。

(2) 铁标准溶液 II (10.00 μg/mL):吸取 100.0 μg/mL 铁标准溶液 10.00 mL 于 100 mL 容量瓶中,用水稀释至刻度,摇匀。此溶液使用时现配。

(3) 盐酸羟胺溶液:10 g/L(两周内有效)。

(4) 邻菲罗啉溶液:1.5 g/L,先用少量乙醇溶解,再用水稀释至所需浓度(避光保存,两周内有效)。

(5) 乙酸-乙酸钠缓冲溶液 pH=4.5。

(6) 未知浓度的铁溶液。

二、实验准备工作

(1) 按仪器使用说明书检查仪器。开机预热 20 min,并调试至工作状态。

(2) 检查比色皿的配套性。

三、实验步骤

1. 标准显色溶液的配制

在序号为 1~6 的 6 支 50 mL 容量瓶中,用吸量管分别加入 0.00 mL、2.00 mL、4.00 mL、6.00 mL、8.00 mL、10.00mL 铁标准溶液 II。对每一个容量瓶溶液做下述处理:

加水约至 20 mL，加入 10 g/L 盐酸羟胺溶液 2.50 mL，乙酸-乙酸钠缓冲溶液（pH=4.5）5.00 mL，5 min 后加入 1.5 g/L 邻菲罗啉溶液 2.00 mL，用水稀释至刻度，摇匀，静置 15~30 min。

2. 吸收曲线的绘制

在分光光度计上，用 1 cm 吸收池，以试剂空白溶液为参比，在 440~800 nm 之间每隔 2 nm 测定一次待测溶液的吸光度 A，以波长为横坐标，吸光度为纵坐标，绘制吸收曲线，选取合适的测定波长。

3. 标准曲线的绘制

在测定波长下，用 1 cm 比色皿，以不含铁的试剂溶液为参比，测定各标准显色溶液的吸光度。以铁含量为横坐标，溶液相应的吸光度为纵坐标，绘制标准曲线。

4. 试样的配制

在 4 支 50 mL 容量瓶中，用吸量管分别加入未知铁溶液浓度溶液 2.00 mL。对每一个容量瓶溶液做下述处理：加水约至 20 mL，加入 10 g/L 盐酸羟胺溶液 2.50 mL，乙酸-乙酸钠缓冲溶液（pH=4.5）5.00 mL，5 min 后加入 1.5 g/L 邻菲罗啉溶液 2.00 mL，用水稀释至刻度，摇匀，静置 15~30 min。

四、数据记录及处理

（1）将铁标准显色溶液系列的吸光度值记录于表 10-6，然后以吸光度为纵坐标，质量浓度为横坐标绘制标准曲线，并记录回归方程和相关系数。

（2）测量样品处理溶液的吸光度，从上述标准曲线上找出相应的铁浓度 C_x，样品处理经过稀释，需乘上相应的倍数（表 10-7）。

表 10-6 铁标准曲线测定记录表

溶液名称	铁标准溶液Ⅱ（10.00 μg/mL）			测定人		
标准曲线绘制日期				审核人		
记录项目	Ⅰ	Ⅱ	Ⅲ	Ⅳ	Ⅴ	Ⅵ
吸取铁标准溶液Ⅱ体积/mL						
吸取 10 g/L 盐酸羟胺溶液体积/mL						
吸取乙酸-乙酸钠缓冲溶液体积/mL						
吸取 1.5 g/L 邻菲罗啉溶液体积/mL						
容量瓶体积/mL						
标准系列铁溶液浓度/(μg·mL^{-1})						
吸光度值 A						
标准曲线方程				曲线线性相关系数		

表10-7 测定样品中铁含量原始记录表

试样名称			测定人		
检测波长			审核人		
吸取未知样品体积/mL			配制样品容量瓶体积/mL		
稀释倍数			检测日期		
	记录项目	I	II	III	IV
样品	吸取10 g/L盐酸羟胺溶液体积/mL				
	吸取乙酸-乙酸钠缓冲溶液体积/mL				
	吸取1.5 g/L邻菲罗啉溶液体积/mL				
	吸光度				
	通过标准曲线查的样品含量/($\mu g \cdot mL^{-1}$)				
结果计算	计算公式				
	原始样品铁含量/($\mu g \cdot mL^{-1}$)				
	平均值/($\mu g \cdot mL^{-1}$)				
	相对标准偏差/%				

【考核标准】

紫外分光光度计操作具体考核细则详见表10-3。

【相关知识】

一、显色反应和显色剂

在实际工作中,有些物质本身对紫外可见光区的光有较强吸收,可以直接测定,但大多数物质本身在紫外可见光区没有吸收或者虽有吸收但摩尔吸光系数很小,因此不能直接用分光光度法测定,需要借助适当试剂,与之发生化学反应,生成摩尔吸光系数较大的有色物质再进行测定,以提高光度测量的准确性和分析方法的灵敏度。在分光光度分析中,将试样中被测组分转变成有色化合物的反应称为显色反应,所用的试剂称为显色剂。

1. 显色反应

显色反应分为络合反应和氧化还原反应两类。其中络合反应是最主要的显色反应。显色反应一般应满足以下要求:

(1) 灵敏度要高。灵敏度高的显色反应对于微量组分的测定尤为重要。生成的有色物质的摩尔吸光系数 $\varepsilon > 10^4$ L/(mol·cm)。

(2) 选择性要好。一种最好的显色剂仅与一种被测组分,或者显色剂与干扰离子生成的有色化合物的吸收峰与被测组分的吸收峰相距较远。在分析工作中,尽量选用选择性高或者干扰容易消除的显色反应。

(3) 对比度要大。即如果显色剂有颜色,则有色化合物与显色剂的最大吸收波长的差别要大,一般要求在 60 nm 以上。

(4) 显色反应产物组成恒定,化学性质稳定,这样在测量过程中吸光度基本保持恒定。

(5) 显色反应的条件便于控制。要求条件要能够容易达到,否则测定结果的重现性差。

2. 显色剂

显色剂的种类很多,主要包括无机显色剂、有机显色剂和多元配合物。但无机显色剂在光度分析中应用不多,主要是因为灵敏度和选择性不高,实用价值不高。例如钼酸铵可作为测硅、磷的显色剂,双氧水可作为钛的显色剂。

应用较多的是有机显色剂,大多数有机显色剂本身为有色化合物,与金属离子反应生成的化合物一般是稳定的螯合物,显色反应的选择性和灵敏度都较高。有机显色剂种类很多,表 10-8 介绍了几种常用的有机显色剂。有机显色剂及其产物的颜色与它们的分子结构有密切关系。有机显色剂分子中一般都含有生色团和助色团。分子中能吸收紫外或可见光的基团称为生色团,生色团中含有不饱和键的基团,如偶氮基、对醌基和羰基等。这些基团中的电子被激发时所需能量较小,波长 200 nm 以上的光就可以做到,故往往可以吸收可见光而表现出颜色。助色团是含有孤对电子的基团,如氨基、羟基和卤代基等。它们本身并不吸收大于 200 nm 的光,但它们可与生色团中的电子相互作用,引起吸收峰向长波方向移动,使吸收强度增加。

表 10-8 常用的有机显色剂

显色剂	测定元素	反应介质	λ_{max}/nm
磺基水杨酸	Fe^{3+}	pH = 2~3	520
邻菲罗啉	Fe^{2+}	pH = 5~8	510
丁二酮肟	Ni^{2+}	碱性,氧化剂存在	470
双硫腙	Cu^{2+}、Pb^{2+}、Zn^{2+}、Cd^{2+}	控制酸度及加入掩蔽剂	490~550
偶氮胂(Ⅲ)	Th(Ⅳ)、Zr(Ⅳ)、U(Ⅳ)	强酸性	665~675
	稀土金属离子	弱酸性	
铬天青 S	Al^{3+}	pH = 5~5.8	530

近年来,形成多元配合物的显色体系受到关注。多元配合物是指 3 个或 3 个以上组分形成的配合物。利用多元配合物的形成可提高分光光度测定的灵敏度,改善分析特性。目前应用较多的是三元配合物。三元配合物是指由三种组分形成的单核或双核配合物,通常由一种中心金属离子和两种配体形成。例如钒(V)、过氧化氢(H_2O_2)和 4-(2-吡啶偶氮)-间苯二酚(PAR)形成 1:1:1 的红色三元配合物,可用于钒的测定,灵敏度高,选择性好。

二、分光光度法分析条件的选择

1. 显色条件的选择

显色条件包括溶液酸度、显色剂的用量、试剂加入顺序、显色反应时间、显色反应温度、有机络合物的稳定性及共存离子的干扰等。

1) 溶液酸度

溶液的酸度会影响显色剂的平衡浓度和颜色,也会影响被测金属离子的存在状态和络合物的形成反应,是显色反应重要的条件之一。

合适的酸度需通过实验确定。在实际工作中,通常是固定其他实验条件,变化反应体系的 pH 值,测量体系的吸光度 A,作 A-pH 曲线,从实验曲线中选择 A 值大,且随 pH 值变化平缓的 pH 值范围作为酸度控制范围。如图 10-13 所示,pH=4.0~4.8 为合适范围,一般选择中间部分(pH=4.4)为宜。

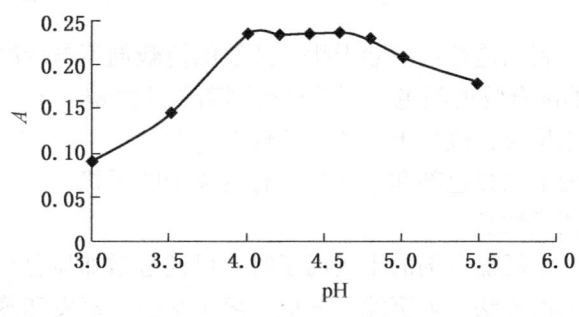

图 10-13 酸度曲线

2) 显色剂的用量

为使显色反应进行完全,需加入过量的显色剂。但有些显色反应显色剂加入太多,反而会引起副反应,对测定不利。固定被测组分的浓度和其他条件,只改变显色剂的加入量,测量吸光度,作出吸光度-显色剂用量的关系曲线,如图 10-14 所示,可在 ab 区间选择合适的显色剂用量。

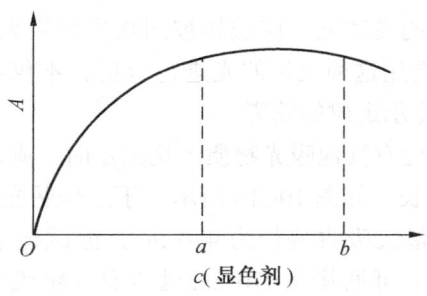

图 10-14 显色剂用量实验

3) 显色反应时间

有些显色反应瞬间完成,溶液颜色很快达到稳定状态,并在较长时间内保持不变;有些显色反应虽能迅速完成,但有色络合物的颜色很快开始褪色;有些显色反应进行得缓慢，溶液颜色需经过一段时间后才稳定。

确定显色反应时间的实验方法，配制好显色溶液，每隔一定时间测量一次吸光度，制作吸光度-时间曲线，以确定适宜的显色时间和稳定时间。

4）显色反应温度

显色反应大多在室温下进行，但是有些显色反应必须加热至一定温度完成。但要注意一些有色化合物在高温时分解。

5）溶剂

有机溶剂常降低有色化合物的解离度，从而提高显色反应的灵敏度。有机溶剂还可能提高显色反应的速率，影响有色配合物的溶解度和组成等。

6）干扰及其消除方法

试样中存在干扰物质会影响被测组分的测定，可采取以下措施：

（1）控制溶液酸度。利用控制酸度的方法提高反应的选择性，以保证主反应进行完全。

（2）加入掩蔽剂。利用掩蔽剂消除干扰，选取的掩蔽剂不与待测离子作用，掩蔽剂以及它与干扰物质形成的配合物的颜色应不干扰待测离子的测定。

（3）利用氧化还原反应，改变干扰离子的价态。

（4）利用参比溶液消除显色剂和某些共存有色离子的干扰。

（5）选择适当的测量波长。

（6）当溶液中存在消耗显色剂的干扰离子时，可通过增加显色剂的用量来消除干扰。

（7）采用预先分离的方法，如沉淀、萃取、离子交换、蒸发和蒸馏以及色谱分离法。

2. 样品溶剂的选择

分光光度法的测定是在溶液中进行的，固体样品需要转化为溶液。无机样品用合适酸溶解或碱熔融，有机样品用有机溶剂溶解或提取。有时需要先经湿法或干法将样品消化，然后再转化为适合于测定的溶液。溶剂要有良好的溶解能力，在测定波长范围内没有明显的吸收，被测组分在溶剂中有良好的吸收峰形，挥发性小、不易燃、无毒性、价格便宜等。

3. 测量波长的选择

为了使测定结果有较高的灵敏度，应选择被测物质的最大吸收波长的光作为入射光，这称为"最大吸收原则"。选用这种波长的光进行分析，不仅灵敏度高，且能减少或消除由非单色光引起的对朗伯-比尔定律的偏离。

但是，在最大吸收波长处有其他吸光物质干扰测定时，则应根据"吸收最大，干扰最小"的原则来选择入射光波长。如图10-15所示，丁二酮肟光度法测钢中镍，由吸收曲线 a 可知络合物丁二酮肟镍的最大吸收波长为470 nm，但试样中大量的铁用酒石酸钠掩蔽后，从酒石酸铁的吸收曲线 b 可见其在470 nm处也有一定吸收，干扰镍的测定。为避免铁的干扰，可以选择波长520 nm进行测定，虽然测镍的灵敏度有所降低，但酒石酸铁不干扰镍的测定。

从仪器测量误差的角度来看，为使测量结果得到较高的准确度，一般应控制标准溶液和被测试液的吸光度在0.2~0.8范围内。可通过控制溶液的浓度或选择不同厚度的吸收池来达到此目的。

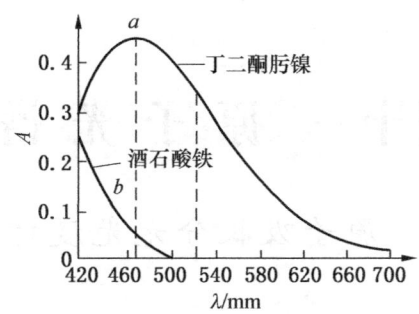

图 10-15　丁二酮肟镍和酒石酸铁的吸收曲线

4. 参比溶液的选择

利用参比溶液来调节仪器的零点，可消除由吸收池壁及溶剂对入射光的反射和吸收带来的误差，以及干扰的影响。参比溶液的选择原则如下：

（1）如果样品溶液、试剂、显色剂均无色，选溶剂作参比，称为"溶剂空白"。

（2）如果样品溶液有色，而试剂、显色剂无色，选不加显色剂的样品溶液作参比，称为"样品空白"。

（3）如果试剂、显色剂有色，而样品溶液无色，选不加样品的试剂、显色剂溶液作参比，称为"试剂空白"。

（4）如果显色剂与试液均有颜色，可将一份试液加入适当掩蔽剂，将被测组分掩蔽起来，使之不再与显色剂作用，而显色剂及其他试剂均按试液测定方法加入，以此作为参比溶液，可以消除显色剂和一些共存组分的干扰。

（5）改变加入试剂的顺序，使被测组分不发生显色反应，以此溶液作为参比溶液，消除干扰。

5. 吸光度范围的选择

从仪器测量误差的角度来看，为使测量结果得到较高的准确度，一般应控制标准溶液和被测试液的 $T=15\%\sim70\%$，吸光度在 $0.2\sim0.8$ 范围内可通过控制溶液的浓度或选择不同厚度的吸收池来达到目的。

项目十一　原子光谱法

任务一　原子吸收分光光度计的操作

【任务分析】

原子光谱分析法是光谱分析法中除紫外-可见分光光度计之外应用很广泛的分析方法。它在我国已经广泛应用于冶炼、地质、环境、医疗、农业、化工和食品等领域的研究和监测工作。原子光谱分析能够测定几乎全部的金属元素和大多数半金属元素。原子吸收分光光度计具有灵敏度高、检出限低和检测范围广等优点，适用于几乎全部的金属和大部分的半金属元素的微量定量分析。本次任务参考《原子吸收光谱分析法通则》（GB/T 15337—2008），以珀金埃尔默仪器（上海）有限公司的 AAnalyst800 原子吸收分光光度计为例，要求学生掌握仪器的基本操作，了解仪器的基本组成部分与各部分的作用，在此基础上能对仪器进行日常维护与保养。

【技能训练】

一、原子吸收分光光度计的基本操作——AAnalyst800 原子吸收分光光度计的使用操作规程（火焰法）

1. 准备工作

(1) 火焰分析需要打开以下两个附件：

①空气压缩机（请保证干燥过滤器上的压力为 0.5 MPa）。

②乙炔（压力调至 0.1 MPa）（乙炔钢瓶压力低于 0.6 MPa 请更换）。

(2) 如果仪器处于石墨炉模式，请按照"文件→改换技术→火焰"的步骤转换到火焰分析步骤。

2. 基本操作步骤

火焰的基本操作步骤主要分为以下 5 个步骤：

(1) 点灯。"灯设置"快捷按钮→元素符号"开/关"（打开或者关闭灯电源）→点击对应元素灯位置按钮（例如灯1）（让仪器反射元素灯的光线），直到有能量值显示出来（数值在 40~60 之间为好，太高影响灯的寿命，太低影响光源信号的稳定）。

(2) 建立方法。"文件/新建/方法"→选择准备分析的元素符号（例如 Cu）→在标样浓度中输入标准样品的浓度→"文件/保存/方法"来保存方法。

(3) 设定样品名称。点击"试样信息"快捷按钮，在样品信息编辑器"试样识别码"中输入相应的样品名称。

(4) 点火。点击"火焰"快捷按钮，"安全联锁"为绿色对勾时，点击"ON/OFF"按钮即可点火。

(5) 分析。点击"手工分析控制"快捷按钮→分析之前，指定结果保存的位置→正常的分析：分析空白→分析标样→分析样品。

（6）查看结果。结果窗口→校准曲线窗口。

（7）数据处理。具体数据处理有两种途径：

①可以将之前分析的数据进行再处理。

②文件/实用程序/数据管理器。可以将数据导出成 Excel 文件。

（8）分析结束。点击"火焰"快捷按钮，点击"ON/OFF"按钮关火→乙炔气瓶总阀门关闭→点火页面，点击"排气"，将管路中的乙炔气体排空→关闭空气压缩机电源→关闭软件→关闭仪器电源。

二、原子吸收分光光度计的基本操作——AAnalyst800 原子吸收分光光度计的使用操作规程（石墨炉法）

1. 准备工作

（1）石墨炉分析需要打开以下两个附件：

①水循环制冷机（国产水循环压力调至 3 bar，进口水循环无须理会）。

②氩气（压力调至 0.4 MPa）。

（2）如果仪器处于火焰模式，请按照"文件→改换技术→石墨炉"的步骤转换到石墨炉分析步骤。

2. 基本操作步骤

石墨炉的基本操作步骤主要分为以下 5 个步骤：

（1）点灯。"灯设置"快捷按钮→元素符号"开/关"（打开或者关闭灯电源）→点击对应元素灯位置按钮，直到有能量值显示出来。

（2）建立方法。"文件/新建/方法"→选择准备分析的元素符号（例如 Cu）→光谱仪设置将分析次数改为 2 次→"取样器/炉程序"设置炉原子化升温程序→"取样器/自动取样器"设定试样进样体积和稀释液的位置（相应的自动进样器位置放好稀释液）→"校准/计算标样体积"设置将"标准浓度"的浓度、"储备标样"的位置和浓度以及"空白位置"的位置（此步骤设置参与校准的空白和标准点）→"文件/保存/方法"来保存。

（3）设定样品名称。点击"试样信息"快捷按钮，在样品信息编辑器中，输入相应的样品位置和名称。

（4）石墨炉硬件调节。点击"石墨炉"快捷按钮，根据"维护"下的提示调节石墨炉的分析状态。

（5）分析。点击"自动分析控制"快捷按钮→分析之前，指定结果保存的位置→校准（分析空白和分析标样）→分析试样。

（6）查看结果。结果窗口→校准曲线窗口→瞬时峰形窗口。

（7）数据处理。具体数据处理有两种途径：

①可以将之前分析的数据进行再处理。

②文件/实用程序/数据管理器。可以将数据导出成（Excel）文件。

（8）分析结束。分析结束之后，关闭水循环制冷机—关闭氩气—关闭软件—关闭仪器电源。

【相关知识】

一、原子吸收光谱法定义及其原子化方式分类

(1) 原子吸收光谱法又称为原子吸收光谱分析，简称原子吸收法，是基于自由原子吸收光辐射的一种元素定量分析方法。

(2) 根据原子化方式可分为火焰原子吸收法、非火焰原子吸收法和冷原子吸收法。

二、原子吸收法的特点

(一) 原子吸收法、紫外可见光光度法的区别

两种分析方法的基本原理相同，都遵循朗伯-比尔定律，区别是：

1. 吸光物质的状态不同

原子吸收法：蒸汽相中的基态原子；紫外可见光光度法：溶液中的分子（或原子团）。

2. 吸收光谱不同

原子吸收法：锐线光、线状吸收，半宽约 0.01Å；紫外可见光光度法：单色光、带状吸收。

(二) 原子吸收法的特点

(1) 灵敏度高（检出限低），$10^{-8} \sim 10^{-14}$ g/mL。

(2) 精密度好，相对标准差（RSD）达 0.5%~2%，选择性高，分析速度快。

(3) 应用广泛。可测定岩石、矿石、土壤、大气飘尘、水、植物、食品、生物组织等试样中 70 多种微量金属元素，间接测定 S、N、卤素等非金属及其化合物。

(三) 缺点

(1) 不能对多种元素同时进行。

(2) 某些元素测定灵敏度较低（稀土元素、Zr、W、U、B），某些成分复杂样品干扰较大。

三、基本工作原理

原子吸收分光光度计是一种利用待测元素的共振辐射，通过其原子蒸汽，测定其吸光度的装置。其基本结构包括光源、原子化器、光学系统和检测及数据处理系统。图 11-1 为原子吸收分光光度计的结构示意图（火焰原子化器）。它主要用于痕量元素杂质的分析，具有灵敏度高及选择性好两大主要优点。广泛应用于特种气体、金属有机化合物、金属醇盐中微量元素的分析。

基本原理：基态气态原子（原子化器中的试样）可以吸收同种原子发出的特征光谱（光源发射的光谱）。

具体过程：光源（一般是空心阴极灯或无极放电灯）里有被测金属，它被激发放出锐线光谱（就是一定波长的不连续光谱）。而原子化器中的被测金属原子可以吸收空心阴极灯发出的锐线光谱，通过检测被吸收后光谱的强度，得到被吸收的光谱强度，从而可以计算出金属原子的浓度（朗伯-比尔定律）。

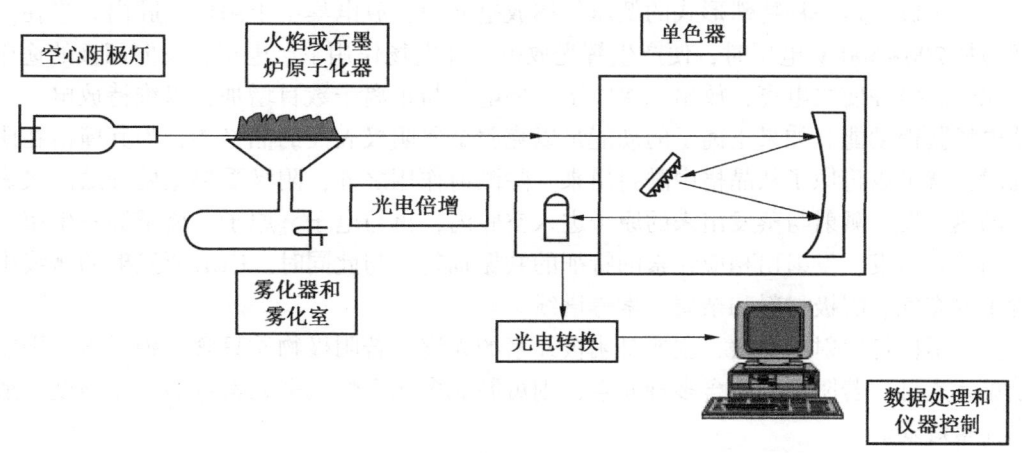

图 11-1　原子吸收分光光度计的结构示意图（火焰原子化器）

四、原子吸收分光光度计（AAS）的结构

（一）光源

光源是原子吸收分光光度计的一个重要组成部件，其功能是发射被测元素的特征共振辐射。光源要求满足以下要求：

（1）稳定性好。
（2）发射强度高。
（3）使用寿命长。
（4）能发射待测元素的共振线，且其半宽度要小于吸收线半宽度。
（5）背景辐射小。

空心阴极灯、蒸气放电灯、高频无极放电灯和可调激光器均可满足以上要求，其中空心阴极灯较常用。

空心阴极灯又称元素灯，简称 HCL。它是由玻璃管制成的封闭着低压气体的放电管。主要是由一个阳极和一个空心阴极组成，如图 11-2 所示。阳极为钨棒，阴极为空心圆柱形，由待测元素的高纯金属或合金制成，贵重金属以其箔衬在阴极内壁。阴电极密封在充有惰性气体，前段带有石英窗的玻璃灯管中。

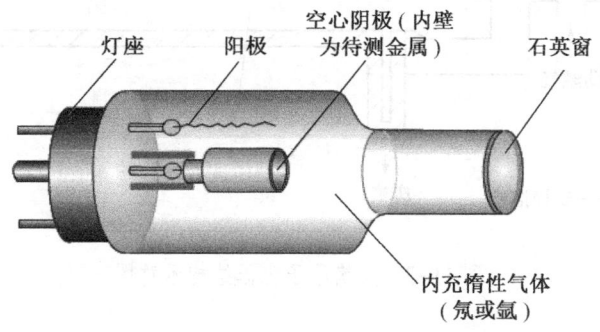

图 11-2　空心阴极灯结构

空心阴极灯是一种特殊形式的低压气体放电光源，放电集中于阴极空腔内。当在两极之间施加 200~500 V 电压时，便产生辉光放电。在电场作用下，电子在飞向阳极的途中与载气原子碰撞并使之电离，放出二次电子，使电子与正离子数目增加，以维持放电。正离子从电场获得动能。如果正离子的动能足以克服金属阴极表面的晶格能，当其撞击在阴极表面时，就可以将原子从晶格中溅射出来。除溅射作用之外，阴极受热也要导致阴极表面元素的热蒸发。溅射与蒸发出来的原子进入空腔内，再与电子、原子、离子等发生第二类碰撞而受到激发，发射出相应元素的特征的共振辐射。与此同时，HCL 所发射的谱线中还包含了内充气、阴极材料和杂质元素等谱线。

空心阴极灯发射的光谱，主要是阴极元素的光谱。若阴极物质只含一种元素，则制成的是单元素灯。若阴极物质含多种元素，则可制成多元素灯。多元素灯的发光强度一般都较单元素灯弱。

空心阴极灯的发光强度与工作电流有关。灯电流过小，放电不稳定；灯电流过大，溅射作用增强，原子蒸气密度增大，谱线变宽，甚至引起自吸，导致测定灵敏度降低、灯寿命缩短。因此在实际工作中应选择合适的工作电流。

（二）原子化器

原子化器是 AAS 的重要环节。其作用是将试样蒸发并使待测元素转变成基态原子蒸气。光源发出的特征光谱在这里被基态原子吸收，它的作用与紫外-可见分光光度计的吸收池相似。目前原子化的方法主要有火焰原子化法（flame atomization）和无火焰原子化法（flameless atomization）两种。

1. 火焰原子化器

火焰原子化器（图 11-3）主要由喷雾器、雾化室、燃烧器、火焰和气体供应等组成。其中喷雾器是整个原子化器乃至整个原子吸收仪最关键的部件。因雾化效率的高低直接影响原子化效率，最终影响测定的灵敏度和准确度。

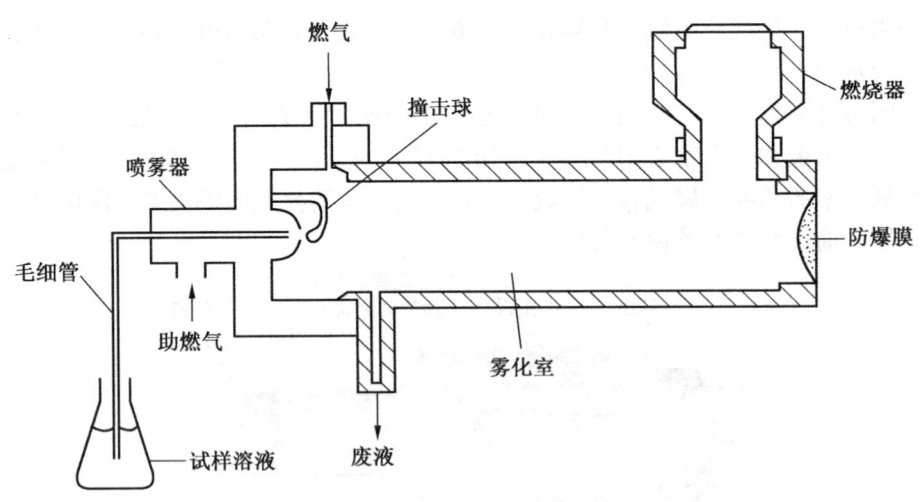

图 11-3　火焰原子化器结构示意图

1）喷雾器

喷雾器（图 11-4）的作用是将试液雾化，雾化效率高（一般为 10%~12%），雾滴细，喷雾稳定。

当助燃气以一定压力高速从喷嘴中喷出时，毛细管尖端产生负压，将试液吸上来经喷雾器形成雾珠，较大的雾珠在撞击球上撞成更小的雾珠，较小的雾珠在混合器中与助燃气、燃气混合后进入燃烧器燃烧，大的雾珠冷凝后沿废液管流出。

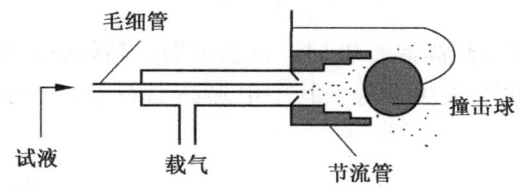

图 11-4　喷雾器工作原理示意图

2）雾化室

雾化室的作用如下：

（1）使较大雾粒沉降、凝聚，从废液口排出。

（2）让燃气、助燃气（Air）及试样雾充分混合，从而得到一个稳定、平静的火焰。

（3）稳定混合气气压。

3）燃烧器

常用的燃烧器为预混合型。雾化后，试样进入火焰—蒸发—汽化成气态—离解成基态原子。燃烧器分孔型和长缝型两种。为了加长吸收光程，多采用长缝型燃烧器。燃烧器可以上下、左右调节，使空隙阴极灯发出的共振光束能准确地通过火焰原子化层。

4）火焰

试样原子化过程是一个复杂的物理、化学过程：

$$MX（液）\rightarrow MX（固）\rightarrow MX（气）\rightarrow M（气）+X（气）$$
$$\qquad\quad 脱水 \qquad 气化 \qquad 解离$$

火焰是试样进行原子化的能源，火焰的性质直接影响试样的原子化效果。温度过高，会使试样原子激发或电离，基态原子数减少，吸光度下降；温度过低，不能使试样中盐类解离或解离太小，测定的灵敏度会受影响。因此应根据情况选择合适的火焰温度。

（1）保证待测元素充分离解为基态原子的前提下，尽量采用低温火焰。

（2）火焰温度越高，产生的热激发态原子越多。

原子吸收光谱中常用乙炔作为燃气，以空气、氧化二氮作助燃气。火焰的组成决定了火焰的温度及氧化还原特性，直接影响化合物的解离和原子化的效率。在化学计量火焰中，大多数元素都呈现最佳灵敏度，现使用的有以下 4 种容易识别的火焰：

（1）氧化焰：蓝色锥芯小，焰头强劲。空气：乙炔＝（5～6）：1，由于助燃气多，燃烧完全，火焰呈强氧化性，发射背景强，适用于不易氧化的元素测定，如 Ag、Au、Cu、Pb、Cd、Co、Ni、Bi、Pd 和碱土金属的测定。

（2）化学计量焰：焰头坚挺，蓝色锥芯稍大，较明亮。空气：乙炔＝4：1，火焰呈氧化性，背景强、噪声低，适合 30 多种金属元素的测量。

（3）亮焰：焰头明亮仍显出蓝色锥芯。空气：乙炔＝3：1。

（4）还原焰：明亮。此种火焰的温度接近 2300 ℃，但其热度还不足以使元素形成耐

207

熔氧化物。空气：乙炔＝2∶1，火焰呈还原性，发射背景强、噪声高、温度低，适用于难离解且易氧化元素的测定，如 Cr、Mo、Sn 和稀土元素的测定。

空气-乙炔火焰不适合测定高温难熔元素和吸收波长小于 220 nm 锐线光的元素（如 As、Se、Zn、Pb）的原子化。如需要上述物质的原子化将使用乙炔-氧化亚氮火焰。

2. 无火焰原子化器

无火焰原子化器包括电热高温石墨炉、石墨坩埚、高频感应加热炉、空心阴极溅射、等离子喷焰、激光和氧化物发生器等，其中电热高温石墨炉原子化器（图 11-5）较为常用。

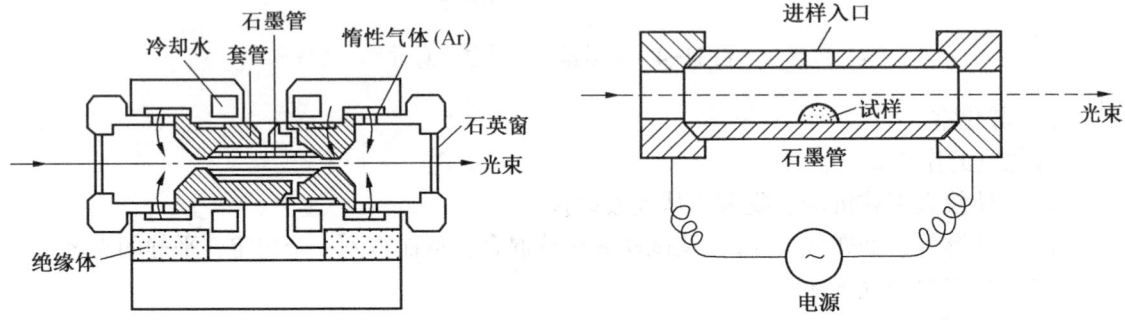

图 11-5　电热高温石墨炉原子化器结构

电热式石墨炉最主要的元件是石墨管，其长 30～60 mm，外径 6～9 mm、内径 4～6 mm，管上有 3 个小孔，中间小孔用于注射试液，石墨炉要不断地充入惰性气体（Ar 气或 N_2 气），以保护石墨管不被高温氧化、清洗石墨管和原子化的基态原子不再被氧化。为使石墨管在每次分析之间迅速降至室温，在上面冷却水入口通入 20 ℃的水以冷却石墨炉原子化器。

原理：将试样或试液置于石墨炉（管）中，用 300 A 的大电流通过石墨炉并将其加热到 3000 ℃使试样原子化。原子化过程采用程序升温的方式，分为干燥、灰化、原子化、净化四个阶段，待测元素在高温下生成基态原子（图 11-6）。

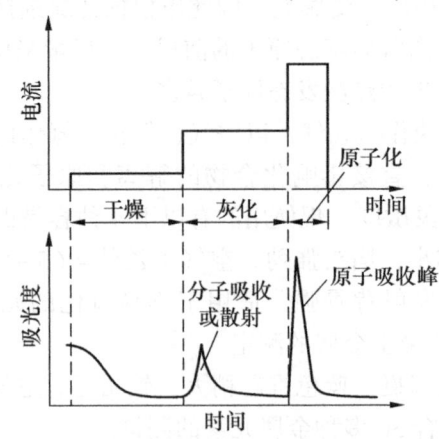

图 11-6　石墨炉原子化器升温过程示意图

（1）干燥。在低温下蒸发除去溶剂，避免溶剂存在而导致灰化和原子化过程飞溅。温度通常稍高于溶剂沸点。

（2）灰化。进一步除去有机物和低沸点无机物，以减少基体组分对待测元素的影响，温度为 500~800 ℃。

（3）原子化。一定温度下使待测元素解离为基态原子蒸气。温度随被测元素不同。

（4）净化（除残）。将温度升至最高，除去残留物，消除记忆效应。

优点：原子化程度高（90%以上），试样用量少（1~100 μL），可测固体及黏稠试样，灵敏度高，检测极限为 10^{-12} g/L。缺点：精密度差，测定速度慢，操作比较复杂，装置复杂。共存化合物的干扰比火焰法大。

（三）分光系统（单色器）

分光系统的作用就是将待测元素的分析线与干扰谱线分开，只让分析线通过，非分析线不让通过。分光系统一般由入射狭缝、反射镜、色散元件（棱镜、光栅）、出射狭缝等组成，如图11-7所示。

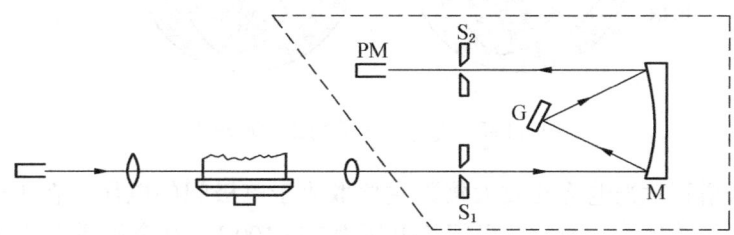

S_1—入射狭缝；M—准直镜；G—光栅；S_2—出射狭缝；PM—检测器

图11-7 分光系统示意图

色散元件是分光系统的关键部位，它的作用是将共振线与干扰线分开，要求色散均匀，色散率高，工作波段范围广，成本低。原子吸收分光光度计色散元件一般使用光栅。

（四）检测及数据处理系统

1. 组成

检测及数据处理系统主要由检测器、放大器、对数变换器、显示记录装置组成。各部分作用如下：

（1）检测器将单色器分出的光信号转变成电信号，如光电池、光电倍增管、光敏晶体管等。分光后的光照射到光敏阴极上，轰击出的光电子又射向光敏阴极，轰击出更多的光电子，依次倍增，在最后放出的光电子比最初多到 10^6 倍以上，最大电流可达 10 μA，电流经负载电阻转变为电压信号送入放大器。

（2）放大器将光电倍增管输出的较弱信号经电子线路进一步放大。

（3）对数变换器作用为光强度与吸光度之间的转换。

（4）原子吸收分光光度计计算机工作站作用是显示、记录谱图数据及新仪器配置。

2. 光电倍增管

在原子吸收光谱仪中，几乎都是采用光电倍增管作为检测器。最常用的则是峰响应在 185~900 nm 范围的广域光电倍增管。检测器像空心阴极灯一样可以"看见"由火焰发射作用引起的成分。空心阴极灯的发光是调制编码的，使电子流与该过程同步，以保证只能检测具有同样频率的光。

光电倍增管是检测微弱光信号的光电元件。它由密封在真空管壳内的一个光阴极、多个倍增极（打拿极）和一个阳极组成。工作时相邻两个倍增电极的电位约为 90 V，当光照射到光阴极上时，光阴极会释放出一定数目的光电子，这些光电子在电场加速下打在第一个倍增极上，每个光电子会从该倍增极上发射 2~5 个次级电子，这些次级电子再被电场加速打在第二个倍增极上，又会发射更多的电子。这一过程在光电倍增管中雪崩式地进行。最后被阳极收集，产生一个较强的电流。图 11-8 是光电倍增管的工作原理图。

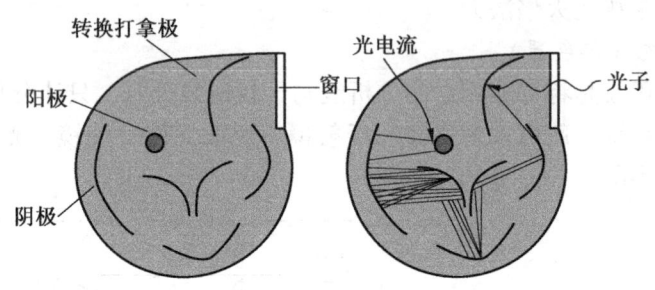

图 11-8　光电倍增管的工作原理图

一个光电倍增管对光电流的放大倍数主要取决于电极间的电压。在工作电压范围内，电压越高，放大倍数越大。通常两极间的电压为 75~100 V，9 个倍增极的光电倍增管的总放大倍数为 10^6~10^7。

光电倍增管被强光照射时容易损坏，即使是瞬间的强光照射也会使管子性能产生不可逆的变化。因此必须将它装于暗盒之中。光电倍增管的暗电流是仪器噪声的主要来源。

任务二　电感耦合等离子体发射光谱仪（ICP-OES）的操作

【任务分析】

原子发射光谱仪具有样品用量少、应用范围广且快速、灵敏和选择性好等特点，主要应用于冶金、地质、石油、环保、化工、新材料、医药、卫生等方面的样品分析。本次任务是以珀金埃尔默仪器（上海）有限公司的 Optima ICP 8000DV 电感耦合原子发射光谱仪（ICP-OES）为例，要求学生掌握仪器的基本操作，了解仪器的基本组成部分与各部分的作用，在此基础上能对仪器进行日常维护与保养。

【技能训练】

一、准备工作

1. 开机

（1）检查实验室温度、湿度（湿度小于 60%），若有需要，打开空调。

（2）检查并保证有足够氩气用于连续工作（约 3 MPa/h，低于 2 MPa 不能再使用）。

（3）确认废液桶有足够的空间用于容纳废液。

(4) 打开氩气并调节出口压力在 0.7 MPa 之间。

(5) 检查循环冷却水的水位，不能低于最低指示刻度，通常液面位于指示刻度的 1/2 处。如果正常，打开其电源开关。调节水压在 0.6 MPa。

(6) 关闭一级过滤器阀门，打开空气压缩机，出口压力稳定在 0.7 MPa，打开一级过滤器阀门。

(7) 打开稳压器电源（如果有的话），1 min 将主机右侧电源开关置于 ON 状态。

(8) 打开电脑、显示器和打印机，待仪器启动 1 min 之后，启动 WinLab32 软件，等待仪器连接完成。

2. 点火

(1) 检查并确认进样系统（炬管、雾化室、雾化器、泵管等）是否正确安装。

(2) 调整好蠕动泵夹子，保证将泵管置于沟槽中间，进样管放入水中。

(3) 打开抽风机电源，保证有足够的抽力。

(4) 再次确认氩气储量和压力。

(5) 双击桌面打开 WinLab32 软件图标，进入软件控制界面，点击工具栏上"Plasma"图标，在弹出的对话框中进行点火，可以同时打开"Camera"窗口观察点火情况。

(6) 观察等离子体运行状态，待等离子体稳定 15 min 即可进行后续操作。

二、分析

(1) 调用或者新建分析方法。新建方法："File/New/Method"，在弹出窗口中点击"OK"。

①spectrometer 的相关设置：

a) 在"define elements"中选择"periodic tables"，出现元素周期表。右键点击要分析的元素，出现该元素的波长列表，双击需要波长，添加至左侧列表里，选择其他元素，选择完成后关闭周期表。一般建议选择第一条波长。

b) 在"settings"中，"Delay time"设为 30 s，"replicates"设为 3 次。

②sampler 的相关设置：在"plasma"中，在"plasma view"里选择观测方式。样品元素组成简单，使用"Axial"，含量大于 10 mg/L，选择"Attn Axial"；组成复杂，使用"Radial"，含量大于 10 mg/L，选择"Attn Radial"。

③calibration 的相关设置：

a) 在"define standards"中，"calib blank 1"为标准零点，一般命名为"calib blank"，根据标准点个数，依次输入标准1、标准2、标准3……在"reagent blank"中输入试剂空白。如果没有自动进样器，不用考虑"A/S location"。

b) 在"calib units and concentration"中更改"calib"的浓度单位，并依次输入不同元素和不同标准点的浓度。

方法编辑完成，在"file/save/method"中保存方法（输入名称，名称不能长于 10 个汉字或者 20 个字母，点击"OK"）。

注意：

①如果希望打开之前的方法继续使用，只需在"file/open/method"中选择所需方法，点击"OK"。

②如果需要对当前方法进行编辑,需要点击"MethEd"。编辑完成后,再次保存。

③无论编辑还是打开,居中位置会显示当前方法。

(2) 准备"标准"和待测样品。

(3) 点击工具栏上的"Manual",打开"results dataset name"。可以在之前结果组之后继续保存,也可以重新输入名称,保存新的结果组,点击"OK"。

在"blank"中选择"calib blank""analyze blank",在"standard"中选择标准1,"analyze standard",再依次分析其他样品。用纯水冲洗进样管30 s,在"blank"中选择试剂空白"analyze blank"。在ID中输入样品名称"analyze sample"。分析结束后用去3%稀硝酸和离子水冲洗进样系统5~10 min。可以在"results"中查看结果,在"calib"中查看标准曲线,在"spectra"中查看谱图。

(4) 点击"Examine"检查标准与分析物的谱图,调节后更新并保存方法。Examine仅在新方法第一次使用后需要操作。

①在"data"中选择"select data set",选择数据组、相关数据,以及元素。点击完成。

②将左右的绿色光标拖动到平缓位置,通过键盘"←"和"→"移动黄色直线,读取最高峰的波长值。

③在"method"中选择"update method parameter",在"revised wavelength"中输入刚才记录的波长值,再点击"update and save method"。

三、关机

(1) 分析完毕后,分别用去3%稀硝酸和离子水冲洗进样系统5~10 min。点击"plasma",在弹出的对话框中点击"关闭"熄火。

(2) 让蠕动泵空转2 min,排尽雾室及泵管中的废液。

(3) 松开蠕动泵夹,关闭抽风机电源。

(4) 退出WinLab32软件,关闭电脑、显示器、打印机。

(5) 关闭主机电源、稳压器。

(6) 排掉空气压缩机以及空气过滤器中的水分。关闭水循环机。

(7) 登记操作记录,仪器运行记录。

【相关知识】

一、原子发射光谱法的定义和分类

原子发射光谱法(Atomic Emission Spectrometry,AES),是利用物质在热激发或电激发下,每种元素的原子或离子发射特征光谱来判断物质的组成,而进行元素的定性与定量分析的。原子发射光谱法可对约70种元素(金属元素及磷、硅、砷、碳、硼等非金属元素)进行分析。在一般情况下,用于1%以下含量的组分测定,检出限可达10^{-6},精密度为±10%左右,线性范围约2个数量级。这种方法可有效地用于测量高、中、低含量的元素。

(一) 原子发射光谱分析方法分类

1. 目视火焰光分析法

某些元素的原子或者离子在被激发时，会辐射出不同颜色的光。能用眼睛来观察与辨认试样元素被激发时所辐射的焰光颜色及其亮度，就可以粗略地估计试样物质的主要成分及其含量的高低，这种发射光谱分析称为目视火焰光分析法。

2. 火焰光度法

以火焰为光源（试液雾化后喷火火焰），以棱镜或滤光片为单色器，以光电池或者光电管为检测器（放在屏幕位置），然后测量试样元素的辐射光强度，称为火焰光度分析法。

3. 摄谱法

用照相感光板来记录元素的发射光谱图，然后用类似幻灯机的投影仪将发射光谱图中记录下来的谱线放大，并辨认待测元素特征谱线的存在与否，即可进行元素定性分析。如果用类似光电比色计的黑度计（又称测微光度计）测量元素特征谱线的黑度，就可以进行待测元素的定量分析。

4. 光电直读法

元素的特征谱线通过直读光谱仪，再配有电子计算机进行数据处理，分析结果可在几分钟内由光电读数系统直接显示出来，因此具有快速、准确等优点。

（二）原子发射光谱光源分类

光源可以分为经典光源和现代光源两大类，如图11-9所示。

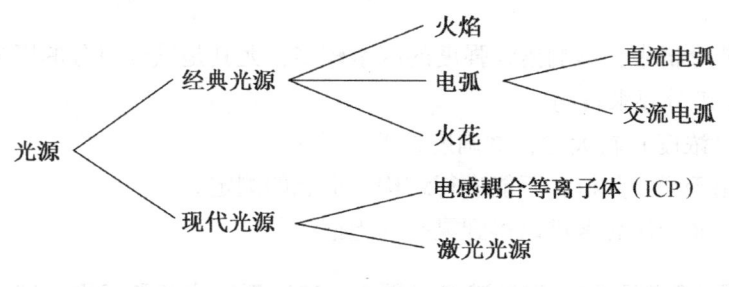

图11-9 原子发射光谱光源分类

对于原子发射光谱分析，不同的光源性能差别很大，表11-1是上述6种光源性质的比较结果。

表11-1 原子发射光谱不同类型光源的性质比较

光源	蒸发温度/K	激发温度/K	稳定性	热性质	分 析 对 象
直流电弧	800~4000（高）	4000~7000	较差	LTE	定性、难熔样品及元素定量、导体、矿物纯物质
交流电弧	中	4000~7000	较好	LTE	矿物、低含量金属定量分析
火花	低	<10000	好	LTE	难激发元素、高含量金属定量分析
ICP	<10000	6000~8000	很好	非LTE	溶液、难激发元素、大多数元素
火焰	2000~3000	2000~3000	很好	LTE	溶液、碱金属、碱土金属
激光	<10000	<10000	很好	LTE	固体、液体

二、原子发射光谱法的特点

（一）主要优点

（1）多元素同时检出能力强，可同时检测一个样品中的多种元素。一个样品一经激发，样品中各元素都各自发射出其特征谱线，可以分别检测而同时测定多种元素。

（2）分析速度快。试样多数不需经过化学处理就可分析，且固体、液体试样均可直接分析，同时还可多元素同时测定，若用光电直读光谱仪，则可在几分钟内同时作几十种元素的定量测定。

（3）选择性好。由于光谱的特征性强，所以对于一些化学性质极相似的元素的分析具有特别重要的意义。如铌和钽、锆和铪，十几种稀土元素的分析用其他方法都很困难，而对 AES 来说则毫无困难。

（4）检出限低。电弧光谱一般在 $0.1 \sim 1 \ \mu g/g$，火花光谱在 $1 \sim 10 \ \mu g/g$。用电感耦合等离子体（ICP）新光源，检出限可低至 $0.1 \sim 50 \ ng/mL$。

（5）用 ICP 光源时，准确度高，标准曲线的线性范围宽，可达 4~6 个数量级。可同时测定高、中、低含量的不同元素。因此 ICP-AES 已广泛应用于各个领域。

（6）样品消耗少，适用于整批样品的多组分测定，尤其是定性分析更显示出其独特的优势。

（二）缺点

（1）在经典分析中，影响谱线强度的因素较多，尤其是试样组分的影响较为显著，所以对标准参比的组分要求较高。

（2）含量（浓度）较大时，准确度较差。

（3）只能用于元素分析，不能进行结构、形态的测定。

（4）大多数非金属元素难以得到灵敏的光谱线。

三、电感耦合等离子体发射光谱仪（图 11-10）系统介绍和工作原理

ICP 仪器主要由光源（热源）、进样系统、单色系统、检测系统、计算机数据处理系

图 11-10　电感耦合等离子体发射光谱仪实物图

统五部分组成。ICP发射光谱分析过程主要分为3步，即激发、分光和检测。激发是利用等离子体激发光源（ICP）使试样蒸发汽化，离解或分解为原子状态，原子可能进一步电离成离子状态，原子及离子在光源中激发发光。分光是利用光谱仪器将光源发射的光分解为按波长排列的光谱。检测是利用光电器件检测光谱，按测定得到的光谱波长对试样进行定性分析，按发射光强度进行定量分析。

四、电感耦合等离子体发射光谱仪构造

（一）光源

1. 定义

ICP（Inductive Coupled Plasma）即为电感耦合高频等离子体光源。等离子体（Plasma）一般指电离度超过0.1%被电离了的气体，这种气体不仅含有中性原子和分子，而且含有大量的电子和离子，且电子和正离子的浓度处于平衡状态，从整体来看是处于中性的。利用电感耦合高频等离子体（ICP）作为原子发射光谱的激发光源始于20世纪60年代。

2. 特点

高温下电离的气体（Ionized gas）；离子状态；阳离子和电子数几乎相等；等离子体的温度较高，最高温度达10000 K。

3. 组成和工作原理

ICP光源由高频发生器和感应线圈、等离子炬管和供气系统组成。高频振荡器发生的高频电流，经过耦合系统连接在位于等离子体发生管上端，内部用水冷却的铜制管状线圈之上。石英制成的等离子体发生管内有3个同轴氩气流经通道。冷却气（Ar）通过外部及中间的通道，环绕等离子体起稳定等离子体炬及冷却石英管壁、防止管壁受热熔化的作用。工作气体（Ar）则由中部的石英管道引入，开始工作时启动高压放电装置，让工作气体发生电离，被电离的气体经过环绕石英管顶部的高频感应圈时，线圈产生的巨大热能和交变磁场使电离气体的电子、离子和处于基态的氩原子发生反复猛烈的碰撞，各种粒子的高速运动导致气体完全电离，形成一个类似线圈状的等离子体炬区面，此处温度高达6000~10000 ℃，如图11-11所示。

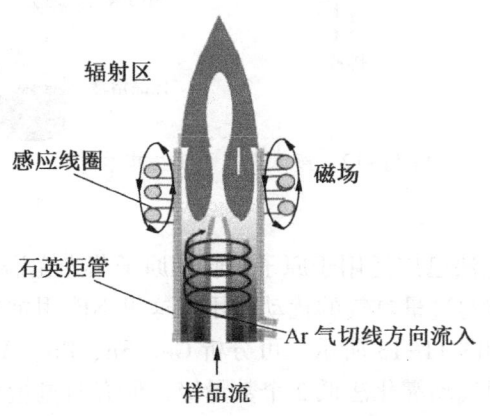

图11-11 ICP光源结构示意图

通入炬管的工作气体多为氩气，它肩负着提供电离气体，冷却保护炬管和输送样品气溶胶等使命。

(二) 进样系统

进样装置是 ICP 仪器中极为重要的一个部件，也是 ICP 光谱技术研究中最活跃的领域之一。进样系统按试样可分为液体、气体和固体3大类。

固体试样经蒸发由载气带入光源分析区；液体试样经雾化由载气带入光源分析区（雾珠去溶、干气溶胶蒸发成分子）；气体试样由载气带入光源分析区。

1. 固体进样装置

固体进样装置有电火花烧蚀进样器和激光烧蚀进样器、电热进样器和插入式石墨杯进样装置四种。激光、火花和电弧作为气化采样装置的研究，近年来开始受到重视。激光是20世纪60年代出现的一种新光源，经聚焦后温度可达到10000 K以上，能使任何物质蒸发和原子化。由于激光的方向性好、发射角度很小，聚焦的光斑可小至 $10\sim20~\mu m$，因此可用于固体进样微区分析。控波火花是发射光谱分析中一种性能优越的新型高速光源。放点次数可达500次/s，最大电流可达20 A，因而这种光源比经典火花具有更大的蒸发能力和可控波的高稳定性，被用作 ICP 光谱仪的采样和激发分开的固体进样装置。

2. 液体进样装置

液体进样过程是样品经处理制成溶液后，由雾化装置变成全溶胶由底部导入管内，经轴心的石英管从喷嘴喷入等离子体炬内。样品气溶胶进入等离子体焰时，绝大部分立即分解成激发态的原子、离子状态。液体进样系统由蠕动泵、雾化器和雾化室3部分组成，如图11-12所示。

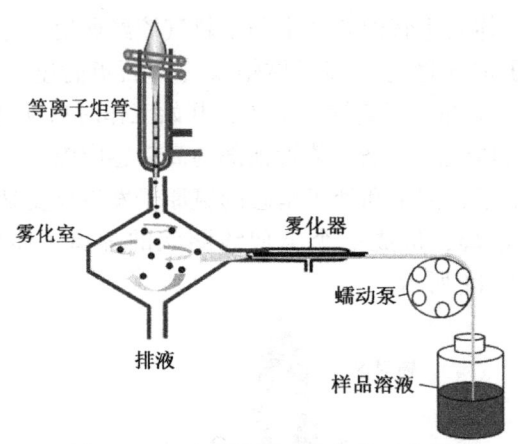

图 11-12 液体进样系统结构示意图

3. 气体进样装置

（1）氢化物化学发生法已广泛用于原子吸收和原子荧光光谱法，在 ICP 光谱法中的应用也日益增多。由于生成的过量氢气的扰动作用，这里不能用批式的发生装置，而要用连接氢化物的发生装置，如图11-13所示。可分析 Ge、Sn、Pb、As、Sb、Bi、Se、Te 和 Hg 等元素，其检出限比普通气动雾化法低2个数量级，但有时过量氢气会使等离子体淬灭和不稳定，用冷阱捕获氢化物再释放的方法要好，但成本高、费时。

（2）卤化法或氯化法挥发气体进样装置。试样与卤族元素化合，在加热到一定温度时

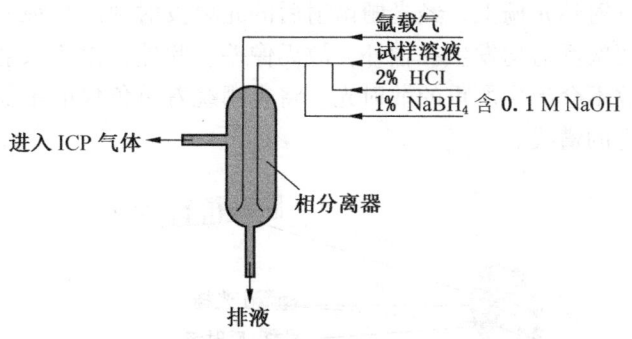

图 11-13 氢化物发生装置结构原理图

能产生易挥发的分子态的卤化物,然后引入 ICP 火焰,类似像氢化物一样,热裂解成原子激发后供分析。

(三) 分光系统

ICP 主要色散原件为线性衍射光栅。

1. 帕邢-龙格(Paschen-Range)装置的光谱仪

Rowland 指出,在曲率半径为 R 的凹面反射光栅的主截面上(即通过光栅中心而垂直于光栅刻线的平面),存在一个直径为 R 的圆。当狭缝和光栅都在这个圆上时,则这个圆就是狭缝衍像焦点的轨迹。这个圆称为罗兰(Rowland)圆(图 11-14),这时凹面光栅同时起到准直与聚焦的作用。

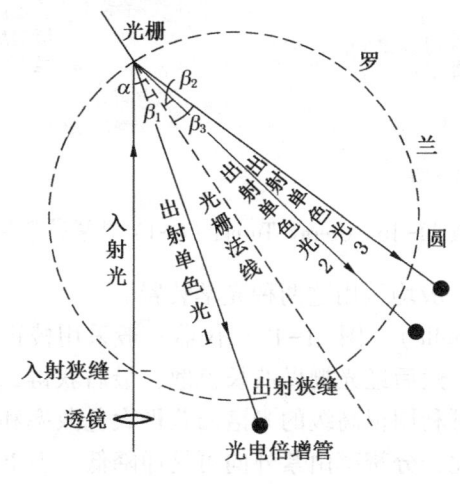

图 11-14 罗兰圆光路原理图

在 Paschen-Range 装置中,为了能测 450~800 nm 波长范围的谱线,通常需另加一块光栅,并以原级光栅的零级光为入射光进行色散。这类装置已广泛应用于火花光电直读和多通道 ICP 光谱仪。

2. Ebert 或 Czerny-Turnet (C-T) 装置的光谱仪

(1) 在 Ebert 装置(图 11-15)中,入射与出射狭缝分别位于光栅的各一侧,并用单个凹形球面镜作为准直与聚焦的元件。从位于球面镜焦面下的狭缝进入的光线投射到准直镜的下半部，并被发射到光栅上。经光栅衍射后的光束投射到准直镜的上半部并聚焦在出射狭缝处。由于这两次反射均发生在轴外，故无像差。此外，由于入射与衍射光束利用反射镜的不同部分，故不会产生严重的散射光。将光栅绕着单色仪的轴而转动，即可进行波长扫描以及选择特定的谱线。

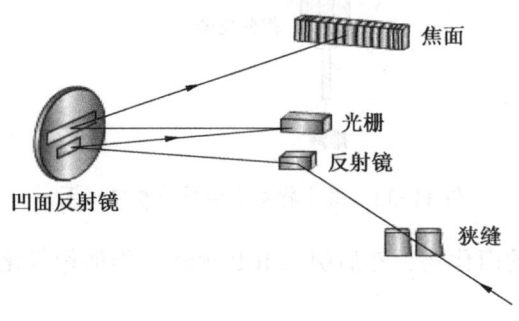

图 11-15　Ebert 装置光路图

（2）在 C-T 装置（图 11-16）中，用两个较小的凹面反射镜以取代 Ebert 装置中所使用的单个反射镜，C-T 装置的光学特性与 Ebert 装置相似。C-T 对于线性波长或线性波数的扫描较为理想。

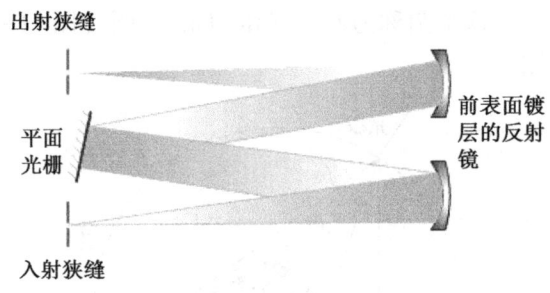

图 11-16　Czerny-Turnet（C-T）装置光路图

现代单道扫描型 ICP 一般均采用这两种光学装置。

（3）中阶梯光栅（Echelle）（图 11-17）仪器一般采用棱镜先在垂直于波长色散的方向做预色散，以分离谱级，然后经光栅做波长色散，最后获得二维平面光谱。Echelle 属闪耀角特别大的光栅，因此可利用很高级的光谱而获得大色散率和高分辨率，但色散率由于棱镜的原因而非线性。因此，分辨率由紫外向可见而降低。但 ICP 大量分析线都在紫外区域。Echelle 较适用于以固体检测器为代表的全谱 ICP 原子发射光谱仪。

（四）检测器

光电转换元件种类很多，但在光电光谱仪中的光电转换元件要求在紫外至可见光谱区域（160~800 nm）很宽的波长范围内有很高的灵敏度和信噪比、很宽的线性响应范围，以及快速的响应时间。

目前可应用于光电光谱仪的光电转换元件有两类，即光电倍增管及固体成像器件。

1. 光电倍增管（简称 PMT）

光电倍增管特别适用于光电直读光谱仪（在 ICP 常见几种类型中会介绍），原理请参

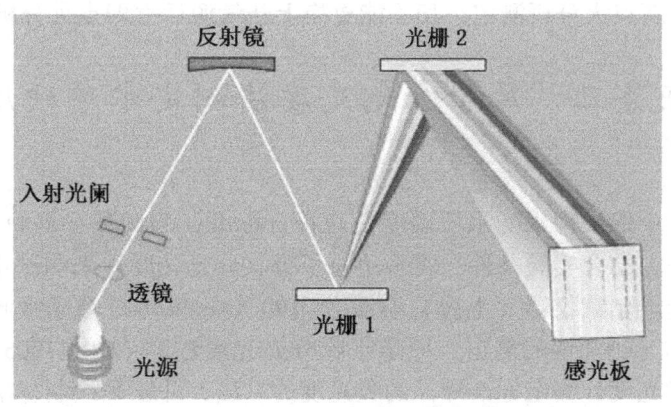

图 11-17 中阶梯光栅分光系统光路图

见原子吸收分光光度计的检测器部分。

2. 固态成像器件

固态成像器件是新一代的光电转换检测器，它是一类以半导体硅片为基材的光敏元件制成的多元阵列集成电路式的焦平面检测器，如电荷耦合器件（CCD）、电荷注入器件（CID）。在这两种装置中，由光子产生的电荷被收集并储存在金属-氧化物-半导体（MOS）电容器中，从而可以准确地进行像素寻址而滞后极微。这两种装置具有随机或准随机像素寻址功能的二维检测器，可以将一个 CCD 看作是许多个光电检测模拟移位寄存器。在光子产生的电荷被储存起来后，它们近水平方向被一行一行地通过一个高速移位寄存器记录到一个前置放大器上。最后得到的信号被储存在计算机里。

注意：

（1）ICP 为贵重光学仪器，操作时动作要轻，以防损坏。

（2）开机前进行气路检查，确保进样器无堵塞。定期检查石英炬管、雾化器和旋流雾室，如有污染，要进行清洗。一般在炬管变脏后（表面变黑时）须拆卸下来，用 8%～10% 的稀硝酸浸泡 2～3 h，然后用去离子水冲洗干净，晾干装上。

（3）开关氩气原则：在启动光谱仪 1 h 前打开氩气瓶（以防止 CID 检测器结霜，造成 CID 检测器损坏），分别调节两瓶气体，使分压表压力达 0.60～0.65 MPa，吹扫光室和 CID 检测器；在熄火后，不要马上关掉氩气，必须继续开气吹扫 CID 20 min 后才关掉氩气瓶。

（4）样品测定完成后，先用 3%～5% 的稀硝酸冲洗 2～3 min，然后再用去离子水冲洗 2～3 min 后熄灭等离子体，松开泵夹。

（5）定期更换冷却循环水。经常开机的情况下，一般半年至一年需要对冷却循环水进行更换。

（6）定量测定时须在光室温度达到并稳定在 (38±0.2)℃。CID 温度低于 -40 ℃ 时，点火 15 min 后测定。

（7）样品必须清亮透明，否则容易堵塞雾化器，万一堵塞，绝不能用金属丝清理异物。

（8）遇停气熄火，应立即更换上供气，让 CID 在常温（20 ℃ 左右）状态下吹扫

2~4 h 后，方可重新点火分析测定。切不能更换上新气源后立即点火分析。

任务三　原子分光光度法测定水质硬度

【任务分析】

测定某化工厂中锅炉用水的水质硬度是否符合标准，测试员在锅炉房取到未知水样。为了完成测试任务，结合实验条件，将采用原子吸收分光光度计来测试水的硬度。本次任务所使用的是珀金埃尔默仪器（上海）有限公司的 AAnalyst800 原子吸收分光光度计，本次任务参考《水质　钙和镁的测定　原子吸收分光光度法》（GB 11905—1989），使学生掌握原子吸收分光光度计测定标准样品的吸光度的方法，并正确绘制标准曲线；再根据锅炉水中钙、镁组分的吸光度数据进行分析处理，要求测定结果相对标准偏差小于 2%。以小组团队协作方式进行实验，培养学生的团队合作意识。技能操作成绩以原子吸收分光光度计操作的考核细则为标准进行评分，塑造学生的工匠精神。

【实验实训】

一、实验准备工作

1. 仪器

AAnalyst800 原子吸收分光光度计或其他型号，钙、镁空心阴极灯，无油空气压缩机，乙炔钢瓶，稳压电源，通风设备，容量瓶，移液管等。

2. 试剂

金属镁或碳酸镁、无水碳酸钙均为优级纯；浓盐酸（优级纯），稀盐酸溶液 1 mol/L；纯水，去离子水或蒸馏水。

3. 标准溶液配制

（1）钙标准储备液（1000 μg/mL）：准确称取已在 110 ℃下烘干 2 h 的无水碳酸钙 0.6250 g 于 100 mL 烧杯中，用少量纯水润湿，盖上表面皿，滴加 1 mol/L 盐酸溶液，直至完全溶解，然后把溶液转移到 250 mL 容量瓶中，用水稀释至刻度，摇匀备用。

（2）钙标准使用液（100 μg/mL）：准确吸取 10.00 mL 上述钙标准储备液于 100 mL 容量瓶中，用水稀释至刻度，摇匀备用。

（3）镁标准储备液（1000 μg/mL）：准确称取金属镁 0.2500 g 于 100 mL 烧杯中，盖上表面皿，滴加 5 mL 1 mol/L 盐酸溶液溶解，然后把溶液转移到 250 mL 容量瓶中，用水稀释至刻度，摇匀备用。

（4）镁标准使用液（50 μg/mL）：准确吸取 5.00 mL 上述镁标准储备液于 100 mL 容量瓶中，用水稀释至刻度，摇匀备用。

二、操作步骤

（1）配制标准溶液系列

①钙标准溶液系列。准确吸取 2.00 mL、4.00 mL、6.00 mL、8.00 mL、10.00 mL 钙标准使用液（100 μg/mL），分别置于 5 支 25 mL 容量瓶中，用去离子水稀释至刻度，摇匀备用。该标准溶液系列钙的质量浓度分别为 8.00 μg/mL、16.00 μg/mL、24.00 μg/mL、

32.00 μg/mL、40.00 μg/mL。

②镁标准溶液系列。准确吸取 1.00 mL、2.00 mL、3.00 mL、4.00 mL、5.00 mL 镁标准使用液（50μg/mL），分别置于 5 支 25 mL 容量瓶中，用去离子水稀释至刻度，摇匀备用。该标准溶液系列镁的质量浓度分别为 2.00 μg/mL、4.00 μg/mL、6.00 μg/mL、8.00 μg/mL、10.0 μg/mL。

（2）配制锅炉水样溶液：准确吸取适量锅炉水样置于 25 mL 容量瓶中，用去离子水稀释至刻度，摇匀。

（3）根据实验条件，将原子吸收分光光度计按操作步骤进行调节，待仪器读数稳定后即可进样。在测定之前，先用去离子水喷雾，调节读数至零点，然后按照浓度由低到高的原则，依次间隔测量标准钙溶液并记录吸光度。

（4）在相同的实验条件下，测量水样中钙的吸光度。

（5）按相同的方法测量镁标准溶液及水样中镁的吸光度。

测量结束后，先喷去离子水，清洁燃烧器，然后关闭仪器。关闭仪器时，必须先关闭乙炔，再关闭电源，最后关闭空气。

三、数据记录及处理

（1）记录实验条件。

（2）将钙、镁标准溶液系列的吸光度值记录于表 11-2、表 11-3，然后以吸光度为纵坐标，质量浓度为横坐标绘制标准曲线，并计算回归方程和标准偏差（或相关系数）。

（3）测量自来水样溶液的吸光度，然后在上述标准曲线上分别查得水样中钙、镁的含量（或用回归方程计算）。若经稀释，需乘上相应的倍数，求得水样中钙、镁的含量，以 μg/mL 表示。

表 11-2　钙标准溶液的标准曲线和样品中钙含量测定记录表

溶液名称		钙标准使用液（100 μg/mL）		测定人	
标准曲线绘制日期				审核人	
记录项目	序号	加入钙标准使用液的体积/mL	容量瓶体积/mL	标准系列钙的质量浓度/(μg·mL^{-1})	吸光度值 A
钙溶液标准曲线	1				
	2				
	3				
	4				
	5				
标准曲线方程				曲线线性相关系数	

表 11-2（续）

	记录项目	I	II	III
样品	吸取锅炉水样体积/mL			
	配制水样容量瓶体积/mL			
	水样稀释倍数			
	测定样品溶液吸光度 A			
	通过标准曲线换算样品含量			
结果计算	Ca/$(\mu g \cdot mL^{-1})$			
	平均值/$(\mu g \cdot mL^{-1})$			
	相对标准偏差/%			

注：若水样的稀释倍数不是 1，从标准曲线中得到的计算结果需乘上相应的倍数。

表 11-3 镁标准溶液的标准曲线和样品中镁含量测定记录表

溶液名称		镁标准使用液（50 μg/mL）		测定人	
标准曲线绘制日期				审核人	
记录项目	序号	加入标准使用液的体积/mL	容量瓶体积/mL	标准系列镁的质量浓度/$(\mu g \cdot mL^{-1})$	吸光度值 A
镁溶液标准曲线	1				
	2				
	3				
	4				
	5				
标准曲线方程				曲线线性相关系数	

	记录项目	I	II	III
样品	吸取锅炉水样体积/mL			
	配制水样容量瓶体积/mL			
	水样稀释倍数			
	测定样品溶液吸光度 A			
	通过标准曲线换算样品含量			

表 11-3（续）

记录项目		Ⅰ	Ⅱ	Ⅲ
结果计算	Mg/(μg·mL^{-1})			
	平均值			
	相对标准偏差/%			

注：若水样的稀释倍数不是 1，从标准曲线中得到的计算结果需乘上相应的倍数。

【考核标准】

原子吸收分光光度计操作技能考核细则见表 11-4。

表 11-4 技能考核细则（原子吸收分光光度计操作）

考核项目	不 规 范 操 作 项 目	配分	最后得分
玻璃器皿洗涤（8分）	容量瓶未用蒸馏水清洗	2	
	容量瓶未进行试漏	2	
	移液管未用蒸馏水清洗	2	
	移液管未用溶液润洗	2	
移液管移取溶液（8分）	溶液移取未用移液管	2	
	放液时移液管不垂直	2	
	放液时移液管不靠壁	2	
	移取溶液动作不规范（持握移液管和洗耳球）	2	
容量瓶定容操作（10分）	移取溶液时未用玻璃棒引流	2	
	当转移的溶液距离容量瓶的刻度线 2~3 cm 时，未用胶头滴管滴加	2	
	2/3 处不进行水平摇动	1	
	稀释至刻线不准确（视线和溶液凹液面相平）	2	
	摇匀动作不正确（翻转）	1	
	重新配制溶液	2	
标准溶液配制过程（10分）	标准溶液系列浓度配错 1 个扣全分	2	
	溶液重配，每重配 1 个扣 2 分	2	
	未能按正确的方法和顺序测定标准溶液	2	
	未能正确绘制工作曲线	2	
	试样吸光度未在工作曲线的中间位置	2	
原子吸收分光光度计仪器操作（30分）	空心阴极灯选择或者电流设置不符合要求	3	
	空心阴极灯未预热 20~30 min	3	
	未正确使用空气压缩机和乙炔钢瓶	4	
	遇到连锁现象，未能及时采取相应措施	4	
	未正确选择测试条件	4	
	未选择元素的最灵敏谱线为分析线	4	
	测量数据不进行保存、记录或打印	4	
	测量数据不进行保存、打印	4	

表 11-4（续）

考核项目	不规范操作项目	配分	最后得分
记录过程 （10分）	项目记录内容不及时、不规范、不齐全	2	
	原始记录每修改一处扣2分	2	
	计量单位使用不规范	2	
	实验读数必须由裁判读取后方为有效，否则数据无效	2	
	计算结果不完全正确	2	
文明操作 （14分）	实验结束后，原子吸收分光光度计未正确关机	6	
	未填写实验仪器记录	2	
	实验结束后，玻璃仪器未清洗	2	
	实验过程中，废纸、废液未按规定处理	2	
	实验结束后，工作台未整理	2	
工作曲线线性 （10分）	相关系数≥0.999	10	
	0.999＞相关系数≥0.995	8	
	0.995＞相关系数≥0.992	5	
	0.992＞相关系数≥0.990	2	
	相关系数＜0.990	0	
损坏仪器	每损坏一件仪器扣5分，在总分中扣除		
否决项	吸光度读数未经裁判同意更改者，或抄袭其他同学数据者，以作弊、伪造数据论处		
满分	100	成绩	

【相关知识】

一、原子光谱分析法概念

原子光谱是由原子中的电子在能量变化时所发射或吸收的一系列波长的光所组成的光谱。原子吸收光源中部分波长的光形成吸收光谱，为暗淡条纹；发射光子时则形成发射光谱，为明亮彩色条纹。两种光谱都不是连续的，且吸收光谱条纹，可与发射光谱一一对应。每一种原子的光谱都不同，遂称为特征光谱。

二、原子光谱法分类

原子的电子运动状态发生变化时发射或吸收的有特定频率的电磁频谱。原子光谱是一些线状光谱，发射谱是一些明亮的细线，吸收谱是一些暗线。原子的发射谱线与吸收谱线位置精确重合。不同原子的光谱各不相同，氢原子光谱最为简单，其他原子光谱较为复杂，最复杂的是铁原子光谱。用色散率和分辨率较大的摄谱仪拍摄的原子光谱还显示光谱线有精细结构和超精细结构，所有这些原子光谱的特征反映了原子内部电子运动的规律性。

三、原子光谱法原理

阐明原子光谱的基本理论是量子力学。原子按其内部运动状态的不同，可以处于不同的定态。每一定态具有一定的能量，它主要包括原子体系内部运动的动能、核与电子间的相互作用能以及电子间的相互作用能。能量最低的态叫作基态（E_0），能量高于基态的叫作激发态，它们构成原子的各能级（见原子能级）。高能量激发态可以跃迁到较低能态而发射光子，反之，较低能态可以吸收光子跃迁到较高激发态，发射或吸收光子的各频率构成发射谱或吸收谱。量子力学理论可以计算出原子能级跃迁时发射或吸收的光谱线位置和光谱线的强度（图11-18）。

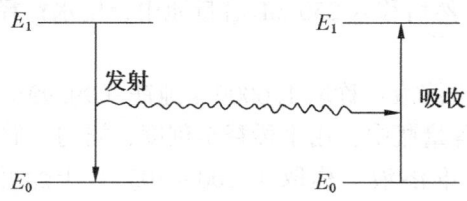

图11-18 原子发射光谱和吸收光谱示意图

任务四 电感耦合等离子发射光谱法测定水中锌离子含量

【任务分析】

水质检测数据对生产装置和锅炉正常运行起着指导性的作用。测定某化工厂中锅炉用水或者循环冷却用水中的多种元素是否符合标准，测试员在锅炉房取到一瓶未知水样。为了完成测试任务，结合实验条件，将采用电感耦合原子发射光谱仪（可多种元素同时测定）来测试水质。

本次任务所使用的是珀金埃尔默仪器（上海）有限公司的Optima ICP 8000DV电感耦合原子发射光谱仪，选择较佳的测定条件及适当的样品处理条件，同时测定水样中的钠、钙、镁、铁、磷元素含量。通过本次任务，使学生掌握电感耦合原子发射光谱仪测定被测元素（可多种元素）的谱线绝对强度，并对浓度（标准样品浓度）绘制标准曲线；再根据锅炉水中各待测元素组分的谱线绝对强度数据进行分析处理，要求测定结果相对标准误差小于2%。并利用仪器的数据处理系统可将其含量转换成与之相关的项目，如硬度、磷酸根等。以小组团队协作方式进行实验，培养学生的团队合作意识。技能操作成绩以原子发射光谱仪操作的考核细则为标准进行评分，塑造学生的工匠精神。

【实验实训】

一、实验准备工作

1. 仪器

Optima ICP 8000DV电感耦合原子发射光谱仪（ICP-OES）或其他型号、循环冷却水、无油空气压缩机、稳压器电源、氩气钢瓶、通风设备、容量瓶、移液管等。

2. 试剂

镁为光谱纯氧化物,碳酸钙、氯化钠、磷酸二氢钾为优级纯,铁为外购标样,高纯硝酸、盐酸、硫酸、过硫酸钾,二次蒸馏水。

3. 标准溶液配制

(1) 1.0 mg/mL 锰标准溶液:称取 1.0000 g 纯锰 (99.99%),用 50 mL 硫酸 (1+3) 溶解,移入 1000 mL 容量瓶中,用水稀释至刻度,混匀,储于聚乙烯瓶中备用。

(2) 1.0 mg/mL 钙标准溶液:称取于 110 ℃ 干燥并已恒重过的碳酸钙 (GR,预先在 110 ℃ 烘干 1 h 后冷却至室温) 0.62438 g,加水 20 mL,滴加 1∶1 盐酸至完全溶解,再过量 10 mL,冷却除去 CO_2,然后移入 250 mL 容量瓶中,用水稀释至刻度,摇匀,储于聚乙烯瓶中备用。

(3) 1.0 mg/mL 镁标准溶液:称取 1.0000 g 纯镁 (99.99%),溶解于 20 mL 1∶1 盐酸中,然后移入 1000 mL 容量瓶中,用水稀释至刻度,摇匀,储于聚乙烯瓶中备用。

(4) 1.0 mg/mL 磷标准溶液:称取于 100~105 ℃ 干燥并已恒重过的磷酸二氢钾 1.098 g,溶于水中,然后移入 250 mL 容量瓶中,用水定容稀释至刻度,摇匀,储于聚乙烯瓶中备用。

(5) 1.0 mg/mL 铁标准溶液:称取 1.0000 g 金属铁 (99.9%以上) 于烧杯中,加入 40 mL 盐酸 (1+1),加热溶解后,冷却至室温,移入 1 L 容量瓶中,用水稀释至刻度,混匀,储于聚乙烯瓶中备用。

二、操作步骤

(1) 容器的清洗:本实验所用的玻璃器皿均用 1∶1 硝酸浸泡 24 h 以上,再用重铬酸钾—硫酸洗液浸泡 10~20 min,使用前须用一次蒸馏水冲洗干净。

(2) 配制标准溶液系列:

①锰标准溶液系列:准确吸取 1.00 mL 锰标准溶液 (1 mg/mL) 置于 100 mL 容量瓶中,制得锰标准使用液 (10 μg/mL);准确吸取 2.00 mL、4.00 mL、6.00 mL、8.00 mL、10.00 mL 锰标准使用液 (10 μg/mL),分别置于 5 只 100 mL 容量瓶中,用去离子水稀释至刻度,摇匀备用。该标准溶液系列锰的质量浓度分别为 0.20 μg/mL、0.40 μg/mL、0.60 μg/mL、0.80 μg/mL、1.00 μg/mL。

②钙标准溶液系列:准确吸取 2.00 mL、4.00 mL、6.00 mL、8.00 mL、10.00 mL 钙标准溶液 (1 mg/mL),分别置于 5 只 250 mL 容量瓶中,用去离子水稀释至刻度,摇匀备用。该标准溶液系列钙的质量浓度分别为 8.00 μg/mL、16.00 μg/mL、24.00 μg/mL、32.00 μg/mL、40.00 μg/mL。

③镁标准溶液系列:准确吸取 2.00 mL、4.00 mL、6.00 mL、8.00 mL、10.00 mL 镁标准溶液 (1 mg/mL),分别置于 5 只 250 mL 容量瓶中,用去离子水稀释至刻度,摇匀备用。该标准溶液系列镁的质量浓度分别为 8.00 μg/mL、16.00 μg/mL、24.00 μg/mL、32.00 μg/mL、40.00 μg/mL。

④磷标准溶液系列:准确吸取 10.0 mL 磷标准溶液 (1 mg/mL) 置于 100 mL 容量瓶中,制得磷标准使用液 (100 μg/mL);准确吸取 2.00 mL、4.00 mL、6.00 mL、8.00 mL、

10.00 mL 磷标准使用液（100 μg/mL），分别置于 5 只 100 mL 容量瓶中，用去离子水稀释至刻度，摇匀备用。该标准溶液系列磷的质量浓度分别为 2.00 μg/mL、4.00 μg/mL、6.00 μg/mL、8.00 μg/mL、10.00 μg/mL。

⑤铁标准溶液系列：准确吸取 10.0 mL 铁标准溶液（1 mg/mL）置于 100 mL 容量瓶中，制得铁标准使用液（100 μg/mL）；准确吸取 2.00 mL、4.00 mL、6.00 mL、8.00 mL、10.00 mL 铁标准使用液（100 μg/mL），分别置于 5 只 100 mL 容量瓶中，用去离子水稀释至刻度，摇匀备用。该标准溶液系列铁的质量浓度分别为 2.00 μg/mL、4.00 μg/mL、6.00 μg/mL、8.00 μg/mL、10.00 μg/mL。

(3) 根据实验要求，将 ICP 中的元素的检测分析线按照表 11-5 调节好。按操作步骤进行调节，待仪器读数稳定后即可进样。在测定之前，先用去离子水喷雾，调节读数至零点，然后按照浓度由低到高的原则，依次间隔测量各检测元素的情况，并绘制出标准曲线。

表 11-5　检测元素的分析线情况

检测元素	Mn	Ca	Mg	P	Fe
分析线/nm	257.61	315.89	279.55	185.94	238.20

(4) 水样处理：当水样中没有不溶物时，水样无须处理；当测可溶性铁时，若水样中有不溶物，水样则需用滤纸过滤。当测其他项目时，若水样中含有不溶物，则按下述方法对水样进行预处理：在适量样品中加入 1 mL(1+3) 硫酸及 5 mL 40 g/L 过硫酸钾溶液，在电炉上或水浴中缓慢煮沸至溶液近干，冷却后定容。

(5) 配制和测定水样溶液：准确吸取适量锅炉水样置于 25 mL 容量瓶中，用去离子水稀释至刻度，摇匀。按设定的操作条件测定处理好的样品及相应的空白液。由数据处理系统直接处理数据并打印出测定结果。

分析完毕，分别用去 3% 稀硝酸和离子水冲洗进样系统 5~10 min，等离子炬熄火，蠕动泵空转 2 min 排尽雾室及泵管中的废液，依次关闭抽风机电源、电脑、显示器、打印机、主机电源、稳压器，最后关闭水循环机。

三、数据记录及处理

(1) 记录实验条件。

(2) 将锰、钙、镁、磷、铁标准溶液系列的吸光度值记录于表 11-6，然后以谱线绝对强度为纵坐标，质量浓度为横坐标绘制标准曲线，并计算回归方程和标准偏差（或相关系数）。

(3) 测量自来水样溶液的谱线绝对强度，然后在上述标准曲线上分别查得水样中锰、钙、镁、磷、铁的含量（或用回归方程计算）。若经稀释，需乘上相应的倍数，求得水样中锰、钙、镁、磷、铁的含量，以 μg/mL 表示。

表 11-6　锰、钙、镁、磷、铁标准溶液标准曲线和各离子含量测定记录表

溶液名称		锰、钙、镁、磷、铁标准溶液（1 mg/mL）		测定人	
标准曲线绘制日期				审核人	
记录项目	序号	加入锰标准使用液的体积/mL	容量瓶体积/mL	标准系列锰的质量浓度/($\mu g \cdot mL^{-1}$)	谱线绝对强度
锰溶液标准曲线	1				
	2				
	3				
	4				
	5				
标准曲线方程				曲线线性相关系数	
记录项目	序号	加入钙标准使用液的体积/mL	容量瓶体积/mL	标准系列钙的质量浓度/($\mu g \cdot mL^{-1}$)	谱线绝对强度
钙溶液标准曲线	1				
	2				
	3				
	4				
	5				
标准曲线方程				曲线线性相关系数	
记录项目	序号	加入镁标准使用液的体积/mL	容量瓶体积/mL	标准系列镁的质量浓度/($\mu g \cdot mL^{-1}$)	谱线绝对强度
镁溶液标准曲线	1				
	2				
	3				
	4				
	5				
标准曲线方程				曲线线性相关系数	
记录项目	序号	加入磷标准使用液的体积/mL	容量瓶体积/mL	标准系列磷的质量浓度/($\mu g \cdot mL^{-1}$)	谱线绝对强度
磷溶液标准曲线	1				
	2				
	3				
	4				
	5				
标准曲线方程				曲线线性相关系数	

表 11-6（续）

记录项目		序号	加入铁标准使用液的体积/mL	容量瓶体积/mL	标准系列铁的质量浓度/($\mu g \cdot mL^{-1}$)	谱线绝对强度
铁溶液标准曲线		1				
		2				
		3				
		4				
		5				
标准曲线方程					曲线线性相关系数	
	序号		Ⅰ	Ⅱ		Ⅲ
样品	吸取锅炉水样体积/mL					
	配制水样容量瓶体积/mL					
	水样稀释倍数					
	测定样品溶液谱线绝对强度					
	通过标准曲线换算样品含量					
结果计算	Mn/($\mu g \cdot mL^{-1}$)					
	平均值					
	相对标准偏差/%					
	Ca/($\mu g \cdot mL^{-1}$)					
	平均值					
	相对标准偏差/%					
	Mg/($\mu g \cdot mL^{-1}$)					
	平均值					
	相对标准偏差/%					
	P/($\mu g \cdot mL^{-1}$)					
	平均值					
	相对标准偏差/%					
	Fe/($\mu g \cdot mL^{-1}$)					
	平均值					
	相对标准偏差/%					

注：若水样的稀释倍数不是 1，从标准曲线中得到的计算结果需乘上相应的倍数。

【考核标准】

原子发射光谱仪操作技能考核细则见表 11-7。

表 11-7 技能考核细则（原子发射光谱仪操作）

考核项目	不 规 范 操 作 项 目 名 称	配分	最后得分
玻璃器皿洗涤（8分）	容量瓶未用蒸馏水清洗	2	
	容量瓶未进行试漏	2	
	移液管未用蒸馏水清洗	2	
	移液管未用溶液润洗	2	
移液管移取溶液（8分）	溶液移取未用移液管	2	
	放液时移液管不垂直	2	
	放液时移液管不靠壁	2	
	移取溶液动作不规范（持握移液管和洗耳球）	2	
容量瓶定容操作（10分）	移取溶液时未用玻璃棒引流	2	
	当转移的溶液距离容量瓶的刻度线 2~3 cm 时，未用胶头滴管滴加	2	
	2/3 处不进行水平摇动	1	
	稀释至刻线不准确（视线和溶液凹液面相平）	2	
	摇匀动作不正确（翻转）	1	
	重新配制溶液	2	
标准溶液配制过程（10分）	标准溶液系列浓度配错 1 个扣全分	2	
	溶液重配，每重配 1 个扣 2 分	2	
	未能按正确的方法和顺序测定标准溶液	2	
	未能正确绘制工作曲线	2	
	试样吸光度未在工作曲线的中间位置	2	
电感耦合等离子发射光谱仪器操作（36分）	开机前进行气路检查，确保进样器无堵塞	3	
	样品必须清亮透明，否则容易堵塞雾化器；如果因样品使雾化器堵塞，将扣除本项分数	3	
	开关气氩气原则：在启动光谱仪前 1 h 打开氩气瓶，使分压表压力到 0.60~0.65 MPa；在熄火后，不要马上关掉氩气，必须继续开气吹扫 CID 20 min 后才关掉氩气瓶	3	
	样品测定完成后，先用 3%~5% 的稀硝酸冲洗 2~3 min，然后再用去离子水冲洗 2~3 min 后熄灭等离子体，松开泵夹	6	
	定期更换冷却循环水	3	
	定量测定时须在光室温度达到并稳定在 (38±0.2)℃。CID 温度低于 -40 ℃时，点火 15 min 后测定	6	
	正确选择分析元素的检测灵敏线	6	
	遇停气熄火，应立即更换上供气，让 CID 在常温（20 ℃ 左右）状态下吹扫 2~4 h 后，方可重新点火分析测定。切不能更换上新气源后立即点火分析	6	

表 11-7（续）

考核项目	不规范操作项目名称	配分	最后得分
记录过程（10 分）	项目记录内容不及时、不规范、不齐全	2	
	原始记录每修改一处扣 2 分	2	
	计量单位使用不规范	2	
	实验读数必须由裁判读取后方为有效，否则数据无效	2	
	计算结果不完全正确	2	
文明操作（8 分）	未填写实验仪器记录	2	
	实验结束后的，玻璃仪器未清洗	2	
	实验过程中，废纸、废液未按规定处理	2	
	实验结束后，工作台未整理	2	
工作曲线线性（10 分）	相关系数≥0.999	10	
	0.999＞相关系数≥0.995	8	
	0.995＞相关系数≥0.992	5	
	0.992＞相关系数≥0.990	2	
	相关系数＜0.990	0	
损坏仪器	每损坏一件仪器扣 5 分，在总分中扣除		
否决项	吸光度读数未经裁判同意更改者，或抄袭其他同学数据者，以作弊、伪造数据论处		
满分	100	成绩	

项目十二 气相色谱法

任务一 气相色谱仪的操作

【任务分析】

在分析过程中,待测物与存在的干扰物的分离是最为重要的步骤。现代分析中,色谱法是一种用于分离、分析多组分物质的有效方法。气相色谱法是 20 世纪 50 年代出现的一项重大科学技术成就,是一种适用于微量和痕量分析的、新的分离、分析技术,在工业、农业、国防、建设、科学研究中都得到了广泛应用。本次任务是以 thermo/赛默飞世尔 trace1310 气相色谱仪为例,要求学生熟悉仪器的构造和各部分的作用,掌握气相色谱仪开关机和设置参数等操作,了解仪器日常维护与保养方法,理解分析原理和过程。

【技能训练】

一、thermo/赛默飞世尔 trace1310 气相色谱仪操作规程

1. 开机

(1) 检测仪器的电路及气瓶压力是否正常,并对气路进行验漏。

(2) 确认气路安全不漏气,打开载气气源并将分压设置为所需范围。

(3) 依次打开稳压电源、空气源、氢气发生器开关和气相色谱仪主机电源及自动进样器的开关。

(4) 打开计算机,双击桌面上的"Chromeleon 7"变色龙图标,进入"变色龙"Chromeleon 7 工作站仪器控制界面,进行联机操作。

2. 设置检测条件

在工作站主界面中(图 12-1)选择"仪器",在工作栏中的"创建"中,选择"仪器方法"(图 12-2),进入创建仪器方法向导,然后在界面中依次对进样口温度、柱温、检测器温度和进样器等检测条件进行参数设置,命名并保存方法。在工作栏中的"创建"中,选择"处理方法""报告模板",可新建处理方法(数据处理需要预先建立处理方法)和报告模板。

3. 设置样品分析

在工作站主界面中选择"仪器",在工作栏中的"创建"中,选择"序列",在序列编辑向导界面中设置样品信息和样品个数等参数,并调用设置好的仪器方法和处理方法。设置好后点击"开始",仪器自动进样。在工作站主界面中选择"数据",在浏览界面选择相应序列,点击可查看相应谱图和处理数据。

4. 关机

待序列样品运行完成后,在主界面下点击"维护"冷却,系统开始降温,并显示当前温度,待温度下降至 50 ℃,依次关闭工作站、电脑、气相主机、氢气发生器、空气源开关,最后关闭载气,填写仪器使用记录。

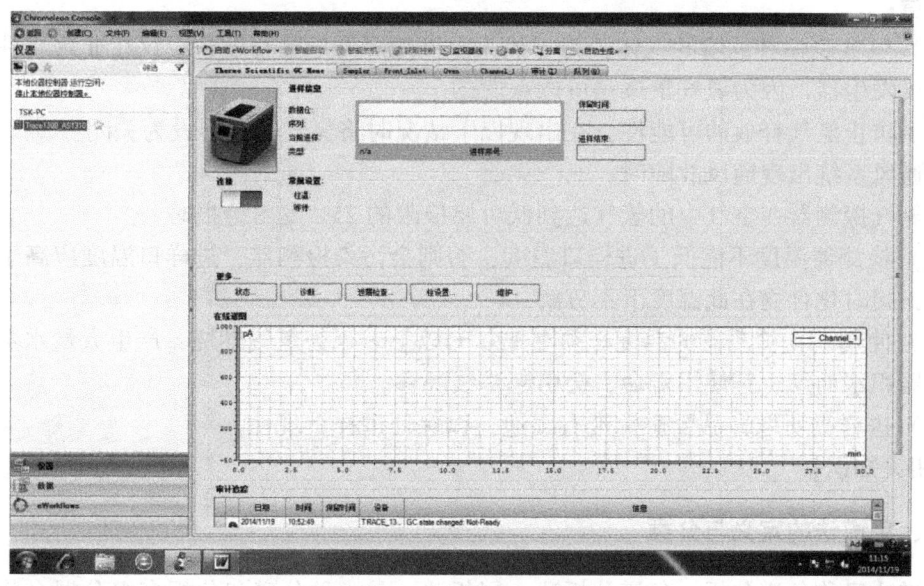

图 12-1　色谱工作站主界面

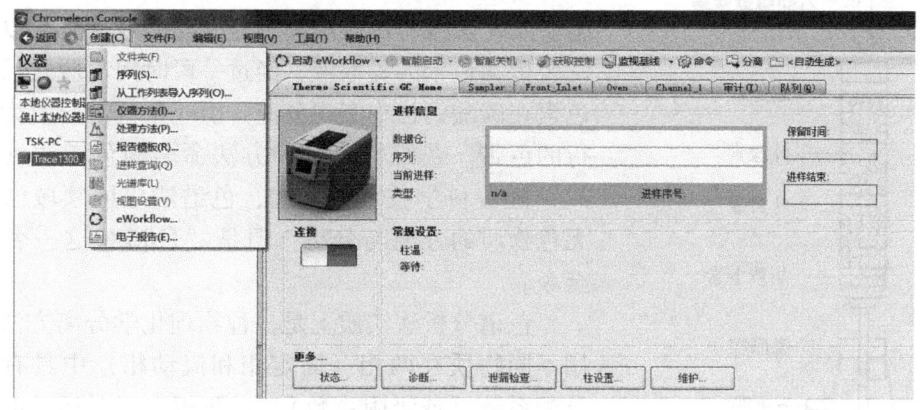

图 12-2　新建"仪器方法"界面

二、维护保养

（1）每隔一个星期把进样针卸下，手动洗针，以防进样针堵塞。

（2）每隔一个星期把废液缸里的废液倒掉。

（3）清洗进样瓶：先用蒸馏水冲洗，在蒸馏水中浸泡 24 h，再用 60%的酒精冲洗，并用 60%的酒精浸泡 24 h，之后用蒸馏水冲几遍，再把小瓶倒置烘干，样品瓶瓶帽常温晾干就行。

（4）柱子的老化：长时间不开气相色谱时或主页面里的检测器信号值的数值变化过大，应予以老化，即柱温升至 200 ℃左右。

（5）定期更换进样垫：理论上每 100 次进样更换一次进样垫。

注意：

（1）氢气是一种危险的气体，为了最大限度地降低危险程度，应仅在非爆炸性环境中操作氢气发生器，因为氢气集聚是可以点燃的。

为了防止氢气释放的可能性，在出现以下情况时将氢气发生器设为关闭：

①通风系统出现通风故障时。

②氢气探测器在空气中的氢气达到低可燃极限的25%发出警报时。

（2）检测器温度不能低于进样口温度，否则会污染检测器，进样口温度应高于柱温的最高值，同时化合物在此温度下不分解。

（3）使用FID检测器的温度必须在120℃以上。因为氢气燃烧，产生大量水蒸气，否则检测器积水而缩短其使用寿命，会引起基线漂移。

（4）进样器所取样品要避免带有气泡，以保证进样重现性。

【相关知识】

一、色谱法的定义与分类

色谱法又称色谱分析、色谱分析法、层析法，是一种分离和分析多组分混合物质的方法，在分析化学、有机化学、生物化学等领域有着非常广泛的应用。

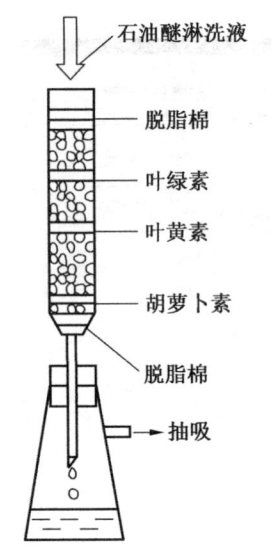

图12-3　茨维特实验装置图

色谱法起源于20世纪初，1906年俄国植物学家米哈伊尔·茨维特用碳酸钙填充竖立的玻璃管，以石油醚洗脱植物色素的提取液，经过一段时间洗脱之后，植物色素在碳酸钙柱中实现分离，由一条色带分散为数条平行的色带。茨维特将这种方法命名为色谱法（图12-3）。随着科学技术的发展，色谱法应用领域已扩展到无色物质的分离与分析，但是"色谱"这一名词沿用至今。

色谱分析法实质上是一种物理化学分离方法，即利用不同物质在两相（固定相和流动相）中具有不同的分配系数（或吸附系数），当两相作相对运动时，这些物质在两相中反复多次分配（即组分在两相之间进行反复多次的吸附、脱附或溶解、挥发过程）从而使各物质得到完全分离。流动相是指色谱过程中携带组分向前移动的物质，如茨维特实验中的石油醚称为流动相，固定相是指色谱过程中不移动的具有吸附活性的固体或涂渍在载体表面上的液体，如茨维特实验中的碳酸钙称为固定相。填充固定相的柱管叫作色谱柱，如茨维特实验中填充碳酸钙的玻璃管。

色谱法按不同的分类方法分为多种类型，具体如下：

1. 按固定相和流动相物理状态分类

色谱法按固定相和流动相物理状态分类如图12-4所示。

2. 按分离原理分类

（1）吸附色谱法：是指利用组分在吸附剂（固定相）上的吸附能力的强弱不同而得

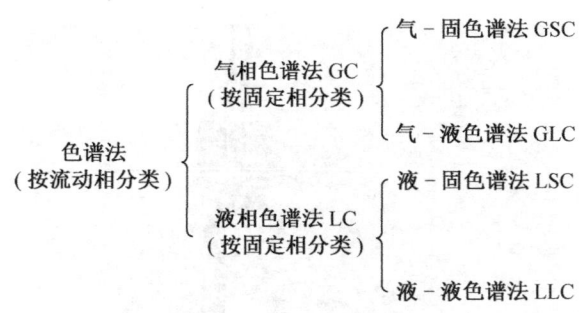

图 12-4　按两相分类的色谱图

以分离的方法。

（2）分配色谱法：是指利用组分在固定液（固定相）中溶解度的不同而达到分离的方法。

（3）离子交换色谱法：是指利用溶液中不同离子与离子交换剂间的交换能力的不同而进行分离的方法。

（4）空间排斥（阻）色谱法：是指利用多孔性物质对不同大小的分子的排阻作用进行分离的方法。

二、气相色谱仪的结构

气相色谱仪由气路系统、进样系统、分离系统（色谱柱）、检测器、数据处理系统 5 个部分组成。

1. 气路系统

气路系统的作用是提供连续运行且纯净、具有稳定流速与流量的载气与其他辅助气体。主要由钢瓶、减压阀、净化器、稳压阀、针形阀、稳流阀、管路连接装置、载气流量计等部件组成。

气相色谱的载气是载送样品进行分离的气体，是气相色谱的流动相。一般由高压载气钢瓶（也可由气体发生器产生）供给，经减压阀减压后使压力降到 0.1~0.5 MPa，进入净化器，以除去载气中的杂质和水分（净化后纯度达到 99.99% 以上方可使用），再由稳压阀和针形阀分别控制载气压力和流量，然后通过汽化室进入色谱柱。载气常用氢气、氮气、氦气和氩气，要求化学惰性，不与待测组分反应。

气路不密封将会使实验出现异常现象，造成数据的不准确或发生事故。气路检漏最常用的方法是皂膜检漏法，如图 12-5 所示，用毛笔将皂液涂于各接头处，看是否有气泡溢出。若有，则表示漏气；若无，则表示不漏气。检验完毕后应使用干布将皂液擦净。一旦发生漏气，应立即关机，直至检修（如更换密封圈、螺母或管道等）后不再漏气方可开机。

用转子流量计和皂膜流量计测量载气流量，来正确选择载气流速，提高色谱柱的分离效能，缩短分析时间。现在仪器使用电子压力控制器自动控制分流进样器及检测器中的载气流速。

2. 进样系统

进样系统的作用是将样品直接或气化后快速而定量地送入色谱系统进行分析。主要包

图 12-5 用肥皂水验漏（有气泡产生表示该连接处漏气）

括气化室和进样器。

不同类型的样品，需选择不同的进样器。气体样品常用平面六通阀（又称旋转六通阀）进样。取样时，气体进入定量管，如图 12-6 所示，载气直接由图中 A 到 B。进样时，将阀旋转 60°，此时载气由 A 进入，通过定量管，将管中气体样品带入色谱柱中。定量管有 0.5 mL、1 mL、3 mL、5 mL 等规格，实际工作时，可以根据需要选择合适的定量管。这类定量管阀耐高温、寿命长、耐腐蚀、死体积小、气密性好，是目前气体定量阀中比较理想的阀件。

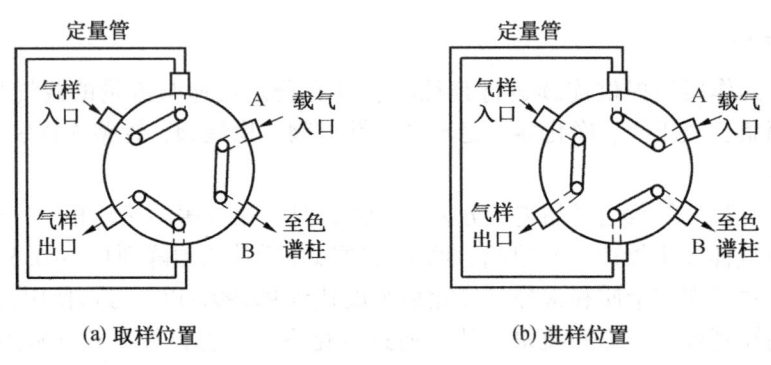

图 12-6 平面六通阀取样和进样位置结构示意图

液体样品可以采用微量注射器（图 12-7）直接进样。常用的微量注射器有 1 μL、5 μL、10 μL、50 μL、100 μL 等规格，填充柱色谱常用 10 μL，毛细管色谱常用 1 μL。实际工作中可根据需要选择合适的微量注射器。

固体样品通常用溶剂溶解后，用微量注射器进样，方法同液体试样。对高分子化合物进行裂解色谱分析时，通常先将少量高聚物放入专用的裂解炉中，经过电加热，高聚物分解、气化，然后再由载气将分解的产物带入色谱仪进行分析。

除上述几种常用的进样器外，现在许多高端的气相色谱仪配置了全自动液体进样器，清洗、润冲、取样、进样、换样等过程自动完成，一次可放置数十个试样，使得气相色谱分析实现了完全自动化。

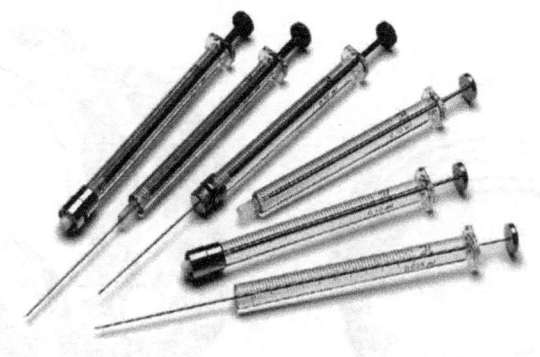

图 12-7 气相色谱仪所用微量注射器

气化室（图 12-8）由电热金属块构成，上面具有硅橡胶封闭的进样口，温控范围在 50~500 ℃。试样进入气化室瞬间气化后，被载气带入色谱柱。要求气化室的热容量要大，温度要足够高，死体积小，提高柱效，常见为 0.2~1 mL。

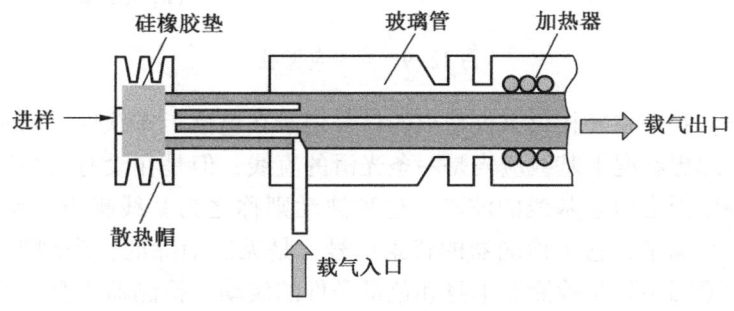

图 12-8 气化室结构示意图

3. 分离系统

分离系统主要由柱箱和色谱柱组成，其中色谱柱是气相色谱仪的核心部件，被比喻为色谱仪的"心脏"，主要作用是将多组分样品分离为单一组分的样品。柱子一般是用不锈钢或玻璃管制成 U 形或螺旋形，分为填充柱和毛细管柱（图 12-9）。

柱温箱是为色谱柱提供精密并可控制的恒温箱，控温范围一般在室温至 450 ℃。目前的柱温箱均带有计算机控制下的程序升温装置，以满足色谱优化分离的需要。

4. 检测器

检测器也是色谱仪的重要部件，其作用是将经色谱柱分离后顺序流出的化学组分的信息转变为便于记录的电信号，然后对被分离物质的组成和含量进行鉴定和测量，是色谱仪的"眼睛"。

1）检测器性能指标

气相色谱检测器性能要求选择性好、响应范围宽、稳定性好、噪声低、响应快、线性范围宽、操作简便耐用等。检测器通常根据基线噪声和漂移、灵敏度、检出限、线性范围、响应时间等几个指标进行性能评价。

（1）基线噪声和漂移：

内径（I.D.）为2~4 mm，长度为0.5~5 m（2 m最常用），实心柱，填充固定相，柱材料多为不锈钢和玻璃。

（a）填充柱

内径（I.D.）为0.1~0.5 mm；长度为5~100 m（30 m最常用），空心柱，内壁涂有固定液，柱材料多为熔融石英，分离效率较填充柱高。

（b）毛细管柱

图12-9　典型色谱柱

①基线噪声：我们将气相色谱仪输出的信号记录在色谱工作软件上随时间而形成的图线称之为基线。理想状况下基线应当是一条光滑的直线，但是在没有组分进入检测器的情况下，由于各种原因会引起基线的波动，这种波动则称之为基线噪声（N）。噪声的大小用噪声带的宽度来衡量，它是检测器的背景信号，是无法消除的，表现为不规则毛刺状。造成基线噪声的原因主要是检测器本身和色谱条件的波动。检测器本身的原因包括检测器密封、温度控制波动、电路信号放大等；色谱条件的原因则包括色谱柱固定相流失、进样垫流失、载（燃）气纯度、助燃气的杂质含量、载气流速波动、柱温箱温度波动、电网电压波动和漏气等。

②漂移：基线随时间朝某一方向的缓慢变化称为漂移（M）。通常用1 h内基线水平的变化来表示，单位为mV/h。

噪声和漂移反映了检测器的稳定性能，良好的检测器的噪声和漂移应该很小（图12-10）。

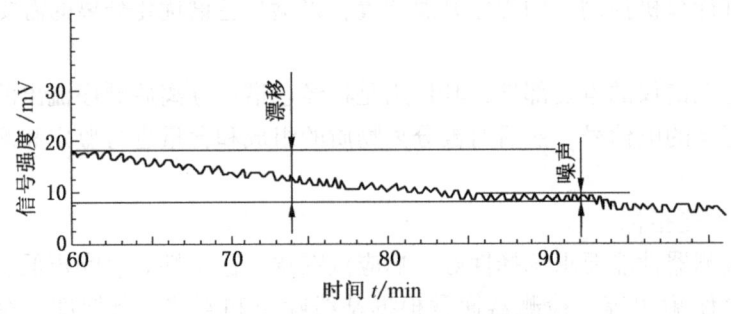

图12-10　基线噪声和漂移

（2）灵敏度：又称响应值或应答值。灵敏度是单位物质的含量（质量或浓度）通过检测器时所产生的相应（信号）值的大小，浓度型检测器用 S_c 表示，质量型检测器用 S_m 表示。灵敏度高意味着对同样的样品量其检测器输出的响应值高，同一个检测器对不同组分，灵敏度是不同的。

（3）检出限：又称敏感度。检出限为检测器的最小检测量，最小检测量是要使待测组分所产生的信号恰好能在色谱图上与噪声鉴别开来时（组分的峰高一般为噪声的3倍时），所需引入到色谱柱的该组分最小质量或最小浓度。因此，最小检测量与检测器的性能、柱效率和操作条件有关。如果峰形窄，样品浓度越集中，最小检测量就越小。

（4）线性范围：指的是定量分析时要求检测器的输出信号与进样量之间呈线性关系，检测器的线性范围为在检测器呈线性时最大和最小进样量之比，或叫最大允许进样量（浓度）与最小检测量（浓度）之比。比值越大，表示线性范围越宽，越有利于准确定量。

（5）响应时间：是指进入检测器的一个给定组分的输出信号达到其真值的90%时所需的时间。检测器的响应时间如果不够快，则色谱峰会失真，影响定量分析的准确性。但是，绝大多数检测器的响应时间不是一个限制因素，而系统的响应，特别是记录仪的局限性却是限制因素。

2）常用检测器

气相色谱检测器有10多种，如热导检测器、氢火焰离子化检测器、电子捕获检测器、火焰光度检测器、氮磷检测器（热离子检测器）、原子发射检测器、硫荧光检测器等。前四种是常用检测器，属于微分型检测器。微分型检测器的特点是：被测组分不在检测器中积累，色谱流出曲线呈正态分布，即呈峰形。峰面积或峰高与组分的质量或浓度成比例。表12-1列出了这四种常用检测器的特点和应用范围。

表12-1 常用检测器性能特点和应用范围

类型	特点	应用范围	载气
热导检测器（TCD）	通用型检测器，结构简单、稳定性好，适用范围广，但灵敏度低，一般适宜作常量或 10^{-6} 数量级分析。线性范围约为 10^4	一般化合物，多用于分析永久性气体	H_2（常用）、He
氢火焰离子化检测器（FID）	高灵敏度通用型检测器，灵敏度比热导检测器高 $10^2 \sim 10^4$ 倍，检测限达 10^{-13} g/s，响应快，线性范围为 10^7	一般有机化合物，对含碳有机化合物有很高的灵敏度，适用于痕量有机物的分析	Ar、N_2（常用）
电子捕获检测器（ECD）	高灵敏度选择型检测器；只对电负性物质有响应，物质的电负性越强，检测灵敏度越高，其最小检测浓度可达 10^{-14} g/mL，线性范围为 10^3 左右	带强电负性原子的有机化合物，多用于含卤素化合物分析	N_2（常用）、Ar、He、H_2
火焰光度检测器（FPD）	适用于分析含硫、磷的有机化合物，在大气污染和农药残留分析中应用很广，检测限可达 10^{-13} g/s（P）、10^{-11} g/s（S）。火焰光度检测器对硫和磷的线性范围分别为 10^3 和 10^4	测含硫、磷的有机化合物和气体硫化物	N_2

气相色谱检测器可分为通用型检测器（如热导检测器和氢火焰离子化检测器），以及选择型检测器（如电子捕获检测器、火焰光度检测器）。通用型指对绝大多数物质都有响应，选择型指只对某些物质有响应，对其他物质无响应或响应很小。

根据检测原理，又可将检测器分为浓度型和质量型。热导检测器和电子捕获检测器属于浓度型；氢火焰离子化检测器、火焰光度检测器属于质量型。浓度型检测器指其响应与进入检测器的浓度的变化成比例；质量型检测器指其响应与单位时间内进入检测器的物质量成比例。

5. 数据处理系统

数据处理系统目前多采用配备操作软件包的工作站，用计算机控制，既可以对色谱数据进行采集和自动处理，如色谱峰识别、基线校正、峰重叠和畸形峰的解析、技术峰参数（包括保留时间、峰高、峰面积、半峰宽等），定量计算组分含量等；又可对色谱系统的参数进行自动控制。

在气相色谱测定中，温度是气相色谱仪最重要的参数，直接影响色谱柱的选择分离、检测器的灵敏度和稳定性，能使沸点最高的组分达到分离的前提下，尽量选择较低的温度。控制温度主要是指对色谱柱、气化室、检测器 3 处的温度控制，这 3 个重要部件对温度有不同的要求，具体如下：

（1）气化室的温度应大于样品的沸点，保证液体试样瞬间气化，但不得过高，否则样品会分解。

（2）检测器的温度要保证被分离后的组分通过时不在此冷凝，必须比柱温高数十摄氏度。

（3）色谱柱的温度控制方式有恒温和程序升温两种。对于沸点范围很宽的混合物，往往采用程序升温法进行分析。

三、气相色谱分离原理

1. 气相色谱仪工作流程（图 12-11）

载气由高压钢瓶 1 提供，经减压阀 2 减压后，进入净化干燥管 3 干燥净化，再经过针形阀 4 控制其进入色谱柱之前的流量和压力，并由流量计 5 和压力表 6 显示出来。继续前行又经过气化室，流动相载带着气态的混合物试样进入色谱柱 8 进行分离，分离后的不同组分又随流动相依次地进入检测器 9 之后放空（气化室、色谱柱及检测器被一恒温箱包裹着）。检测器将各被分离组分及其浓度随时间的变化量转变为易于测量的电信号（V 或 i）传给色谱工作站 10，记录下电信号随时间的变化量就可得到一组峰形曲线（色谱流出曲线）。色谱流出曲线是有关检测器的响应信号随时间变化的曲线；曲线中编号的 n 个峰代表了混合物中的 n 种不同组分。

各色谱参数如图 12-12 所示，定义如下：

1）色谱流出曲线（色谱图）和色谱峰

由检测器输出的电信号强度对时间作图，所得曲线称为色谱流出曲线。曲线上突起部分就是色谱峰。

2）基线

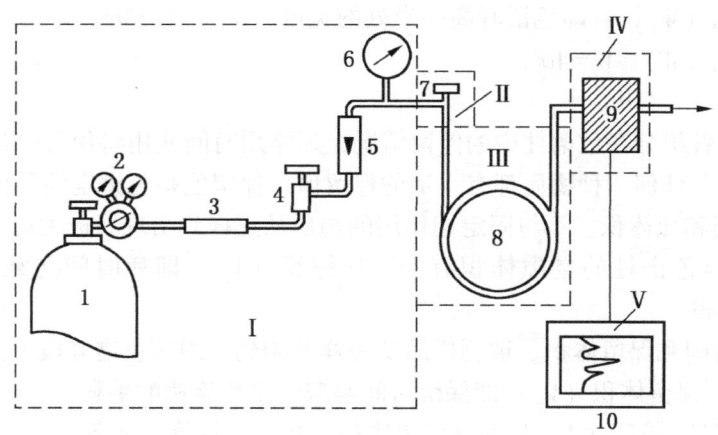

Ⅰ—气路系统：1—气体钢瓶、2—减压阀、3—载气净化干燥管、4—针形阀、5—流量计、6—压力表；
Ⅱ—进样系统：7—气化室；Ⅲ—分离系统：8—色谱柱；
Ⅳ—检测系统：9—检测器；Ⅴ—数据处理系统：10—色谱工作站

图 12-11 气相色谱流程图

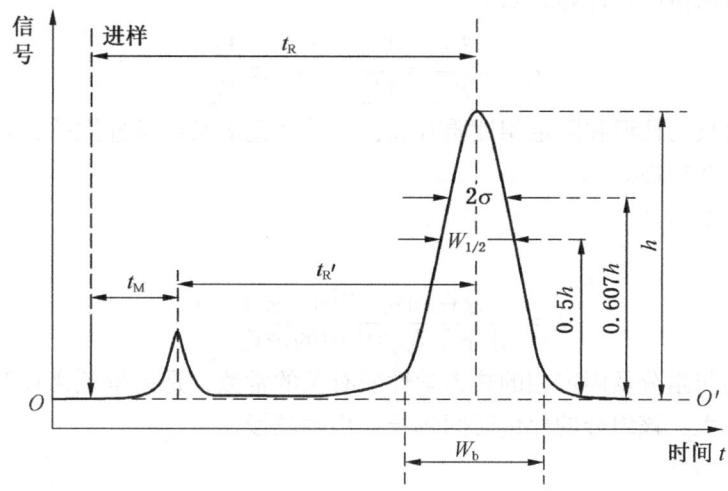

图 12-12 色谱流出曲线图

当色谱柱中没有组分进入检测器时，在实验操作条件下，色谱柱后仅有纯流动相进入检测器时响应信号随时间变化的线称为基线。稳定基线应为直线。

3) 峰高 (h) 和峰面积 (A)

色谱峰顶点与基线的垂直距离为峰高，色谱峰曲线与峰底基线所围成区域的面积叫峰面积。峰高或峰面积是色谱进行定量分析的主要依据。

4) 区域宽度

色谱分离中，色谱峰越窄表明分类效果越好。用来衡量色谱峰宽度的参数，有以下3种：

(1) 标准偏差 (σ)：即 0.607 倍峰高处色谱峰宽度的一半。

(2) 半峰宽（$W_{1/2}$）：即色谱峰高一半处的宽度，$W_{1/2}=2.35\sigma$。

(3) 峰底宽（W）：$W=4\sigma$。

5) 保留值

表示试样中各组分在色谱柱中的停留情况，通常用时间或用将组分带出色谱柱所需载气的体积来表示。任何一种物质都有一定的保留值。保留值是色谱定性分析的依据。

(1) 死时间和死体积。不与固定相作用的物质从进样到出现峰极大值时的时间称为死时间（t_m），其与色谱柱的空隙体积有关。死体积（V_m）即死时间与载气平均流速 F_0（mL/min）的乘积。

(2) 保留时间和保留体积。被测样品从进样开始到出现其色谱峰极大值时的时间称为保留时间（t_R）。保留体积（V_R）即保留时间与载气平均流速的乘积。

(3) 调整保留时间（t_R'）与调整保留体积（V_R'）。计算式如下：

$$t_R' = t_R - t_m \qquad (12-1)$$

调整保留时间即扣除死时间的保留时间，表示组分在固定相中的滞留时间。相应的调整保留体积是保留体积与死体积的差值。计算式如下：

$$V_R' = V_R - V_m \qquad (12-2)$$

(4) 相对保留值（$r_{i,s}$）。在相同的操作条件下，待测组分 i 与参比组分 s 的调整保留值之比称为相对保留值。计算式如下：

$$r_{i,s} = \frac{t'_{R_i}}{t'_{R_s}} = \frac{V'_{R_i}}{V'_{R_s}} \neq \frac{t_{R_i}}{t_{R_s}} \neq \frac{V_{R_i}}{V_{R_s}} \qquad (12-3)$$

相对保留值只与柱温和固定相性质有关，与其他色谱操作条件无关，它表示了固定相对这两种组分的选择性。

6) 分配系统（K）

计算式为

$$K = \frac{\text{组分在固定相中的浓度}}{\text{组分在流动相中的浓度}} = \frac{c_S}{c_M} \qquad (12-4)$$

分配系数是与组分及固定相的热力学性质有关的常数，是衡量色谱柱对组分保留能力的参数，数值越大，该组分的保留时间越长，出峰越慢。

7) 分离度（R）

分离度是指相邻两组分色谱峰保留值之差与两个组分色谱峰峰底宽度总和之半的比值。其为色谱柱效能和选择性的一个综合指标，也称为分辨率，是色谱柱的总分离效能指标。计算式如下：

$$R = \frac{t_{R(2)} - t_{R(1)}}{\frac{1}{2}(W_{b1} + W_{b2})} \qquad (12-5)$$

当 $R=0.8$ 时，分离程度可达 89%；当 $R=1$ 时，分离程度可达 98%；当 $R=1.5$ 时，分离程度可达 99.7%（作为两峰分开的标志）。

2. 色谱分离过程

色谱分离过程是被分离的样品（混合物）在固定相和流动相两相间进行分配，如图 12-13 所示。混合物借助流动相的推动，顺着流动相的流向而迁移。混合物各组分迁移的速度取决于各组分在固定相和流动相之间的分配系数（分配色谱）或吸附能（吸附色谱）。分配系数大的或吸附能大的组分在固定相中停留的时间长，从色谱柱中流出的时间晚，分配系数小的或吸附能小的组分在固定相中停留的时间短，先从柱中流出，从而使混合物中各个组分得以分离。为此，分配系数或吸附能的差异是色谱分离的前提。在所确定的色谱体系中，组分之间如果没有分配系数或吸附能的差异，这些组分就彼此不能分离。重叠流出柱，即为一个色谱峰。各组分的分配系数或吸附能的差异越大，越容易分离，反之就难分离。

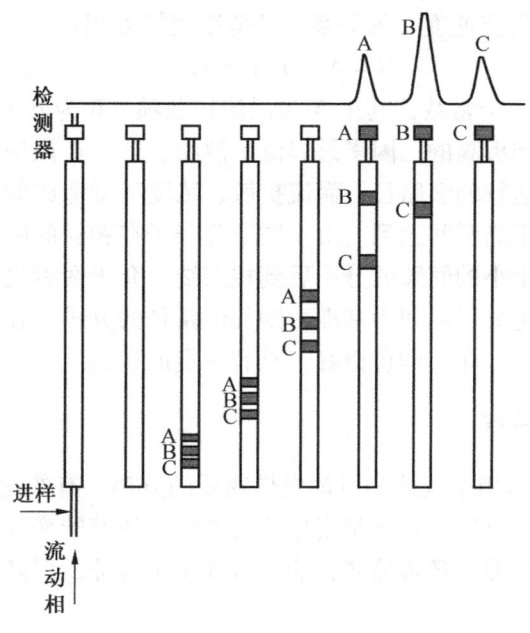

图 12-13　色谱分离示意图

3. 气相色谱基本理论

1）塔板理论

塔板理论是 1941 年由马丁（Martin）和詹姆斯（James）提出的半经验理论。该理论假定色谱柱由许多假想的塔板组成，即把色谱柱分成许多个小段，每一段相当于一块塔板，分离的组分随着流动相进入色谱柱后，在两相间进行分配，并随着流动相的不断移动，组分沿着假想的塔板在两相间不断地进行着分配平衡。由于色谱柱的塔板数相当多，因此组分的分配系数只要有微小差异，就可以得到很好的分离效果。组分在两相间的分配系数与浓度无关，在各塔板中均为同一常数。单位柱长的塔板数越多，表明柱效能越高。以 n 表示理论塔板数，L 表示柱长，H 表示每个塔板高度。H 越小，n 越多，组分在塔内的分配次数越多，则柱效能越高。

塔板数的计算式如下

$$n_{\text{eff}} = 5.54\left(\frac{t_R}{W_{\frac{1}{2}}}\right)^2 = 16\left(\frac{t_R}{W_b}\right)^2 \tag{12-6}$$

$$n = \frac{L}{H} \tag{12-7}$$

在实际工作中，按上面两个公式计算出来的 n 和 H 有时并不能充分反映色谱柱的分离效能，其原因在于没有扣除死时间的影响，故常用有效塔板数表示柱效能：

$$n_{\text{eff}} = 5.54 \left(\frac{t'_R}{W_{\frac{1}{2}}}\right)^2 = 16 \left(\frac{t'_R}{W_b}\right)^2 \quad (12-8)$$

2）速率理论

1956 年，荷兰学者范第姆特（Van Deemter）等提出了色谱过程动力学理论——速率理论。他们吸收了塔板理论中板高的概念，并把影响塔板高度 H 的动力学因素结合进去，导出了塔板高度 H 与载气流速度 u 的关系，即范第姆特方程：

$$H = A + B/u + C \cdot u \quad (12-9)$$

式中，A、B、C 为三个常数，其中 A 为涡流扩散项，B 为分子扩散系数，C 为传质阻力系数。由此可见，影响板高的三因素是涡流扩散项、分子扩散项和传质阻力项。速率理论指出组分分子在柱内运行的多路径、涡流扩散、浓度梯度造成的分子扩散及传质阻力使气液两相间的分配平衡不能瞬间达到。由于同组分分子在颗粒间隙的路径不同，走大的间隙的分子先到柱末端，走小的间隙的分子后到柱末端，介于两者之间路径的则在中间时间到达。以中间路径的行走分子时间为基准，则其他路径的分子会在前或在后达到，使冲洗它们的时间产生一个统计分布，即色谱峰，具有一定的展宽。

四、气相色谱法的特点

（1）应用范围广。适用于气体和可挥发性物质的分离，有的化合物因沸点过高难以气化或热不稳定而分解，则可以通过化学衍生化的方法，使其转变成易气化或热稳定的物质后再进样分析。在食品行业、环境监测行业、石油化工行业、医药卫生行业、科研及事业单位等领域广泛应用。

（2）分析速度快。一个复杂样品分析的时间是几分钟到几十分钟。

（3）分离效能高的。毛细管色谱柱每米总柱效可达到 $10^2 \sim 10^4$ 理论塔板数。几十种甚至上百种性质类似的化合物可在同一根色谱柱上得到分离，能解决许多其他分析方法无能为力的复杂样品分析。

（4）选择性高。可以对空间异构体、光学异构体进行有效分离，用手性色谱柱可以分离旋光异构体。

（5）灵敏度高。如使用高灵敏度的氢火焰离子化检测器，某些物质的灵敏度可以达到 $10^{-12} \sim 10^{-13}$ g/s，检出限可达到 10^{-12} g/L；定量精密度好，相对标准偏差（RSD）优于 1%。

（6）样品用样量少。一次分析只需数纳升至数微升的溶液样品。

（7）易于自动化。现已实现从进样到数据处理的全自动化操作。

（8）定性分析能力较差。已发展了气相色谱仪其他仪器联用技术，如气相色谱-质谱联用、气相色谱-红外联用等，使之成为复杂有机混合物定性、定量和结构分析的有效工具。

任务二　乙醇含量的测定

【任务分析】

实验室新进一批乙醇,为检测其是否达标,能否用于教学及科研,学院决定让检测其乙醇的含量,并提交检测报告。本次任务采用 Thermo/赛默飞世尔 trace1310 气相色谱仪和 FID 检测器,以正丙醇为内标物,甲醇为溶剂,通过标准工作曲线法确定样品中乙醇含量,要求学生掌握气相色谱法定性和定量的方法,同时通过比较气相色谱法和液相色谱仪法的异同点,使学生了解高效液相色谱仪相关结构和工作原理。本次实验任务以小组团队协作方式进行实验,培养学生的团队合作意识。技能操作成绩以气相色谱仪操作的考核细则为标准进行评分,塑造学生的工匠精神。

【实验实训】

一、实验仪器与试剂

1. 仪器

Thermo/赛默飞世尔 trace1310 气相色谱仪、针筒式滤膜过滤器、吸量管、容量瓶、N_2 高压钢瓶、全自动空气源、氢气发生器、稳压电源。

2. 试剂

无水乙醇(色谱纯)、正丙醇(色谱纯)、甲醇(色谱纯)、样品。

二、实验准备工作

打开载气 N_2 钢瓶,按仪器操作规程调节减压阀、开机和设定检测条件(进样口温度 200 ℃、检测器温度 220 ℃、色谱柱柱温采用 50~90 ℃ 程序升温,N_2 作载气,流速 30 mL/min;进样量 1 μL),待基线稳定。

三、实验步骤

(1) 标准溶液的配制。在序号 1~6 的 6 只 10 mL 容量瓶中,用吸量管分别加入 0.20 mL、0.40 mL、0.60 mL、1.00 mL、1.60 mL、2.00 mL 无水乙醇。对每一只容量瓶做下述处理:加入 0.60 mL 正丙醇,用甲醇稀释至刻度后摇匀,使用针筒式滤膜过滤器注入气相色谱仪配套使用的样品瓶中(大约 2 mL)。

(2) 试样的配制。在 4 只 10 mL 容量瓶中,用吸量管分别加入 1.00 mL 样品。对每一只容量瓶做下述处理:加入 0.60 mL 正丙醇,用甲醇稀释至刻度后摇匀,使用针筒式滤膜过滤器注入气相色谱仪配套使用的样品瓶中(大约 2 mL)。

(3) 待基线稳定后,按照仪器操作规程进行样品设置和分析。

(4) 完成样品分析后,按照仪器操作规程进行降温操作和关机操作,待气化室温度、柱温和检测器温度降至 50 ℃ 以下,关闭仪器和电源。

四、数据记录及处理

(1) 将标准溶液中乙醇和正丙醇的峰面积 A 值记入表 12-2,然后以乙醇和正丙醇峰面积比值为纵坐标，标准溶液中乙醇与样品体积百分比为横坐标绘制标准曲线，并记录回归方程和相关系数。

（2）测量样品处理溶液的乙醇和正丙醇峰面积比值，从上述标准曲线上找出相应的乙醇百分含量（表12-3）。

表12-2 标准曲线测定记录表

溶液名称	标准溶液				测定人	
标准曲线绘制日期					审核人	
记录项目	I	II	III	IV	V	VI
吸取无水乙醇体积/mL						
吸取正丙醇体积/mL						
容量瓶体积/mL						
标准系列溶液含量/%						
标准溶液中乙醇峰面积 A_1						
标准溶液中正丙醇峰面积 A_2						
A_1/A_2						
标准曲线方程				曲线线性相关系数		

表12-3 测定样品中乙醇含量原始记录表

	样品名称			测定人	
	检测日期			审核人	
	吸取待测样品体积/mL			配制样品容量瓶体积/mL	
	记录项目	I	II		III
样品	吸取正丙醇体积/mL				
	样品中乙醇峰面积 A_3				
	样品中正丙醇峰面积 A_4				
	A_3/A_4				
	样品中乙醇百分含量/%				
	平均值/%				
	相对标准偏差/%				

【考核标准】

气相色谱仪操作技能考核细则见表12-4。

表12-4 技能考核细则（气相色谱仪操作）

考核项目	不规范操作项目	配分	最后得分
玻璃器皿洗涤（8分）	容量瓶未用蒸馏水清洗	2	
	容量瓶未进行试漏	2	
	移液管未用蒸馏水清洗	2	
	移液管未用溶液润洗	2	
移液管移取溶液（8分）	溶液移取未用移液管	2	
	放液时移液管不垂直	2	
	放液时移液管不靠壁	2	
	移取溶液动作不规范（持握移液管和洗耳球）	2	
容量瓶定容操作（10分）	移取溶液时未用玻璃棒引流	2	
	当转移的溶液距离容量瓶的刻度线2~3 cm时，未用胶头滴管滴加	2	
	2/3处不进行水平摇动	1	
	稀释至刻度不准确（视线和溶液凹液面相平）	2	
	摇匀动作不正确（翻转）	1	
	重新配制溶液	2	
标准溶液配制过程（10分）	标准溶液系列浓度配错1个扣全分	2	
	溶液重配，每重配1个扣2分	2	
	未能按正确的方法和顺序测定标准溶液	2	
	未能正确绘制工作曲线	2	
	试样吸光度未在工作曲线的中间位置	2	
气相色谱仪仪器操作（36分）	开机前进行气路检查，确保高压钢瓶管路不漏气	3	
	样品进入样品瓶前进行过滤操作	6	
	开机顺序正确，先开通气路，再打开气相主机电源	6	
	样品检测完以后，进行降温操作	6	
	关机顺序正确，先关闭气相主机电源，再关闭气路	6	
	正确设置检测条件：色谱柱、进样口、检测器三处的温度	6	
	能正确处理谱图并打印色谱谱图	3	
记录过程（10分）	项目记录内容不及时、不规范、不齐全	2	
	原始记录每修改一处扣2分	2	
	计量单位使用不规范	2	
	实验读数必须由裁判读取后方为有效，否则数据无效	2	
	计算结果不完全正确	2	
文明操作（8分）	未填写实验仪器记录	2	
	实验结束后，玻璃仪器未清洗	2	
	实验过程中，废液未按规定处理	2	
	实验结束后，工作台未整理	2	

表12-4（续）

考核项目	不规范操作项目	配分	最后得分
工作曲线线性（10分）	相关系数≥0.999	10	
	0.999＞相关系数≥0.995	8	
	0.995＞相关系数≥0.992	5	
	0.992＞相关系数≥0.990	2	
	相关系数＜0.990	0	
损坏仪器	每损坏一件仪器扣5分，在总分中扣除		
否决项	吸光度读数未经裁判同意更改者，或抄袭其他同学数据者，以作弊、伪造数据论处		
满分	100	成绩	

【相关知识】

一、定性分析方法

1. 已知物对照法

在一定的色谱系统和操作条件下，每种物质都有一定的保留值，可以作为定性分析的指标。如果在相同色谱条件下，未知物的保留时间与已知标准物质相同，则可初步认为它们为同一物质，如图12-14所示。

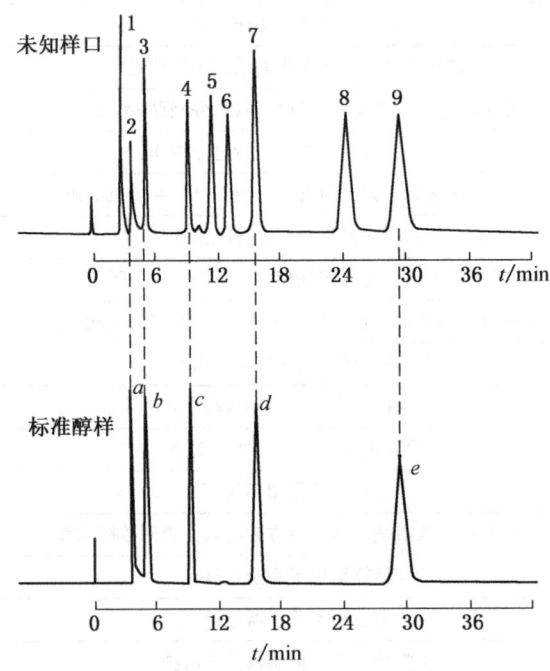

a—甲醇峰；b—乙醇峰；c—正丙醇峰；d—正丁醇峰；e—正戊醇峰；1~9—未知物色谱峰

图12-14 保留时间定性

为了提高定性分析的可靠性，还可进一步改变色谱条件（分离柱、流动相、柱温等）或在样品中添加标准物质，如果被测物的保留时间仍然与标准物质一致，则可认为它们为同一物质。利用标准物质对照定性，首先要对试样的组分有初步了解，预先准备用于对照的已知纯物质（标准对照品）。

2. 相对保留值法

对于一些组成比较简单的已知范围的混合物或无已知物时，可选定一基准物按文献报道的色谱条件进行实验，计算两组分的相对保留值，并与文献值比较，若二者相同，则可认为是同一物质。相对保留值法的特点是：只与温度和固定相的性质有关，与色谱柱及其他色谱操作条件无关，反映了色谱柱对待测组分间的选择性，是气相色谱法中最常使用的定性参数。可选用易于得到的纯品，而且与被分析组分的保留值相近的物质作基准物。

3. 保留指数法

保留指数法又称为 Kovats 指数，与其他保留数据相比，是一种重现性较好的定性参数。

保留指数是将正构烷烃作为标准物，把一个组分的保留行为换算成相当于含有几个碳的正构烷烃的保留行为来描述，这个相对指数称为保留指数，定义式如下：

$$I_X = 100\left(Z+n\frac{\lg t'_{R(X)} - \lg t'_{R(Z)}}{\lg t'_{R(Z+n)} - \lg t'_{R(Z)}}\right) \tag{12-10}$$

式中，I_X 为待测组分的保留指数，Z 与 $Z+n$ 为正构烷烃对的碳数。规定正己烷、正庚烷及正辛烷等的保留指数为 600、700、800，其他类推。

在有关文献给定的操作条件下，将选定的标准和待测组分混合后进行色谱实验（要求被测组分的保留值在两个相邻的正构烷烃的保留值之间）。由上式计算得待测组分 X 的保留指数 I_X，再与文献值对照，即可定性。

4. 与其他仪器联用定性

气相色谱可与其他精密仪器联用，复杂的混合物先经气相色谱分离成单一组分后，将具有定性能力的分析仪器如质谱（MS）、红外（IR）、原子吸收光谱（AAS）、原子发射光谱（AES，ICP-AES）等仪器作为色谱仪的检测器，即可获得比较准确的定性信息。

二、定量分析

色谱定量分析的依据是在一定的色谱操作条件下，流入检测器的待测组分 i 的含量 m_i（质量或浓度）与检测器的响应信号（峰面积 A_i 或峰高 h_i）成正比。公式表示如下：

$$m_i = f_i A_i \tag{12-11}$$

或

$$m_i = f_i h_i \tag{12-12}$$

式中，f_i 为组分 i 的定量校正因子。进行定量分析要求准确地测量响应信号和计算定量校正因子。

目前色谱仪器技术日益发展，峰面积和峰高采用自动积分法计算，由微处理机（工作站、数据站等）自动测量色谱峰面积和峰高，可供定量分析使用。

1. 定量校正因子

由于同一检测器对不同物质的响应值不同，所以当相同质量的不同物质通过检测器时，产生的峰面积（或峰高）不一定相等。为使峰面积能够准确地反映待测组分的含量，就必须先用已知量的待测组分测定在所用色谱条件下的峰面积，以计算定量校正因子。

$$f_i = \frac{m_i}{A_i} \tag{12-13}$$

式中，f_i 称为绝对校正因子，表示单位峰面积所相当的被测组分的量。它与检测器性能、组分和流动相性质及操作条件有关，不容易准确测量。在实际工作中常用相对校正因子f'_i，即某一组分与标准物质的绝对校正因子之比，即

$$f'_i = \frac{f_i}{f_s} = \frac{m_i/A_i}{m_s/A_s} = \frac{m_i A_s}{m_s A_i} \tag{12-14}$$

式中　　A_i、A_s——组分和标准物质的峰面积；

　　　　m_i、m_s——组分和标准物质的量。

m_i、m_s 可以用质量或摩尔质量为单位，其所得的相对校正因子分别称为相对质量校正因子和相对摩尔校正因子，用 f_m 和 f_M 表示。使用时常将"相对"二字省去。

校正因子一般都由实验者自己测定。准确称取组分和标准物，配制成溶液，取一定体积注入色谱柱，经分离后，测得各组分的峰面积，再由上式计算 f_m 或 f_M。

2. 定量方法

1) 归一化法

归一化法就是以样品中被测组分经校正过的峰面积（或峰高）占样品中各组分经过校正的峰面积（或峰高）的总和的比例来表示样品中各组分含量的定量方法。要求试样中所有组分均能流出色谱柱，并在检测器上都有响应信号，都能出现色谱峰，可用此法计算各待测组分的含量。

假设试样中有 n 个组分，每个组分的质量分别为 m_1，m_2，…，m_n，各组分含量的总和 m 为 100%，其中组分 i 的质量 ω_i 分数可按下式计算：

$$\omega_i = \frac{m_i}{m_1+m_2+\cdots+m_n} \times 100\% = \frac{A_i f'_i}{A_1 f'_1 + A_2 f'_2 + \cdots + A_n f'_n} \times 100\% \tag{12-15}$$

归一化法简便，准确，进样量的多少不影响定量的准确性，操作条件的变动对结果的影响也较小，尤其适用于多组分的同时测定。但若试样中有的组分不能出峰，则不能采用此法。

2) 内标法

当只需测定试样中某几个组分，或试样中所有组分不可能全部出峰时，可采用内标法。内标法是在试样中加入一定量的纯物质作为内标物来测定组分的含量。内标物应选用试样中不存在的纯物质，其色谱峰应位于待测组分色谱峰附近或几个待测组分色谱峰的中间，并与待测组分完全分离，内标物的加入量也应接近试样中待测组分的含量。具体做法是准确称取 m（g）试样，加入 m_s（g）内标物，根据试样和内标物的质量比及相应的峰面积之比，由下式计算待测组分的含量：

$$\frac{m_i}{m_s} = \frac{f_i A_i}{f_s A_s} = f'_i \frac{A_i}{A_s} \tag{12-16}$$

若样品的质量为 $m_{试样}$，则待测组分 i 的质量分数为

$$\omega_i = \frac{m_i}{m_{试样}} \times 100\% = \frac{f_i A_i}{f_s A_s} \cdot \frac{m_s}{m_{试样}} \times 100\% = \frac{f'_i A_i m_s}{A_s m_{试样}} \times 100\% \qquad (12-17)$$

内标法的优点是定量准确。因为该法是用待测组分和内标物的峰面积的相对值进行计算的，所以不要求严格控制进样量和操作条件，试样中含有不出峰的组分时也能使用，但每次分析都要准确称取或量取试样和内标物的量，比较费时。

为了减少称量和测定校正因子，可采用内标标准曲线法（简化内标法）。在一定实验条件下，待测组分的含量 m_i 与 A_i/A_s 成正比例。先用待测组分的纯品配置一系列已知浓度的标准溶液，加入相同量的内标物；再将同样量的内标物加入到同体积的待测样品溶液中，分别进样，测出 A_i/A_s，作 A_i/A_s-m 或 A_i/A_s-c 图，由 $A_{i(样)}/A_s$ 即可从标准曲线上查得待测组分的含量。

3) 外标法（又称标准曲线法）

取待测试样的纯物质配成一系列不同浓度的标准溶液，分别取一定体积进样分析。从色谱图上测出峰面积（或峰高），以峰面积（或峰高）对含量作图即为标准曲线。然后在相同的色谱操作条件，分析待测试样，从色谱图上测出试样的峰面积（或峰高），由上述标准曲线查出待测组分的含量。

外标法是最常用的定量方法。其优点是操作简便，计算简单，不需要测定校正因子。结果的准确性主要取决于进样的重视性和色谱操作条件的稳定性。

三、高效液相色谱法（HPLC）

高效液相色谱是在气相色谱和经典液相色谱的基础上发展起来的。现代液相色谱和经典液相色谱没有本质的区别，不同点仅仅是现代液相色谱比经典液相色谱有较高的效率和实现了自动化操作。高效液相色谱法引用了气相色谱的理论，将流动相改为高压输送（最高输送压力可达 4.9×10^7 Pa）。20 世纪 60 年代，由于在高压下操作的液压设备、高效固定相以及高灵敏检测器的出现及发展，使高效液相色谱技术在化工产品分析、环境监测、食品工业分析、化学和生物工程研究、制药工业研究和生产中获得广泛的应用。

1. 比较高效液相色谱法与气相色谱法

相同点：液相色谱所用基本概念（保留值、塔板数、塔板高度、分离度、选择性等）与气相色谱一致，液相色谱所用基本理论（塔板理论与速率方程）也与气相色谱基本一致。

不同点：

(1) 分析对象及范围。气相色谱法分析对象只限于分析气体和沸点较低的化合物，它们仅占有机物总数的 20%。对于占有机物总数近 80% 的那些高沸点、热稳定性差、摩尔质量大的物质，目前主要采用高效液相色谱法进行分离和分析。

(2) 流动相的选择。气相色谱采用流动相是惰性气体，它对组分没有相互作用力，仅起运载作用。高效液相色谱法中流动相可选用不同极性的液体，选择余地大，它对组分可产生一定的亲和力，并参与固定相对组分作用的选择竞争。因此，流动相对分离起很大作用，相当于增加了一个控制和改进分离条件的参数，这为选择最佳分离条件提供了极大方便。

(3) 操作温度。气相色谱一般都在较高温度下进行，而高效液相色谱法则经常可在室温条件下工作。

总之,高效液相色谱法是吸取了气相色谱与经典液相色谱的优点,并用现代化手段加以改进,因此得到迅猛的发展。

2. 高效色谱仪的工作过程和仪器组成

高效液相色谱仪采用高压泵将储液瓶中的流动相泵出,经在线真空脱气机(仅限低压混合)脱气后,流动相经过进样器并将由进样器引入的待测样品带入色谱柱,将经色谱柱分离后的样品组分依次流出色谱柱,经检测器检测后流入废液瓶,检测信号被记录仪记录下来,得到色谱图。

高效液相色谱仪主要由高压输液系统、进样系统、分离系统、检测系统和数据处理系统5个部分组成。其中高压输液系统中的高压泵、样品分离系统中的色谱柱和信号检测系统中的检测器是高效液相色谱仪的关键部件(图12-15)。

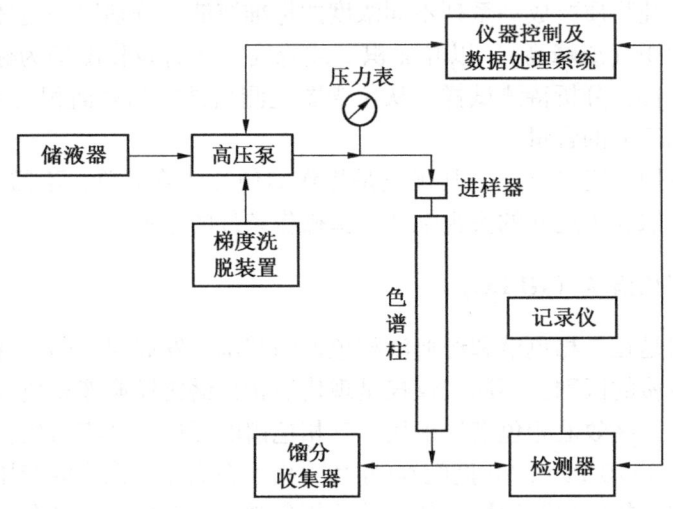

图 12-15 高效液相色谱仪结构组成

(1)高压输液系统主要由储液瓶、高压泵、梯度洗脱装置和连接管路等组成。其作用是不断地向仪器提供具有连续、稳定、精确流量的流动相。

①储液瓶用于盛放溶剂,即流动相的试剂瓶,见光易分解的流动相应盛放在棕色储液瓶中,其材料要耐腐蚀,常用的材料为玻璃、不锈钢或表面喷涂聚四氟乙烯的不锈钢等。储液瓶应配有溶剂过滤器,以防止流动相中的颗粒进入泵内。

②高压泵是高效液相色谱仪的重要组成部分,提供流动相和样品通过色谱柱、进入检测器所需的动力,其性能好坏直接影响分析结果的可靠性。高压泵应具备恒定流量、足够的输送压力、能抗溶剂、耐酸、耐碱腐蚀和小的死体积。高压泵的种类很多,按输液性质可分为恒压泵和恒流泵。恒流泵按结构又可分为螺旋注射泵、柱塞往复泵和隔膜往复泵。恒压泵受柱阻影响,流量不稳定,螺旋泵缸体太大,这两种泵已被淘汰。目前应用最多的是柱塞往复泵。

柱塞往复泵的液缸容积小(可至0.1 mL),因此易于清洗和更换流动相,特别适用于再循环和梯度洗脱;改变电机转速能方便地调节流量,流量不受柱阻影响;泵压可达400 kg/cm²。其主要缺点是输出的脉冲性较大,现多采用脉冲阻尼器或双泵系统来克服。

③梯度洗脱是在同一个分析周期内，利用两种或两种以上的溶剂，按照一定时间程序连续或阶段地改变配比浓度，以改变流动相极性、离子强度或 pH 值等。梯度洗脱可以改善峰形、缩短分析时间、提高分离度等，其缺点是易引起基线漂移和重现性降低。

梯度洗脱方式分为高压梯度洗脱（内梯度洗脱）和低压梯度洗脱（外梯度洗脱）（图 12-16）。

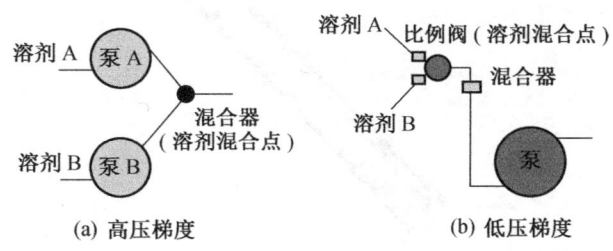

图 12-16　洗脱方式示意图

a) 高压梯度洗脱，也称泵后（高压）混合。例如利用两台高压输液泵，将两种不同极性的溶剂按一定的比例送入梯度混合室，混合后进入色谱柱。其优点是精度高，缺点是需要用两台单泵，成本高。

b) 低压梯度洗脱，也称泵前（低压）混合。例如一台高压泵，通过比例调节阀，将两种或多种不同极性的溶剂按一定的比例抽入高压泵中混合。其主要优点是只需要一台单泵，成本低，使用方便。

（2）进样系统要求密封性好，死体积小，重现性好，保证中心进样，进样时对色谱系统的压力、流量影响小。高效液相色谱法常用的进样方式有 3 种，即隔膜进样、六通阀进样和自动进样器进样。

①注射器进样装置与气相色谱相似，在色谱柱顶端装一耐压隔膜，用 1~100 μL 微量注射器吸取一定量样品穿过隔膜注入色谱柱。其优点是操作简单，死体积小，缺点是允许进样量小，重现性差，只能用于低压系统（<10 MPa）。

②六通阀进样装置与气相色谱法用的六通阀相似，能在高压下进样，是目前最常用的手动进样方式。目前大多采用带有定量管的六通进样阀，先用微量注射器将样品在常压下注入样品管内，然后切换六通阀门到进样位置，由高压输液泵输送流动相将样品带入色谱柱内，优点是进样量可变范围大、进样量准确、重现性好、易于自动化，缺点是易造成谱峰柱前扩宽。定量环（一般体积为 20 μL）的作用是控制进样体积，可更换不同体积的定量环调整进样量。由于定量环内充满流动相，为了确保进样的准确度和重复性，通常采用以下两种方式进样：

a) 满体积进样：即进样体积不小于定量环体积的 3~4 倍，这样才能完全置换定量环内的流动相，进样量即为定量环体积。

b) 半体积进样：即进样量不大于定量环体积的 50%，此时样液完全留在定量环内，进样量即为实际进样体积，但这种方法要求每次进样体积相同且非常准确。

③自动进样系统可自动进样，适合大量样品的分析，实现自动化。

（3）分离系统包括色谱柱、恒温器和连接管等部件。色谱柱是分离系统的重要部件，由柱管和固定相组成（图12-17）。高效液相色谱常用的色谱柱柱长为10~30 cm，内径为2~5 mm，内部充填有微粒固定相的不锈钢色谱柱，柱温一般为室温或接近室温。高效液相色谱对色谱柱的要求是柱效高、选择性好，分析速度快。

图12-17 常见高效液相色谱柱

（4）检测器是高效液相色谱仪的三大关键部件之一，其作用是将色谱洗脱液中组分的量或浓度转变为电信号的大小，用于定性和定量分析。对检测器的要求是：灵敏度高，重现性好、线性范围宽、死体积小以及对温度和流量的变化不敏感等。在液相色谱中，有两种检测器，一种是溶质型检测器，它仅对被分离组分的物理或物理化学特性有响应，属于此类检测器的有紫外、荧光、电化学检测器等；另一种是总体检测器，它对试样和流动相总体的物理和化学性质有响应，属于此类检测器的有示差折光检测器等。

3. 高效液相色谱分类

根据分离机理不同，高效液相色谱法分为液-固吸附色谱法、液-液分配色谱法、离子交换色谱法、空间排阻色谱法等（表12-5）。

表12-5 高效液相色谱分类

定义	分离原理	应用	其他
液-固吸附色谱法（指流动相为液体，固定相为固体吸附剂的色谱方法）	利用组分在吸附剂（固定相）上的吸附能力以及被流动相洗脱难易程度的不同而获得分离，分离过程是一个吸附与解吸附的平衡过程	适用于非离子型化合物的分离，尤其是异构体以及具有不同极性取代基化合物间的分离	常用的吸附剂为硅胶和氧化铝，粒度为5~10 μm。不同官能团的化合物在液-固吸附色谱中的保留顺序为：烷基<卤素（F<Cl<Br<I）<醚<硝基化合物<腈<叔胺<酯<酮<醛<醇<酚<伯胺<酰胺<羧胺
液-液分配色谱法（指流动相和固定相均为液体，固定相被涂渍在惰性担体表面）	根据被分离组分在流动相和固定相中的溶解度不同，即分配系数不同而实现分离，分离过程是一个反复分配平衡的过程	正相色谱用于分离中等极性和极性较强的化合物，如酚类、胺类、羰基类及氨基酸类等；反相色谱用于分离非极性和弱极性化合物，如烷烃、芳烃、稠环化合物等（反相色谱在高效液相色谱中应用最为广泛，约占高效液相色谱应用的80%）	液-液分配色谱按固定相和流动相的极性不同，分为正相色谱（NPC）和反相色谱（RPC）（固定相的极性大于流动相的极性称为正相色谱；固定相的极性小于流动相的极性称为反相色谱）

表 12-5（续）

定义	分离原理	应用	其他
离子交换色谱法（指固定相为带电荷基团的离子交换树脂或离子交换键合相）	离子交换树脂上可电离的离子与流动相中具有相同电荷的离子及待测组分的离子进行可逆交换，根据各离子与离子交换基团具有不同的电荷吸引力而分离	用于可电离化合物的分离，例如氨基酸的分离、多肽的分离、核苷酸、核苷和各种碱基的分离等	固定相基团带正电荷的时候，其与流动相或样品组分交换的离子为阴离子；固定相基团带负电荷的时候，其交换的离子为阳离子
空间排阻色谱法（指利用分子筛对分子量大小不同的各组分排阻能力的差异而实现分离的一种方法）	原理为样品中分子量小的组分可以进入孔穴，即受固定相的排阻力大，在柱中滞留时间长；相反分子量大的组分因不能进入孔穴而直接随流动相流出	用于分离高分子化合物，如组织提取物、多肽、蛋白质、核酸等	固定相为带有一定孔径的多孔性凝胶，流动相为可以溶解样品的溶剂

4. 高效液相色谱的流动相

高效液相色谱的流动相又称为淋洗液、洗脱剂。流动相溶剂使用的注意事项如下：

（1）流动相试剂应选择色谱纯级的溶剂或依此为标准的溶剂，要求使用超纯水，水相流动相需经常更换，防止长菌变质。

（2）流动相使用前必须用 0.45 μm 滤膜过滤、脱气，清除微粒和灰尘。用滤膜过滤时，要注意分清有机相（脂溶性）滤膜和水相（水溶性）滤膜。对于混合流动相，可在混合前分别过滤。如需混合后过滤，首选有机相滤膜。现已有混合型滤膜。

（3）流动相使用前必须进行脱气，否则容易在系统内逸出气泡，影响泵工作、柱分离效率、检测器灵敏度和基线稳定性，甚至无法检测。流动相的脱气方式主要有超声波脱气、氦气脱气和在线真空脱气。脱气的目的是使泵的输液更准确，提高保留时间和峰面积的重现性；提高检测器的性能，稳定基线，增加信噪比；保护色谱柱，防止填料氧化，减小死体积。

（4）若使用含缓冲盐体系的流动相，建议现用现配。使用前务必过滤，以免流动相因滋生微生物而造成柱填料的污染。并且使用该含盐流动相前后，高效液相色谱仪的管路和色谱柱需用低比例有机相（有机相含量应不低于10%）溶液冲洗，以免缓冲盐析出。绝对禁止将缓冲溶液留在管路中静置过夜或更长时间。

（5）在更换两种互不相溶的流动相时，中间要用异丙醇溶液清洗过渡。例如：先用甲醇水做流动相，再用正己烷做流动相时，一定要先用异丙醇溶液冲洗甲醇水，然后用正己烷冲洗异丙醇，反之一样。在更换流动相时还要考虑是否更换色谱柱。

5. 流动相的选择原则

在液相色谱中，当固定相选定后，流动相的种类、配比能显著地影响分离效果，因此，在实际工作中，流动相的选择和优化是确定色谱分析的主要工作。具体原则如下：

（1）所选用的流动相溶剂要有一定的化学稳定性，不与固定相和样品组分起反应，其纯度和化学特性必须满足色谱过程的稳定性和重现性的要求。如碱性流动相不能用于硅胶柱系统；酸性流动相不能用于氧化铝和氧化镁等吸附剂的柱系统。

（2）溶剂的黏度要小，保证合适的柱压降。高黏度溶剂会影响溶质的扩散和传质，使柱效降低，还会使柱压增加，分离时间延长。最好选择沸点在100 ℃以下的流动相。

（3）对样品的溶解度要适宜，试样在流动相中应有适宜的溶解度，防止产生沉淀并在柱中沉积。样品在色谱柱内沉淀，不但影响纯化分离，而且会使色谱柱恶化。

（4）流动相同时还应满足检测器的要求，不干扰检测器的工作，与检测器匹配，应选择在测定波长范围内无吸收的流动相。如当使用紫外检测器时，流动相不应有紫外吸收。

（5）在高效液相色谱中，溶剂的洗脱能力与溶剂极性相关。在正相色谱中，溶剂强度随极性的增强而增加，通常采用烷烃加适量极性调整剂。在反相色谱中，溶剂强度随极性的增强而减弱。反相色谱的流动相通常以水作基础溶剂，再加入一定量的能与水互溶的极性调整剂（如甲醇、乙腈和四氢呋喃等）。一般情况下，甲醇-水和乙腈-水是反相色谱最常用的流动相。

常用溶剂的极性顺序是：水（最大）>甲酰胺>乙腈>甲醇>乙醇>丙醇>丙酮>二氧六环>四氢呋喃>甲乙酮>正丁醇>乙酸乙酯>乙醚>异丙醚>二氯甲烷>氯仿>溴乙烷>苯>四氯化碳>二硫化碳>环己烷>己烷>煤油（最小）。

（6）流动相pH值：采用反相色谱分离弱酸（$3 \leq pK_a \leq 7$）或弱碱（$7 \leq pK_a \leq 8$）样品时，可通过调节流动相pH值，以抑制样品组分的解离、增加组分在固定相上的保留和改善峰形的技术，称为反相离子抑制。

对于弱酸样品，流动相pH值越小，组分k值越大，当pH值远远小于弱酸pK_a值时，弱酸主要以分子形式存在。分离弱酸样品时，通常在流动相中加入少量弱酸，常用50 mmol/L磷酸盐缓冲液和1%醋酸溶液。

对于弱碱样品，情况与弱酸样品相反。分离弱碱样品时，通常在流动相中加入少量弱碱，常用50 mmol/L磷酸盐缓冲液和30 mmol/L三乙胺溶液。流动相中加入有机胺可以减弱碱性溶质与残余硅醇基的强相互作用，减轻或消除峰拖尾现象，在这种情况下有机胺（如三乙胺）称为减尾剂或除尾剂。

6. 高效液相色谱法定性与定量方法

1）定性方法

（1）利用已知标准样品定性：利用标准样品对未知化合物定性是最常用的液相色谱定性方法，该方法的原理与气相色谱法相同。

（2）利用检测器的选择性定性：两检测器或几个检测器对被测化合物检测的灵敏度比值是与被测化合物的性质密切相关的，可以用来对被测化合物的定性分析，这就是双检测器定性体系的基本原理。

（3）利用紫外检测器全波长扫描功能定性。紫外检测器是液相色谱中使用最广泛的一种检测器。全波长扫描紫外检测器可以根据被测化合物的紫外光谱图提供一些有价值的定性信息。

2）定量方法

高效液相色谱图的定量方法与气相色谱定量方法类似，主要有面积归一化法、外标法和内标法，处理方法与气相色谱法类似。

参 考 文 献

［1］唐迪．基础化学［M］．北京：化学工业出版社，2014．
［2］吴华，董宪武．基础化学［M］．北京：化学工业出版社，2016．
［3］赵玉娥．基础化学［M］．北京：化学工业出版社，2015．
［4］方俊天．基础化学［M］．北京：化学工业出版社，2012．
［5］唐迪．基础化学实验指导［M］．南京：南京大学出版社，2012．
［6］王炳强，曾玉香．化学检验工职业技能鉴定试题集［M］．北京：化学工业出版社，2015．
［7］《水和废水监测分析方法》编委会．水和废水监测分析方法［M］．北京：中国环境科学出版社，2002．
［8］吴邦灿．现代环境监测技术［M］．北京：中国环境科学出版社，1999．
［9］赵艳霞，段怡萍．仪器分析应用技术［M］．北京：中国轻工业出版社，2013．
［10］王秀萍，王宪恩．仪器分析技术［M］．北京：化学工业出版社，2003．
［11］谷雪贤，黎春怡，柳滢春．仪器分析实用技术［M］．北京：化学工业出版社，2011．
［12］魏福祥．现代仪器分析技术及应用［M］．北京：中国石化出版社，2011．
［13］王炳强，曾玉香．"工业分析检验"赛项指导书［M］．北京：化学工业出版社，2015．
［14］何晓文，许广胜．工业分析技术［M］．北京：化学工业出版社，2012．
［15］侯小伟，韩雅楠，王茹．化工产品分析检验［M］．北京：化学工业出版社，2016．

元 素 周 期 表

图书在版编目（CIP）数据

基础化学与实验技术/郭丽敏主编 . —北京：应急管理出版社，2020（2023.9重印）
"十三五"高等职业教育规划教材
ISBN 978-7-5020-8214-7

Ⅰ.①基… Ⅱ.①郭… Ⅲ.①化学—高等职业教育—教材 Ⅳ.①O6

中国版本图书馆 CIP 数据核字(2020)第 122745 号

基础化学与实验技术（"十三五"高等职业教育规划教材）

主　　编	郭丽敏
责任编辑	闫　非
编　　辑	孟　琪
责任校对	陈　慧
封面设计	于春颖
出版发行	应急管理出版社（北京市朝阳区芍药居 35 号　100029）
电　　话	010-84657898（总编室）　010-84657880（读者服务部）
网　　址	www.cciph.com.cn
印　　刷	廊坊市印艺阁数字科技有限公司
经　　销	全国新华书店
开　　本	787mm×1092mm $^1/_{16}$　印张　16$^3/_4$　字数　392 千字
版　　次	2020 年 8 月第 1 版　2023 年 9 月第 3 次印刷
社内编号	20200470　　　定价　48.00 元

版权所有　违者必究

本书如有缺页、倒页、脱页等质量问题，本社负责调换，电话：010-84657880